"十三五"国家重点研发计划项目
"典型极小种群野生植物保护与恢复技术研究（2016YFC0503100）"资助

珍稀濒危植物保护技术

李景文　李俊清　臧润国　等　著
艾训儒　郭泉水　刘艳红

科学出版社

北　京

内 容 简 介

物种灭绝是全球最严重的生态问题之一，直接威胁着人类社会的可持续发展。在珍稀濒危植物保护中，极小种群野生植物属于极度濒危的物种，其现存个体数少于最小可存活种群的个体数，且常常分布地域狭窄，天然更新极差，面临着极高的灭绝风险，是重点保护的对象。在"十三五"国家重点研发计划项目"典型极小种群野生植物保护与恢复技术研究（2016YFC0503100）"资助下，项目组近100名研究人员通过4年多的努力，在全国范围内开展了14种典型极小种群保护植物的繁育技术、生境恢复、就地保护、迁地及回归保护相关技术全链条的研发。本书是在总结上述研究成果的基础上，集成珍稀濒危植物拯救与保护系统性技术的著作。

本书可供高校和科研院所林学、生态学、保护生物学及环境保护等学科的科研人员和师生参考，也可供相关政府管理部门、自然保护区、植物园等自然保护管理工作者参考。

图书在版编目 (CIP) 数据

珍稀濒危植物保护技术/李景文等著.—北京：科学出版社，2023.5
ISBN 978-7-03-067495-1

Ⅰ.①珍… Ⅱ.①李… Ⅲ.①珍稀植物–濒危植物–植物保护–研究–中国 Ⅳ.①Q948.52

中国版本图书馆 CIP 数据核字（2020）第 256687 号

责任编辑：张会格 刘 晶 / 责任校对：郑金红
责任印制：吴兆东 / 封面设计：无极书装

科 学 出 版 社 出版
北京东黄城根北街 16 号
邮政编码：100717
http://www.sciencep.com

北京建宏印刷有限公司 印刷
科学出版社发行 各地新华书店经销

*

2023 年 5 月第 一 版 开本：B5 (720×1000)
2024 年 1 月第二次印刷 印张：20
字数：401 000

定价：198.00 元
(如有印装质量问题，我社负责调换)

著者名单

主要著者： 李景文　李俊清　臧润国　艾训儒
　　　　　　郭泉水　刘艳红

其他著者： 董　鸣　曾宋君　江明喜　黄继红
　　　　　　郭忠玲　魏新增　申国珍　张　军
　　　　　　张宇阳　秦爱丽　黄　小　李艳辉
　　　　　　王世彤　徐　超　陈　杰　龙　婷
　　　　　　曲梦君　简尊吉　马凡强　李泳潭

前　言

人类活动和气候变化对生物多样性丧失及物种灭绝的影响已经成为生态学家最关心的问题。除了气候变化的影响外，人类干扰引发的分布区锐减、生境退化等问题也是造成物种灭绝的主要因素。中国是生物多样性受威胁最严重的国家之一，濒危植物的保护刻不容缓。针对珍稀濒危植物的调查和保护，我国已经开展了大量的工作。1984年国务院公布我国第一批《珍稀濒危保护植物名录》，1996年国务院发布《中华人民共和国野生植物保护条例》，1999年国家林业局和农业部发布《国家重点保护野生植物名录（第一批）》，这些都为我国珍稀濒危野生植物的研究和保护提供了有力的指导。

近年来，随着社会经济高速发展，造成自然环境恶化，再加上全球变化的原因，许多珍稀濒危野生植物的分布区不断退化和破碎化，种群规模和数量不断下降。为有效指导物种保护，"极小种群野生植物"（PSESP）概念被适时提出。PSESP是指地域分布狭窄甚至呈现间断分布，由于长期受外界因素干扰导致种群退化、个体和种群数量都极少，已低于最小可存活种群数而随时濒临灭绝的野生植物。我国根据已有野生植物资源调查数据，制定了全国极小种群野生植物的筛选标准，并以此为依据制定出《全国极小种群野生植物拯救保护工程规划（2011—2015年）》，其中选列出需要优先保护的120种野生植物，包括有36种国家Ⅰ级保护植物、26种国家Ⅱ级保护植物、58种省级重点保护植物。

目前，我国极小种群野生植物保护的理论及相关技术的研究还十分缺乏，远远不能满足拯救保护工程的实践需求，迫切需要开展相关的基础理论、共性技术和试验示范的研究。为加快极小种群植物保护研究，以中国林业科学研究院臧润国研究员为首席科学家，组织了包括中国科学院植物研究所、中国科学院武汉植物园、中国科学院华南植物园、北京林业大学、华东师范大学、杭州师范大学、武汉大学等20余家科研单位或高等院校的近百名研究人员，在"十三五"国家重点研发计划项目"典型极小种群野生植物保护与恢复技术研究（2016YFC0503100）"资助下，依据《国家重点保护野生植物名录》《全国极小种群野生植物拯救保护工程规划（2011—2015年）》《中国珍稀濒危植物图鉴》，选择14种典型极小种群野生植物，研究极小种群野生植物的生存潜力和维持机制，研发种质资源保护、就地保护、生境恢复及回归保护等技术，评估极小种群植物在关键生态系统中的生态作用，构建极小种群植物种质资源保护与扩繁、生境保护与恢复及回归保护等全链条保护技术；通过基础理论和应用技术的研发，重点解决"全国极小种群野生植物拯救保护工程"实施过程中亟待解决的核心科学问题和关键技术难题，为有效缓解极小种群野生植物濒危状况提供科技支撑。同时，项目实施过程中形成的有关生态系统恢复的基础理论及应用技术，也可为我国实施生物多样性保护、全国野生动植物保护及自然保护区建设工程、天然林资源保护工程等重大生态工程提供重要的实践经验和科学基础。

从 2016 年实施以来，项目全体研究人员在全国范围内，结合 14 种极小种群保护植物保护理论与技术研发的重点，深入东北林区、热带雨林、青藏高原、新疆荒漠区等深山腹地，冒着严寒酷暑、遭遇洪水猛兽、攀登悬崖峭壁，开展野外调查与研究材料收集。为开展珍稀植物的繁育、迁地与回归保护示范，研究人员长期驻扎在偏远林场、野外工作站和乡村，与当地居民同吃同住，精心培育示范地的保护植物。通过近 5 年的努力，先后建立极小种群保护植物野外保护示范基地 33 处，繁育基地 4 处，制定各类标准 7 个，申请发明专利 68 项，发表论文 127 篇，取得了一批重要的研究成果。

本书在这些研究成果的基础上，针对极小种群野生植物种群衰退、更新限制和维持机制等科学问题，以及核心种质资源的确定与保存、人工快速繁育、适宜性生境选择与退化生境修复、种群复壮与野外回归等关键技术，重点论述极小种群保护现状、主要保护与回归技术、栖息地恢复、人工繁育等。在总论的基础上，针对我国极小种群野生植物繁育的制约因素及保护技术瓶颈，研究有性或无性繁殖材料的采收与保存技术，探索繁育环境调控技术；同时，根据极小种群野生植物所处生境条件，分析其潜在分布区；评价拟迁地与就地保护极小种群野生植物的生境适宜性，研究迁地保护小生境营造技术；构建迁地保护的整体方案、配套技术与抚育管理体系；分析极小种群野生植物原产地及拟回归地的生物与非生物环境，评价拟回归种群与回归生境的契合性，建立可行的回归技术体系。

《珍稀濒危植物保护技术》一书，是项目主持单位与协作单位通力合作的结果，是全体研究人员组成的创新团队集体智慧的结晶。在著作完成过程中，项目首席科学家臧润国研究员、第六课题主持人李俊清教授、中国林业科学研究院郭泉水研究员和黄继红副研究员、中国科学院武汉植物园江明喜研究员、湖北民族大学艾训儒教授等对该著作完成提供了重要帮助。项目组先后召开多次学术研讨会，对研究成果进行广泛交流和咨询，认真提炼，逐步形成成熟的技术。因此，该专著是项目组 100 多位研究人员共同努力的结果。

该专著即将出版之际，要感谢科技部对本研究的资助，感谢项目实施过程中山东烟台林业局、吉林汪清林业局、吉林哈尼国家级自然保护区管理局、海南霸王岭国家级自然保护区管理局、四川峨眉山风景名胜区、内蒙古额济纳旗林业和草原局、新疆喀纳斯国家级自然保护区管理局、新疆艾比湖湿地国家级自然保护区管理局、广西金秀老山自治区级自然保护区管理局、重庆开州区政府、湖北利川谋道中国水杉植物园、北京海淀西山林场、湖北九宫山国家级自然保护区管理局和金家田管理站等单位对项目的支持与帮助！

著　者
2020 年 12 月

目 录

第一章 极小种群野生植物保护与恢复技术概述 ... 1
第一节 极小种群野生植物研究概况 ... 1
一、极小种群野生植物概念提出的背景 ... 1
二、极小种群野生植物概念 ... 2
三、极小种群野生植物研究概况 ... 2
第二节 极小种群野生植物保护技术研究 ... 4
一、极小种群野生植物种质资源保护技术 ... 4
二、极小种群野生植物就地保护及生境恢复技术 ... 4
三、极小种群野生植物扩繁技术 ... 4
四、极小种群野生植物迁地保护技术 ... 5
五、极小种群野生植物回归技术 ... 5
第三节 极小种群野生植物未来研究展望 ... 5
参考文献 ... 6

第二章 极小种群野生植物回归保护技术 ... 8
第一节 回归保护的重要性和理论基础 ... 8
一、回归保护的重要性 ... 8
二、回归保护的主要理论基础 ... 9
第二节 回归保护主要技术环节与规程 ... 11
一、分子标记技术在回归保护中的应用 ... 11
二、回归保护关键技术环节 ... 14
三、回归保护技术的相关术语 ... 15
案例：极小种群野生植物梓叶槭回归技术规程 ... 17
参考文献 ... 26

第三章 珍稀濒危植物保育技术标准化体系建设 ... 29
第一节 珍稀濒危植物保育技术标准化体系建设的必要性 ... 29

第二节　珍稀濒危植物保育技术标准化体系建设的研究进展 ·······30
- 一、国外相关技术标准化体系建设 ·······31
- 二、国内相关技术标准化体系建设 ·······32

第三节　珍稀濒危植物保育技术标准化体系的构建方案 ·······34
- 一、珍稀濒危植物保育技术标准的适用范围 ·······34
- 二、珍稀濒危植物保育技术标准的基本原则 ·······34
- 三、珍稀濒危植物保育技术标准的主要内容 ·······35
- 四、珍稀濒危植物保育技术标准的实施 ·······39

第四节　珍稀濒危植物保育技术标准化体系建设的预期作用及效益 ·······40
- 一、珍稀濒危植物保育技术标准化体系建设的预期作用 ·······40
- 二、珍稀濒危植物保育技术标准化体系建设的预期效益 ·······42

参考文献 ·······42

第四章　生境破碎化与生境评价 ·······44

第一节　生境破碎化研究现状 ·······44
- 一、生境破碎化的原因或驱动机制 ·······44
- 二、生境破碎化对生物多样性的影响 ·······44

第二节　生境破碎化对植物的影响 ·······46
- 一、生境破碎化与植物保护进展 ·······46
- 二、生境破碎化与植物繁殖 ·······47
- 三、生境破碎化与种子传播 ·······48
- 四、生境破碎化与传粉 ·······50
- 五、生境破碎化与种间关系 ·······51
- 六、生境破碎化与物种灭绝 ·······51
- 七、生境破碎化与种群动态 ·······53
- 八、生境破碎化与进化动态 ·······54
- 九、生境破碎化与遗传后果 ·······55

第三节　气候变化与生境破碎化 ·······55

第四节　物种分布与生境质量评价 ·······56
- 一、物种分布的 MaxEnt 模型综述 ·······57
- 二、物种生境质量评价的 HSI 模型 ·······58

参考文献 ... 60

第五章 河北梨种群现状及保护技术 ... 71

第一节 河北梨种群现状 ... 71

一、河北梨种群分布 ... 71

二、河北梨种群 SSR 分子鉴定 ... 71

三、河北梨树龄调查 ... 72

四、河北梨自然繁殖方式调查 ... 72

第二节 河北梨叶绿体基因组研究 ... 72

一、河北梨叶绿体基因组基本特征 ... 73

二、河北梨与其他 3 种梨叶绿体基因组的比较 ... 74

三、河北梨叶绿体基因组密码子偏好性 ... 76

四、蔷薇科叶绿体基因组结构比较 ... 77

五、河北梨叶绿体基因组进化分析 ... 78

六、河北梨分类地位分析 ... 79

第三节 河北梨繁育关键技术 ... 82

一、芽接 ... 82

二、枝接 ... 82

三、种子繁殖 ... 82

四、组织培养 ... 82

五、河北梨野生种群保护 ... 87

参考文献 ... 88

第六章 领春木种群繁殖特性及种群扩繁技术 ... 90

第一节 领春木一般物候期特性 ... 90

第二节 领春木繁殖特性 ... 91

一、领春木有性繁殖特性 ... 92

二、领春木种子萌发对温度变化的响应 ... 96

三、领春木萌蘖更新特性 ... 98

第三节 领春木繁殖技术 ... 99

一、领春木种子萌发 ... 99

二、领春木组培育苗 ... 100

第四节　领春木更新机理及其保护 ··· 101
一、领春木更新的影响因素 ··· 101
二、领春木保护建议 ··· 102
参考文献 ·· 103

第七章　崖柏人工繁殖关键技术 ·· 106
第一节　崖柏种子萌发的环境条件 ·· 107
一、材料与方法 ·· 107
二、温度对崖柏种子萌发的影响 ·· 108
三、光照对崖柏种子萌发的影响 ·· 109
四、浸种时间对崖柏种子萌发的影响 ······································ 109
五、技术要点 ·· 111
第二节　崖柏嫩枝扦插繁殖的环境需求及最佳处理 ···················· 111
一、材料与方法 ·· 111
二、不同试验因素和水平下的生根率 ······································ 112
三、不同试验因素和水平下的根系发育状况 ····························· 113
四、不同处理组合根系发育指标的隶属函数及分析 ···················· 113
五、技术要点 ·· 115
第三节　适宜崖柏生根培养和移栽的组培条件及最佳处理 ··········· 115
一、材料与方法 ·· 115
二、不同处理下的生根率 ··· 117
三、不同处理下的根系数量、质量及综合评价 ························· 118
四、不同处理的移栽成活率 ·· 119
五、技术要点 ·· 119
参考文献 ·· 119

第八章　水杉核心种质资源圃建设 ·· 122
第一节　水杉种子繁殖技术 ·· 123
一、种子室内萌发技术 ··· 123
二、种子萌发的影响因素分析 ·· 125
第二节　水杉种子室外萌发技术研究 ····································· 129
一、研究材料 ·· 129

二、研究方法 ··· 129
　　三、母树个体及其繁殖性状特征 ·· 132
　　四、母树个体与繁殖特性的关系 ·· 133
　　五、幼苗生长节律参数 ·· 134
　　六、研究总结 ·· 135
　第三节　水杉扦插繁殖技术研究 ··· 136
　　一、研究材料 ·· 136
　　二、研究方法 ·· 136
　　三、扦插情况分析 ·· 143
　　四、研究总结 ·· 155
　第四节　水杉核心种质资源圃的建设 ·· 156
　　一、资源圃的建设区位及环境 ··· 156
　　二、资源圃的建设规范与流程 ··· 157
　　三、资源圃规模及种质保存 ·· 157
　第五节　水杉种质资源保护技术 ·· 159
　　一、种子萌发 ·· 159
　　二、幼苗生长 ·· 159
　　三、扦插繁殖 ·· 159
　　四、核心种质资源圃的建设 ·· 160
　参考文献 ·· 160

第九章　东北红豆杉种群保护技术 ··· 161
　第一节　东北红豆杉生存现状 ·· 161
　　一、东北红豆杉的生境 ·· 161
　　二、东北红豆杉濒危评价 ··· 162
　第二节　东北红豆杉保护技术 ·· 163
　　一、就地保护技术 ·· 163
　　二、回归技术 ·· 163
　　三、迁地保护技术和方法 ··· 167
　第三节　东北红豆杉保护建议 ·· 170
　参考文献 ·· 171

第十章 东北红豆杉同质园建设与评价···173

第一节 东北红豆杉迁地保护研究···173
一、同质园试验···173
二、试验设计···174
三、评价方法···175

第二节 东北红豆杉不同产地幼苗生长特性···176
一、不同产地幼苗的保存率···176
二、地上生长性状差异分析···177
三、根系性状的差异分析···179
四、苗木生物量的差异分析···181

第三节 东北红豆杉不同产地幼苗地理变异及影响因素···182
一、原产地经纬度的影响···183
二、原产地气候因子的影响···185

第四节 东北红豆杉各产地幼苗生长的稳定性及其评价···188
一、幼苗生长性状的多地点综合分析···188
二、产地稳定性分析···190
三、不同试验点生长指标综合评价···192

第五节 东北红豆杉迁地保护小结···197
一、产地的保存率···197
二、产地性状变异情况···197
三、产地相关关系···197
四、幼苗的综合评价···198
五、迁地保护的相关建议···198

参考文献···198

第十一章 几种重要极小种群野生植物迁地保护生长评价···200

第一节 极小种群野生植物迁地保护···200
一、迁地保护的主要物种···200
二、迁地保护地概况···201
三、迁地保护试验方法···201

第二节 极小种群迁地保护分析···204

一、成活率及不同时期生长状态·····204
　　二、地径与苗高生长量·····210
　　三、枝条生长情况·····214
 第三节　迁地保护存在问题及对策·····218
 参考文献·····219

第十二章　坡垒生境恢复技术·····221
 第一节　背景和理论基础·····221
 第二节　保育与恢复技术·····223
　　一、生态功能关键种确定方法·····223
　　二、森林抚育技术·····230
　　三、森林抚育对次生林的影响·····230
 第三节　典型生态功能关键种坡垒的苗木培育技术·····234
　　一、育苗技术·····235
　　二、栽培技术·····236
 第四节　生态功能关键种坡垒生境修复和回归·····239
　　一、生境修复试验·····239
　　二、坡垒等补植幼苗保存率·····240
 参考文献·····242

第十三章　东北红豆杉适宜性生境评价·····244
 第一节　东北红豆杉潜在分布·····244
　　一、潜在生境分析的数据收集与模型构建·····244
　　二、潜在生境分析·····248
　　三、潜在生境及影响因素·····253
 第二节　东北红豆杉生境质量评价·····256
　　一、生境质量评价方法·····256
　　二、生境质量环境评价因子分析·····258
　　三、生境质量空间分布·····260
　　四、生境质量及主要影响因素·····262
 第三节　人为干扰影响研究·····263
　　一、人为干扰对东北红豆杉数量的影响·····264

    二、人为干扰对东北红豆杉生境的影响 ·································· 264
    三、东北红豆杉人为干扰过程 ··· 266
    四、东北红豆杉种群及生境保护建议 ···································· 267
  参考文献 ··· 269

第十四章 东北红豆杉回归保护技术 ·· 271
  第一节 东北红豆杉回归保护的设计 ·· 271
    一、回归示范地的选择 ·· 271
    二、回归幼苗苗龄选择 ·· 271
    三、回归样地布设 ··· 272
    四、回归幼苗监测指标 ·· 272
    五、监测数据分析 ··· 273
  第二节 不同苗龄的东北红豆杉幼苗生长情况 ·································· 274
    一、不同苗龄东北红豆杉幼苗生长指标变化 ······························· 274
    二、红外相机监测幼苗生长 ·· 277
    三、回归幼苗生长特征 ·· 278
  第三节 不同林型东北红豆杉种群回归效果分析 ······························· 279
    一、林型选择情况 ··· 279
    二、不同林型东北红豆杉幼苗存活状况 ···································· 280
    三、幼苗生长指标变化 ·· 281
    四、林型与幼苗指标灰色关联排序 ·· 288
    五、不同林型回归成效 ·· 289
  第四节 不同郁闭度东北红豆杉种群回归效果 ·································· 291
    一、郁闭度的选择与样地布设 ··· 291
    二、幼苗存活状况 ··· 291
    三、幼苗生长指标变化 ·· 292
    四、郁闭度与幼苗指标灰色关联排序 ····································· 299
    五、不同郁闭度回归幼苗生长特征 ·· 301
    六、东北红豆杉回归保护的建议 ··· 301
  参考文献 ··· 302

第一章　极小种群野生植物保护与恢复技术概述

物种灭绝是全球最严重的生态问题之一，直接威胁着人类社会的可持续发展（Pimm et al., 2014）。种群大小是世界自然保护联盟（International Union for Conservation of Nature，IUCN）评估物种濒危等级的 5 个指标中最重要的指标（Baillie et al., 2004）。极小种群野生植物物种属于极度濒危的植物物种，其现存个体数少于最小可存活种群的个体数，且常常分布地域狭窄，天然更新极差，面临着极高的随时灭绝风险。国内外还没有系统地开展过专门针对极小种群野生植物保护与恢复的研究，但近年来国际上对此类研究的关注度逐渐增加（Meek et al., 2015）。有关极小种群植物的内容主要体现在对珍稀濒危植物的研究中。

第一节　极小种群野生植物研究概况

一、极小种群野生植物概念提出的背景

物种灭绝严重威胁着人类的可持续发展，是当今人类所面临的最为严峻的全球化问题之一（Pimm et al., 2014）。为应对这一挑战，世界自然保护联盟（IUCN）于 20 世纪 70 年代成立受威胁植物委员会（TPC）并出版具有国际影响力的濒危植物红皮书。为进一步推进物种保护事业，IUCN 制定出一套全球范围内的物种濒危评级标准，从目标物种种群数量、地理分布范围和种群内具有繁殖潜力的成熟个体数量等方面，量化评估生物种的野外灭绝概率，并将之归为从无危到绝灭 9 个等级（解焱和汪松，1995）。这套《IUCN 物种红色名录濒危等级和标准》是目前世界范围内被广泛采用的物种濒危等级评定依据（杨文忠等，2015），为不同国家和地区根据各自地域内的物种实际生存情况评定濒危保护级别提供了一套客观统一、明确清晰、科学合理的评价体系（Rodrigues et al., 2006）。我国紧随其后展开了植物保护工作，1984 年国务院环境保护委员会根据相关调研结果，经讨论和审议公布第一批《中国珍稀濒危保护植物名录》，在此基础上于 1987 年出版了《中国珍稀濒危保护植物名录》一书。1996 年国务院发布《中华人民共和国野生植物保护条例》，用于加强重点保护植物的保护和管理。1999 年国家林业局和农业部颁布《国家重点保护野生植物名录》（第一批），并于之后不断更新和完善。

二、极小种群野生植物概念

步入 21 世纪后的调查显示：社会经济高速发展造成自然环境恶化，再加上气候变化原因，导致许多野生植物的分布区不断退化和破碎化，种群规模和数量不断下降，相当多植物种的个体数量级处于十位甚至个位（杨文忠等，2014）。此定义仅能定性描述物种濒危和保护等级的分类体系，不能进一步有效区分植物个体数量稀缺程度和灭绝可能性大小，不能明确急需优先采取保护行动和展开系统研究的植物类群，难以满足国家和地方政府决策需求并实现将有限的资源投入到最需要和亟待保护的物种上（罗晓莹等，2015）。此外，传统的针对物种层面的保护模式忽略了物种存续的基本形式——"种群"。因此，能够更有效指导物种保护策略的极小种群野生植物（wild plants with extremely small population，WPESP）概念被适时提出。"极小种群"一词首次出现于 2005 年云南省的物种保护工作报告中，之后该概念被国家林业局认可并在后续开展的国家级、省级物种保护项目和工程中广泛使用。WPESP 的概念是指地域分布狭窄甚至呈现出间断分布，由于长期受外界因素干扰导致种群退化、个体和种群数量都极少，已低于最小稳定可存活的种群数而随时濒临灭绝的野生植物种类（杨文忠等，2014；Ren et al.，2012）。但定义中的一些关键词如"狭窄""极少"等意义仍然模糊，极小种群野生植物（WPESP）概念尚不成熟，还难以直接应用于物种保护工作。因此，国家根据已有野生植物资源调查数据，制定出全国极小种群野生植物的筛选指标准则，并以此为依据制定出《全国极小种群野生植物拯救保护工程规划（2011—2015 年）》，其中选列出需要优先保护的 120 种野生植物，包括有 36 种国家 I 级保护植物、26 种国家 II 级保护植物、58 种省级重点保护植物。极小种群物种概念的提出及其名录植物物种的确定，目的在于集中资源，高效地实现关键物种的保护，对物种的生境范围和生境质量进行研究将有助于为物种保护提供科学依据、制定管护策略。

三、极小种群野生植物研究概况

珍稀濒危植物的生存潜力、维持机制及受威胁的因素分析是保护生物学家关注的焦点之一（Hedrick and Goodnight，2005）。已有的研究表明，物种维持机制的研究已从现象描述以及单一的种群生态学研究，发展成为多学科相互交叉和渗透的综合性研究，取得了令人鼓舞的进展（Aguilar et al.，2006）；濒危物种的主要受威胁因素包括环境变化（Urban et al.，2016）、生物相互作用（Anderson et al.，2011）以及自身遗传限制（Breshears et al.，2008）等方面。近年来，在考虑进化与适应性的基础上，预测濒危物种的分布与生存潜力也备受关注（Hoffmann and

Sgro，2011）。尽管如此，迄今的大多数研究在物种濒危的关键环节——小种群的成因和后果方面的分析仍然十分有限，尤其是针对植物物种。

在种质资源保护方面，主要以种群遗传学为基础，研究种群进化过程及遗传格局，揭示动态过程和关键影响因素，推断物种致濒机制并制定种质资源保护策略等。当前研究方法已发展到应用微卫星标记、SNP标记等，结合高通量测序方法评价遗传变异（Ouborg et al.，2010），采用表型性状与分子标记相结合的方法构建核心种质，并通过连续性或间断性检测数据评价其代表性。种质保存技术体系包括就地保存、迁地保存和设施保存（低温种质库、组培苗、体细胞胚胎和超低温保存芽）等。

繁殖是植物种群生活史过程最关键的环节，繁殖能力低下是大多数珍稀濒危物种的共同特征，也是其濒危的一个重要因素。繁殖瓶颈的突破是珍稀濒危物种解濒研究的重中之重，是发展规模化扩繁技术体系的基础。例如，英国邱园利用无菌播种技术获得了大量英国杓兰的种苗并成功回归（Zeng at al.，2014）。我国虽已对40多种极小种群野生植物进行了繁殖生物学和繁殖技术的研究，但扩繁成功的物种仍屈指可数。

濒危植物保护主要包括就地保护和迁地保护。就地保护是拯救生物多样性的重要方式。就地保护的研究内容主要包括：①通过空缺分析和热点地区分析确定就地保护地点；②研究就地保护物种生境退化过程；③探索人工促进种群的快速恢复和生境修复的方法（Warren and Büttner，2014）；④评价就地保护的效果（Mattfeldt et al.，2009）。迁地保护是收集和保存珍稀濒危植物种质资源的重要方式（Guerranti et al.，2004）。植物园是迁地保护珍稀濒危植物最常规和有效的场所（Hardwick et al.，2011）。潜在生境适宜性评价、适宜迁地生境构建、迁地种群建立与适应性评价是迁地保护成功的关键（庄平等，2012）。同时，加强迁地种群的遗传管理、规避潜在的遗传风险、保持物种的遗传完整性亦是迁地保护成功的关键因素（黄宏文和张征，2012）。

濒危植物野外回归的研究主要集中在回归程序、过程管理、评价及复壮等。IUCN的物种生存委员会（SSC）2013年制定了《回归与保育引种指南》。研究表明，影响回归成功的因子包括繁殖材料类型、种源、生境、种植时间（Godefroid et al.，2011；Guerrant and Kaye，2007）及种间作用（Rayburn，2011）等。通过分析源种群的遗传及生境相似性选择回归地点（Lawrence and Kaye，2011）。在回归中还需要考虑伴生植物、雌雄比例、基因交流和生态适应性等（陈芳清等，2005）。国内外有关回归的技术还不够成熟，仍处于探索阶段，急需通过同质园（common garden）实验和交互移植-重植实验（reciprocal transplant experiment）等方法，优选回归方案，实现有效的野外回归。

极小种群野生植物是急需优先抢救的国家重点保护濒危植物，面临着极高的随时灭绝的风险。为确保这些脆弱种群及携带的独特基因资源得以续存，国家启动了"全国极小种群野生植物拯救保护工程"。目前，有关极小种群野生植物濒危原因及相应解濒技术的研究还非常缺乏，不能满足工程有效实施的技术需求。已有的植物种群生态学和保护生物学理论对极小种群植物并不完全适用，迫切需要研发有针对性的科学理论。从极小种群野生植物的种群维持机制和更新复壮技术等方面开展研发，将为极小种群野生植物的保护和恢复提供系统的科技支撑。

第二节　极小种群野生植物保护技术研究

一、极小种群野生植物种质资源保护技术

利用分子遗传标记分析极小种群植物遗传结构，构建单倍型系统进化关系，反演种群历史动态，结合孢粉/化石信息和重大地质历史事件以及人类活动干扰史，推断极小种群濒危的驱动因素；结合种群历史动态，分析极小种群野生植物在生态系统演变过程中的作用；研究种群遗传变异格局和表型性状，建立种质资源评估方法和技术，确定核心种质资源，建立极小种群种源保护地遗传多样性保护和监测技术体系标准；研发典型极小种群植物种质资源保护与保存技术，开展极小种群植物种质资源保存，建立种质资源收集圃和示范种质园。

二、极小种群野生植物就地保护及生境恢复技术

通过分析自然种群特征、生境特征和种源状况，揭示目标物种的生境需求与生态关系，研究就地保护和人工促进种群恢复技术。研发人工改造和干预适用技术，快速改善已受损的生境条件，构建符合目标物种特性的适宜生境；研究极小种群野生植物近自然保护技术，构建充分满足物种生存繁衍的最佳生境；建立极小种群野生植物持续生存的就地保护示范区。

三、极小种群野生植物扩繁技术

根据目标植物种群大小、生物学特性、小生境状况及自然分布等，利用种子萌发、扦插、嫁接、无菌播种和组织培养等多种技术手段，研究极小种群野生植物的快速繁育技术，分析快速繁育过程中的限制性因子，制定目标物种种苗的扩繁技术规程，为极小种群野生植物的种群复壮和扩繁利用提供关键技术体系。建立种苗繁殖示范基地进行种苗扩繁，提供足够的种苗应用于近地保护、迁地保护和自然回归。

四、极小种群野生植物迁地保护技术

根据目标植物特点和所处生境条件，分析极小种群野生植物潜在分布区，进行迁地保护生境选择研究；评价拟迁地生境的适宜性，确定迁地保护地点，研发迁地保护的小生境调控技术。开展调控适宜迁地保护和近自然保护目标物种生长发育的小生境研究与试验示范，如培植伴生树种、调节水分供应和光照强度、进行原生地客土或者测土施肥等，构建迁地保护的整体方案、配套技术与抚育管理体系，建立迁地保护试验示范。

五、极小种群野生植物回归技术

对培植技术成熟、适生条件明确、迁地保护成功、谱系清晰、遗传多样性丰富及可以大量繁殖的极小种群野生植物，开展极小种群野生植物回归关键技术研究，具体包括：对人工培育植株的选择，适宜地点及生境的评价和确定，回归环境、回归时期、栽培技术、抚育体系和后期管理配套技术体系研究，进行试验示范基地建设。对于不同种源和不同繁殖方式产生的繁殖体，进行系统的适生条件和栽培管理技术研究，并进行标准化体系建设和示范基地建设。

第三节 极小种群野生植物未来研究展望

极小种群野生植物保护及种群复壮的重要性、紧迫性和必要性是不言而喻的。如何科学高效地实施"全国极小种群野生植物拯救保护工程"，是摆在生物多样性研究与保护工作者面前迫切需要解决的重大问题。极小种群野生植物由于其种群数量小、面临胁迫大及繁殖困难等问题，也决定了对其保护研究的困难性和挑战性。一般植物种群理论大都基于大样本方法而发展起来，对极小种群植物并不完全适用。为此，所有研发方案都必须考虑极小种群植物的诸多特点，特别是要重点研发基于小样本的方法和理论体系。同时，要针对植物生活史各阶段及野生植物拯救保护工程各环节的技术需求，研发相应的技术并进行集成示范，才能真正构建极小种群野生植物全链条式的精准保育技术集成与示范体系，从而为野生动植物保护与自然保护区建设等生态建设工程提供强有力的科技支撑。

执笔人：臧润国　董　鸣　李俊清　陈小勇　曾宋君　江明喜　李镇清　黄继红

参 考 文 献

陈芳清, 谢宗强, 熊高明, 等. 2005. 三峡濒危植物疏花水柏枝的回归引种和种群重建. 生态学报, 25(7): 1811-1817.
黄宏文, 张征. 2012. 中国植物引种栽培及迁地保护的现状与展望. 生物多样性, (5): 559-571.
罗晓莹, 陈秋慧, 蔡纯榕, 等. 2015. 极小种群植物丹霞梧桐群落的地理区系成分分析. 韶关学院学报, 36(12): 28-31.
杨文忠, 康洪梅, 向振勇, 等. 2014. 极小种群野生植物保护的主要内容和技术要点. 西部林业科学, (5): 24-29.
杨文忠, 向振勇, 张珊珊, 等. 2015. 极小种群野生植物的概念及其对我国野生植物保护的影响. 生物多样性, 23(3): 419-425.
解焱, 汪松. 1995. 国际濒危物种等级新标注. 生物多样性, 3(4): 234-239.
庄平, 郑元润, 邵慧敏, 等. 2012. 杜鹃属植物迁地保育适应性评价. 生物多样性, (6), 665-675.
Aguilar R, Ashworth L, Galetto L, et al. 2006. Plant reproductive susceptibility to habitat fragmentation: review and synthesis through a meta-analysis. Ecology Letters, 9(8): 968-980.
Anderson S J, Sikes M L, Zhang Y, et al. 2011. The transcription elongation factor Spt5 influences transcription by RNA polymerase I positively and negatively. Journal of Biological Chemistry, 286(21): 18816-18824.
Baillie J E M, Hilton-Taylor C, Stuart S N. 2004. IUCN Red List of Threatened Species. A Global Species Assessment. Gland, Switzerland and Cambridge, UK: IUCN.
Breshears D D, McDowell N G, Goddard K L, et al. 2008. Foliar absorption of intercepted rainfall improves woody plant water status most during drought. Ecology, 89(1): 41-47.
Godefroid S, Piazza C, Rossi G, et al. 2011. How successful are plant species reintroductions? Biological Conservation, 144(2): 672-682.
Guerrant J E O, Kaye T N. 2007. Reintroduction of rare and endangered plants: common factors, questions and approaches. Australian Journal of Botany, 55(3): 362-370.
Guerranti R, Aguiyi J C, Ogueli I G, et al. 2004. Protection of *Mucuna pruriens* seeds against *Echis carinatus* venom is exerted through a multiform glycoprotein whose oligosaccharide chains are functional in this role. Biochemical and Biophysical Research Communications, 323(2): 484-490.
Hardwick K A, Fiedler P, Lee L C, et al. 2011. The role of botanic gardens in the science and practice of ecological restoration. Conservation Biology, 25(2): 265-275.
Hedrick P W, Goodnight C. 2005. A standardized genetic differentiation measure. Evolution, 59(8): 1633-1638.
Hoffmann A A, Sgro C M. 2011. Climate change and evolutionary adaptation. Nature, 470(7335): 479-485.
Lawrence B A, Kaye T N. 2011. Reintroduction of *Castilleja levisecta*: effects of ecological similarity, source population genetics, and habitat quality. Restoration Ecology, 19(2): 166-176.
Mattfeldt T, Eckel S, Fleischer F, et al. 2009. Statistical analysis of labelling patterns of mammary carcinoma cell nuclei on histological sections. Journal of Microscopy (Oxford), 235(1): 106-118.
Meek M H, Wells C, Tomalty K M, et al. 2015. Fear of failure in conservation: The problem and potential solutions to aid conservation of extremely small populations. Biological Conservation, 184: 209-217.

Ouborg N J, Pertoldi C, Loeschcke V, et al. 2010. Conservation genetics in transition to conservation genomics. Trends in Genetics, 26(4): 177-187.

Pimm S L, Jenkins C N, Abell R, et al. 2014. The biodiversity of species and their rates of extinction, distribution, and protection. Science, 344(6187): 1246752.

Rayburn A P. 2011. Recognition and utilization of positive plant interactions may increase plant reintroduction success. Biological Conservation, 144(5): 1296.

Ren H, Zhang Q M, Lu H F, et al. 2012. Wild plant species with extremely small populations require conservation and reintroduction in China. Ambio, 41: 913-917.

Rodrigues A S L, Pilgrim J D, Lamoreux J F, et al. 2006. The value of the IUCN Red List for conservation. Trends in Ecology & Evolution, 21(2): 1-76.

Urban D A, Rodriguez-Lorenzo L, Balog S, et al. 2016. Plasmonic nanoparticles and their characterization in physiological fluids. Colloids and Surfaces B: Biointerfaces, 137: 39-49.

Warren S D, Büttner R. 2014. Restoration of heterogeneous disturbance regimes for the preservation of endangered species. Ecological Restoration, 32(2): 189-196.

Zeng S, Zhang Y, Teixeira da Silva J A, et al. 2014. Seed biology and in vitro seed germination of Cypripedium. Critical Reviews in Biotechnology, 34(4): 358-371.

第二章 极小种群野生植物回归保护技术

极小种群野生植物是急需优先抢救的国家濒危物种（臧润国等，2016）。为确保这些脆弱种群及携带的独特基因资源得以续存，国家启动了"全国极小种群野生植物拯救保护工程"。极小种群野生植物研究的主要内容包括：摸清资源现状，阐明其濒危机制，提出相应的保护策略，解决人工繁殖技术，再引种回归，扩大种群数量。其中，回归保护技术的研究是极小种群野生植物种群恢复的重要途径。

第一节 回归保护的重要性和理论基础

一、回归保护的重要性

中国植物多样性丰富，有 3 万多种高等植物，占全世界高等植物数量的 1/10，且具有物种丰富度高、特有种属多、区系起源古老、栽培植物种质丰富等特点。但中国野生植物面临着分布区域萎缩、生境恶化、资源锐减、部分物种濒危程度加剧等严峻形势，保护中国的野生植物多样性刻不容缓（黄宏文和张征，2012）。中国的植物多样性在未来一段时间内仍将面临严峻的威胁。作为植物资源大国和 1992 年《生物多样性公约》缔约国，中国于 2002 年加入《全球植物保护战略》，2008 年发布了《中国植物保护战略（2010—2020）》。

《中国植物保护战略（2010—2020）》中提出：①要建立国家植物迁地保育网络体系；②调动社会各级力量参与珍稀濒危及重要类群植物迁地保护工作；③加强迁地保护的科学研究；④提高保护效率和质量；⑤将植物物种回归自然计划正式纳入植物多样性保护工作中；⑥使中国 10%左右的受威胁物种回归原生境；⑦加强回归种群的动态监测、管理及评估。当前进行植物保护，主要通过就地保护和迁地保护方式实现。在就地保护方面，中国通过自然保护区和国家公园体系就地保护了约 65%的高等植物群落，通过植物园及其他引种设施等迁地保护了中国植物区系成分植物物种的 60%（黄宏文和张征，2012）。回归自然是野生植物种群重建的重要途径，其保护效果超出了单纯的就地保护和单一的物种保护，能更有效地对极小种群野生植物进行拯救和保护。中国的极小种群植物大多为特有植物，具有不可替代的生态、经济、科学和文化价值。为了挽救濒临灭绝的植物类群，国家林业局、中国科学院和国家环保部提出到 2010 年要把迁地保护受威胁植物种类中 10%的种类列入回归自然计划（Ren et al.，2012）。事实上，开展珍稀濒危植物的野外回归工作是非常难的，涉及一系列的科学与社会经济问题，而且全球成功的案例不多，但开展珍稀植物的回归工作具有重要的科学和实践价值（任海等，2014）。

二、回归保护的主要理论基础

自然界中，一个物种通常是由分布于同一地点或不同地点的种群组成，这些种群的基因库由相似或存在差异的基因组成（Slatkin，1987）。在美国遗传学家赖特、英国遗传学家霍尔丹和数学家费希尔等人的努力下，种群遗传学蓬勃发展起来，并形成了科学的论证方法，建立了一套完整的经典种群遗传学理论体系（Charlesworth and Charlesworth，2017）。种群遗传学研究的主要内容是物种种群内和种群间的遗传变异、分布状况，以及影响这些遗传变异及分布状况的各种原因（Ohta，2002）。物种遗传变异的主要因素包括基因流、遗传漂变、突变、自然选择等因子，这些因子在种群演化的进程中起着决定性的作用。随着分子生物学的发展，将种群遗传学理论及相关概念引入保护生物学之中，对极小种群的保护具有重要的指导意义（Rieseberg and Burke，2001）。

1. 自然选择

自然选择是指在自然生存环境中，适应环境的个体，生存繁殖的机会更大。实现自然选择的前提条件就是变异，变异的方式很多，也广泛存在于种群中。经过生存环境的自然选择，保存下来的是生存和繁殖能力强的个体，这些个体在种群中积累起来，种群的遗传结构维持着各自不同的等位基因频率，从而造成种群分化。而在独特生境下演化的物种，往往有机会成为当地特有种（Barton and Partridge，2000）。

2. 随机漂变

由于等位基因的频率受到某种随机因素影响，在世代繁衍过程中，种群（尤其是小种群）中等位基因频率出现波动的现象就是随机漂变。在濒危植物，尤其在极小种群研究中，应重点考量遗传漂变的作用。这种改变会使极小种群中一些等位基因趋于消失，一些等位基因趋于固定，进而改变种群的遗传结构，改变方向是完全随机的。种群越大，随机遗传漂变的影响越小；种群越小，随机遗传漂变的影响越大。这是因为在基因库中，每一个世代的基因库可以看成是上一个世代的基因库随机抽样的结果。这样的基因库内的等位基因或单倍型频率组成都受到抽样影响。因此，遗传漂变与自然选择既有相同之处，也存在着区别。相同之处在于它们是促使亚种群分化的一种方式。不同之处在于，自然选择所引起的种群分化和环境因子具有联系，它具有方向性；而基因漂变所引起的种群分化不会受到这些影响，具有随机性。小种群的特点是有效种群由于漂变的影响，基因结构趋于同质化，生境隔离后的物种遗传变异性低，基因随机漂变是最主要的原因（Walsh et al.，2002）。

3. 基因流

基因流是指生物个体或生物体上的某个器官借助某种媒介从生长地转移到其他地方而与不同种群个体之间的遗传物质发生交换的过程，即基因交流的过程。交流的过程可发生在同种类或不同种类的生物种群之间。基因流的强度因物种不同或时间和地点的差异而存在很大不同，通常与地理距离成反比。植物基因流强弱不仅影响植物种群遗传变异水平和有效种群大小，而且会造成种群遗传结构的重新分配。植物基因流是借助花粉、种子、孢子、营养体等遗传物质的携带者迁移或运动来实现的，它最主要的方式是种子扩散和花粉传播。基因流和地理隔离在演化过程中的作用通常是相对的。基因流是使两个不同生境的种群之间交流，地理隔离则是将自然种群隔离成适应于不同生境的状态；基因流的作用在于使不同生境之间的种群实现遗传形式均质化，地理隔离则是推动实现遗传分化的地域性，即地域性种群（或亚种群）。换句话说，地理隔离是推动遗传分化的力量，而基因流是使种群间遗传形式均质化的基本途径（Stearns，1986）。

植物的**繁殖方式**和**繁殖体**的移动方式在很大程度上决定了植物基因流的大小。影响植物基因流的因子除了外界环境条件外，植物种群密度、子代在新环境下的成活率等都会对基因流产生影响。植物基因流研究是植物种群动态和进化的一个中心问题。即使在连续分布的种群里，真正能够进行自由、随机交配的有效种群非常小，以植物来说，也不过几十株到百株而已，在极小种群植物中其数量可能更少。因此，基因流在改变种群遗传变异中，虽然不能与基因漂变、自然选择的力量相提并论，但是在亚种群中，仍然可以通过基因流引进一些新基因，从而促进种群具有多样性（De Meeûs et al.，2007）。

4. 突变

突变（mutation）是指 DNA 序列在染色体复制过程中发生改变，产生新序列的过程。突变会产生新的等位基因，造成基因频率发生改变，从而会导致遗传多样性的增加（Lynch et al.，2016）。

突变是生物遗传变异的最终来源和进化的原始动力。基因突变的来源涉及 DNA 序列的改变，包括核苷酸的插入（insertion）、缺失（deletion）、倒位（inversion）及替换（substitution）。核苷酸替换又分为转换和颠换，在大多数 DNA 片段中，转换出现的频率要比颠换高。

种群中大多数突变是中性的,中性突变对生物的繁殖力和生活力没有影响,自然选择对它们不起作用。严格意义上说,可遗传的突变是新基因产生的唯一途径。因为新突变中只有很小一部分能成为进化的原材料,所以进化要持续下去必须保持足够高的突变率(Kimura et al.,1967)。突变率(mutation rate)是指单位时间内突变发生的概率,可表示为每个位点、基因或核苷酸在每个世代或每次DNA 复制时发生突变的概率。生物的进化最终依赖于突变的产生。在树木种群中,由于世代周期长、进化时间久,导致突变速率较低。一般情况下,树木种群中突变率为 $10^{-11}\sim 10^{-8}$ 个碱基/年。

第二节 回归保护主要技术环节与规程

一、分子标记技术在回归保护中的应用

20 世纪建立的分子标记技术是基于分子水平变异而建立起来的。分子标记的研究与应用开创了在分子水平上研究遗传变异的新阶段。

在极小种群保护的过程中,研究者使用多种分子标记对极小种群植物遗传多样性进行评估,并对已进行迁地的物种进行迁地保护物种的遗传多样性评价,取得了一定进展,对极小种群的保护提供了指导作用。目前极小种群植物已有部分相关研究成果。

1. 东北红豆杉

中国东北红豆杉(*Taxus cuspidata*)的自然地理分布区位于老爷岭、张广才岭及长白山区,其主要分布区域的海拔为 500~1000m。中国林业科学研究院郑勇奇团队利用富含多态性的微卫星标记进行不同种群遗传多样性及遗传结构分析,同时开展了基于 4 个叶绿体 DNA 序列片段和 1 个核基因片段的基因变异研究,分析东北红豆杉的谱系地理关系及遗传多样性水平,基于叶绿体基因片段的东北红豆杉分化时间是 10.21mya(95%置信区间为 4.07~15.96mya),其群体总的遗传多样性(H_t)为 0.662,相对一些裸子植物,如华南五针松(*Pinus kwangtungensis*)(H_t=0.63)、祁连圆柏(*Juniperus przewalskii*)(H_t=0.57)、青海云杉(*Picea crassifolia*)(H_t=0.27),具较高遗传多样性。平均期望杂合度(HE)东北红豆杉为 0.397。无论是基于叶绿体序列还是线粒体序列,长白山区表现为单峰,说明长白山区的东北红豆杉有可能经历过扩张(程蓓蓓,2016)。

2. 仙湖苏铁

仙湖苏铁(*Cycas fairylakea*)是国家一级濒危保护植物,目前仅在我国广东

省和福建省发现有自然分布，个体数在 4000 株以下。除广东省深圳市的两个种群外，其余种群野生个体总数均不足 20 株。王晓明等应用 ISSR 标记对深圳梅林郊野公园仙湖苏铁野生种群的遗传多样性进行了研究。从 100 个引物中筛选出 10 个用于正式扩增，在 14 个个体中共检测到 77 个清晰的扩增位点，其中多态性位点 67 个，多态位点百分率为 87.01%。根据所得数据求出的观察等位基因数为 1.8701，有效等位基因数为 1.3568，Nei's 基因多样性指数为 0.2196，Shannon-Wiener 指数为 0.3445。与其他苏铁类植物和濒危植物相比，仙湖苏铁仍然保持很高的遗传多样性水平。基于 Jaccard 相似性系数的 UPGMA 树系图表明，梅林郊野公园的仙湖苏铁个体明显地分为 2 个亚群，ISSR 表型特征的主成分分析（PCA）也支持了聚类分析结果。这些研究结果对仙湖苏铁的保育和管理具有重要意义（王晓明，2006）。王运华（2014）运用筛选出的 3 对 SSR 标记对 4 个仙湖苏铁野生种群进行遗传结构研究，等位基因数为 2~5，杂合度为 0.000~0.667，期望杂合度为 0.000~0.610。种群两两遗传分化系数为 0~0.382。总体上，仙湖苏铁遗传多样性水平低，而种群间遗传分化显著。Structure 分析结果表明，4 个野生种群可被分配到 3 个 $α=0.05$ 假想的遗传簇。Bottleneck 分析结果表明种群近期没有遭遇瓶颈效应（王运华等，2014）。

3. 瑶山苣苔

瑶山苣苔（*Dayaoshania cotinifolia*）是 1983 年由王文采在广西壮族自治区大瑶山自然保护区内发现的苦苣苔科植物新种，为中国特有的单型属植物。苦苣苔科植物是一个处于剧烈分化进程的类群，瑶山苣苔是该科较原始的种，这就意味着该科的某些属和种适应能力弱化，具有较高的科研价值和经济价值。由于瑶山苣苔资源数量分布极其有限，生境特殊，分布范围狭窄，且受人为活动的影响，其种群数量和分布面积急剧减少，在 1999 年国家林业局和农业部颁布的《国家重点保护野生植物名录》中被列为国家 I 级重点保护野生植物，被《中国植物红色名录》（第一卷）定为极危种（critically endangered）。张冰（2011）构建了一个富含 SSR 序列的瑶山苣苔基因组文库，最终选择 10 对引物对两个居群的全部个体进行 PCR 扩增并分析数据。运用 Arlequin311 软件对瑶山苣苔两个居群共 61 个个体进行数据分析，发现有 2 个位点仅有一个等位基因，为单态，而在剩余的 8 个多态位点中，等位基因从 2 个到 12 个，平均为 4.5 个。对其杂合度的分析发现，在物种水平上，观测杂合度从 0.016 39 到 1 不等，平均为 0.508 30；预期杂合度从 0.016 39 到 0.658 31 不等，平均为 0.415 56。在 Hamrick 和 Godt（1990）的总结中，100 个特有植物种（包括稀有和濒危物种）的等位酶多样性平均水平仅为 $A=1.39$，$H=0.063$。考虑到瑶山苣苔物种的分布面积及现存个体数目，其遗传多样性水平还是很高的。这一结果与濒危植物裂叶沙参（*Adenophora lobophylla*）相似（张冰，2011）。

4. 天目铁木

濒危植物天目铁木（*Ostrya rehderiana*）现仅在天目山残存 5 株野生植株，是国家一级保护植物。为研究该物种繁殖与复壮的有效途径，利用随机扩增多态性 DNA（random amplified polymorphic DNA，RAPD）标记，对这 5 株天目铁木的遗传多样性和遗传分化进行基因组 DNA 多态性分析，统计 18 个扩增较为稳定的引物在 5 个 DNA 样品中扩增的电泳带总数与多态带的数目。结果显示：共扩增出 176 个 DNA 片段，片段大小为 200~2800bp，其中多态性谱带为 88 条，占 50%，表现出了丰富的 RAPD 多态性。根据遗传距离，利用 UPGMA 构建了个体亲缘关系树状图。结果表明，4 号和 5 号植株间亲缘关系最近，遗传距离为 0.1335，1 号和 3 号植株间亲缘关系最远，遗传距离为 0.4610，1 号植株与其他 4 株的亲缘关系均较远，遗传距离为 0.3665~0.4610，聚类时被聚在其他 4 株之外。这一结果与 5 株间物理距离分布的位置差异相符（王祖良等，2008）。

此外，随着高通量测序技术的发展，多种濒危植物的基因组被解译，从基因组层面全探讨物种的濒危机制，使对濒危植物的保护研究进入了新的时代。研究人员通过测序获得了极度濒危植物天目铁木（*Ostrya rehderiana*）和其广泛分布的近缘物种多脉铁木（*Ostrya multinervis*）的基因组，发现这两个物种在末次冰盛期之前有着类似的群体动态演化历史，但天目铁木的有效群体大小在近 10 000 年来持续衰减，而多脉铁木则恢复到了末次冰盛期之前的群体大小（Yang et al.，2018）。天目铁木积累了更多的有害突变，但要比多脉铁木清除了更多严重有害的隐性突变。这种清除和逐渐降低的近交衰退可能协同减缓了灭绝，并可能影响异交物种天目铁木在未来的存活。该研究揭示了群体锐减的演化历史，并为未来濒危物种的群体恢复提供了新的视野（Yang et al.，2018）。

5. 水杉

水杉（*Metasequoia glyptostroboides*）是我国特有的珍稀濒危植物，野生种现仅分布在我国湖北、湖南、重庆三省（直辖市）交界的地方，面积大约 800km^2。由于第四纪冰川，大部分地区的水杉已灭绝，生物学界曾一度认为水杉已经灭绝，因此水杉又被称为"活化石"。水杉原生母树的就地保护是最直接的保护方式，1974 年湖北省利川市水杉管理站成立后，对原生母树一一挂牌、定期普查并进行一些必要的物理防护，如树干涂白、设支架、堵长期不能愈合的树洞、喷药杀虫等。2003 年，以保护水杉为目的的湖北省星斗山国家级自然保护区建立，是我国保护水杉的又一里程碑。大量的引种使水杉目前分布广泛、数量众多。现如今水杉的分布范围扩大，从野生种群仅分布在鄂西、湘西、渝东交界处到现在的全国范围内种植，并在亚、非、拉、美四大洲的 50 多个国家和地区成功引种。物种的遗传多样性是其生存适应和进化的前提，遗传多样性的研究对水杉的保护至关重要。但是，从遗传结构来看，水杉的人工种植种群遗传多样性依然没有恢复。依据随机扩增多态性 DNA 及微卫星分子标记对水杉野生种群和人工引种栽培种群的遗传多样性分析表明，野生种群的遗传多样性较人工水杉种群高。对水杉遗传多样性的研究表明，水杉的保护不能仅局限于数量的增加，还要保护其种群的遗传多样性。因此，为了保护水杉种质资源，急需了解水杉的遗传时空格局，并据此制订有效的种质资源采集方案。针对湖北省利川市水杉自然分布区东部种群的 5 个行政村及其周边地区，采用 8 对微卫星引物对研究区域内的水杉种群进行时空遗传格局分析，结果表明，所有种群均体现出较高的遗传多样性，种群间分化程度较小；水杉个体在遗传上聚为 3 个类群，但各类群中不同个体在空间上呈现非连续分布格局，集中于若干个小斑块内，不同斑块间基因流受限而各斑块内存在高强度基因流；不同年龄段的水杉个体具有相似的空间遗传格局，表明种群遗传结构动态在短时间尺度内未受到强烈的干扰（王思思，2017）。

二、回归保护关键技术环节

种群回归是实现其野生种群数量增长的有效手段。极小种群野生植物的种群回归首先要解决繁殖技术，然后选择适宜的回归生境。调查极小种群野生植物资源现状，阐明濒危的原因等是回归保护重要基础。目前回归解决其人工繁育的物种多为草本（Lin et al.，2014），对多年生的乔木树种研究较少。回归保护是物种保护及种群恢复的重要策略之一（Seddon，2010），而物种的适应特征是迁地及就地保护成功研究及技术研发的重要指标。例如，对乔木树种猪血木的研究表明，该物种濒危的原因包括：种群数量稀少、分布局限，种群仍处于衰退阶段，受外界人为干扰的影响，种群无法完成有效的自然更新。针对这些因素，可以通过把人工个体引入原生境或与其原生境较为相似的环境中，开展物种回归保护，从而实现对极小种群野生植物的有效保护（申仕康等，2008）。对草本植物虎颜花的研究发现，虎颜花濒危的重要原因是当地气候变化、生境退化和野外自然繁殖障碍，通过异地回归发现，在气候变化情景下，人类可以通过有效的干扰（也包括人工繁殖幼苗）帮助珍稀濒危物种进行种群复壮（李龙娜等，2009）。

Lawrence 和 Kaye（2011）通过研究 *Castilleja levisecta* 回归中的生态相似性、种群的遗传性以及生境质量的影响发现，选择回归材料要在生态相似的生境中，而不是在地理相近处；回归地点要选择那些低外来种多度的地点，在回归的实际操作中强调利用生物技术、生态技术、工程技术集成，实现个体繁殖+生境恢复+园艺措施+种间关系恢复的技术体系。

三、回归保护技术的相关术语

（一）回归的相关术语

（1）再引种。指在迁地保护的基础上，通过人工繁殖把植物引入到其原来分布的自然或半自然的生境中，以建立有足够的遗传资源来适应进化改变、可自然维持和更新的新种群。

（2）增强回归。回归是为了增大生境中的现有种群数量，如某生境中有某种植物的少数植株，为了增强该物种在群落中的群体作用通过回归增加其种群大小。

（3）重建回归。回归的种类在生境中原有分布，但已经消失了，其目的是通过种群的释放与管理，扩大物种的分布范围。

（4）引种回归。引种回归是指把物种回归到合适的生境中，而不清楚该生境原来是否有回归物种的分布。

（5）异地回归。指从某个种历史分布区迁移到分布区外的回归。

（6）种群恢复。指通过人工修复那些受到破坏的种群，使其尽可能恢复到历史的状态。

（二）回归的步骤

珍稀濒危植物的回归是迁地保护与就地保护的桥梁，也是迁地保护植物的目标之一。国际上一般把濒危植物中具有重要经济、文化或生态意义的物种列为优先回归对象。在自然生态系统中，种间关系十分复杂，珍稀濒危植物在演化过程中存在着某些生活史阶段，对人类的干扰和生境的快速变化具有较强敏感性。因此，其回归难度大。

（1）回归的目标。植物回归的目标是对一个在全球或地区范围内濒危或灭绝的物种，在其原生境重新建立可自行维持、自由扩散的种群，并能使人工的长期管理最小化。其目标包括：提高物种在野外自然环境中长期生存的能力；在一个生态系统中重新建立一个关键物种；维持和恢复自然生物多样性；为国家及地方提供长期的经济利益；提高民众生物保护的意识等。

（2）回归的生境要求。①生态特征，包括土壤的理化性质、地形地貌、空气温湿度、光照、通风、现有物种成分、历史自然干扰过程（火灾、地震、山体滑坡、动物的捕食行为）。②有效传粉媒介，对于依赖动物传粉的植物来说，缺乏传粉者会导致植物的繁殖障碍，需要恢复该物种有效传粉者的生境。另外，必须考虑寄生、共生关系以及协同进化关系，有些物种依赖其他植物、真菌、细菌、昆虫才能完成生活史及生命周期，对这样的物种需要考虑回归地点有无伴生物种、共生真菌、细菌等，也可以适当引入。③生态系统过程，包括自然干扰、气候变化、自然演替等。气候的剧烈变化会给回归种群带来灾难性的影响，针对特定回归地点制定特殊的回归计划以降低极端干旱、高温、冷害、冻害造成的死亡率是非常必要的；在回归种群内维持高水平的遗传多样性，以防止长期的气候变化导致种群个体数量的减少。④回归计划中还需要考虑长期控制本地种与外来种之间的比例，采取必要的管理措施清除杂草、灌木或入侵种，防止它们与回归物种竞争水分、营养、阳光、空间。

（3）回归的植株要求。①要有足够的园艺和管理技术；②要有足够的空间用于迁地及回归保护；③回归后要注意移除导致濒危的威胁；④养护人员要参与从项目制订到回归的全过程；⑤在回归中要有好的标牌系统和文件管理；⑥负责项目的人员要参与生境选择、种植、管理及长期监测全过程；⑦列出包括新设施、备用人员等在内的所需资源清单。

在珍稀濒危植物回归保护过程中，植物种群的调控需要依据生态学原理进行必要物种种间关系的研究，评估其进入自然群落后可能的生态后果，避免影响群落中其他物种生存。如不能做到互利，也起码不是互害或被害。为了进行种群的合理配置，有必要对回归物种在原来群落中的调查资料进行分析，以弄清其种群的结构和分布格局。还要对其在迁地保护时的有关研究资料进行分析，如弄清楚它们的个体发育过程各个阶段对空间和环境条件（地上、地下）的要求。这样，就可以确定在自然群落中回归物种的种群大小，以及与其他物种的最佳种间搭配方式，以利于回归物种的生长，增强其在群落中的竞争能力。

（1）物种回归后的管理及监测。珍稀濒危植物的回归是一个长期且成本较高的过程。物种回归后的管理包括：提高回归植物种群的竞争力；必要的遮阴、灌溉、松土、病虫害防治；对一定范围内的其他物种进行必要的清除或控制；回归种群的补植，以便它们在群落中建立起较合理的种群结构，增强其自我维持的能力。对于珍稀濒危植物回归后监测，可能要延续至回归的种群达到正常繁殖的年龄。

（2）回归的效果评价。包括：整个生活史阶段对生境无害（起码标准），能自我维持及与其他物种的共存（进一步的标准），以及融入群落的生态过程（最终标准）。

（3）回归过程中存在的风险。遗传污染是回归过程中的首要风险。回归种群与本地种杂交，可能引起本地种遗传特性和优良性状的丢失，或者将有害基因引入到本地种。在回归过程中，如果从源种群中过度地或不系统地采集繁殖体，很容易导致源种群的资源枯竭。回归还可能引入新的病原及虫害，导致病虫害的扩散。

（4）回归成功的评价标准。有短期和长期两类。短期评价标准主要有以下三个方面：①在回归地点顺利完成生活史；②繁衍后代并扩大现有种群大小；③种子能够借助本地媒介得到扩散，从而在回归地点之外建立新的种群。长期评价标准包括四个方面：①适应本地多样性的小生境，能够充分利用本地传粉动物完成其繁殖过程，建立与其他物种种群的联系，在生态系统中发挥作用和功能；②能够得到最小可生存种群，并且可以维持下去；③建立的回归种群具有在自然和人为干扰条件下自我恢复的能力；④在达到有效种群大小的前提下，建立的回归种群能够维持一定的变异系数。

（5）植物回归的步骤。世界自然保护联盟（IUCN）认为，植物的回归可按一定的程序进行，一般可分为物种现状的调查研究（包括物候观察、生境调查、繁殖生态学研究、群体遗传结构及遗传多样性分析等）、繁殖体收集与回归材料的扩繁、回归地点的选择、回归材料的释放和定植、回归之后的长期监测和管理等 5 个阶段。在回归过程中，试验方法和生物因子是影响回归成败的重要因子，前者包括繁殖体扩繁方式、回归地点选择、释放生物材料后的监测和管理、土壤理化性质改良等方面；后者包括繁殖体类型选择、回归地点的生境特征、源种群所处的地理位置及所能提供繁殖体的数量等方面。

案例：极小种群野生植物梓叶槭回归技术规程

1. 本底调查及相关研究

1.1 资料收集和野外本底调查

在文献库以"梓叶槭"为关键词进行搜索，查找与梓叶槭相关资料，尤其是与分布相关的资料并进行统计；同时在标本馆查询其资料，对其分布地进行统计。根据收集资料的情况对其进行野外本地调查，调查内容包括组成、密度、生长量、分布和其他群落特征等。

回归物种野生资源调查表参照标准 LY/T 2589—2016。

1.2 回归地的选择

在梓叶槭分布区选择回归地，主要以增强回归为主。宜选择自然条件良好、林分密度小、降雨充沛、海拔 600～1500m、年最低温大于 $-5℃$ 且持续时间短、高温少的地区。回归地应远离易发生地质灾害的区域，宜选择在保护区周边，方便管理维护。

1.3 种源地选择

选择都江堰和峨眉山两地梓叶槭种群数量相对较大的地区作为种源地。

2. 回归材料的准备

2.1 种子采集及储存

2.1.1 采集时间

梓叶槭大约在 11 月末种子成熟,待果翅由绿变黄并开始有零星飘落时,即可采种。

2.1.2 采种母树的选择

采种应该选择健壮且采光好的优良母树,胸径在 15~40cm,母树以无病虫害为宜,不同母树之间距离大于 50m。对每个采种母树进行编号挂牌,并与种子编号一致。种子采集记录表见附录 A。

2.1.3 采种方法

用高枝剪或爬到树上将翅果果序剪下来,然后采集种子。注意采种过程中不要对母树造成伤害。

2.1.4 种子运输

种子运输过程中不能完全密封,应隐蔽保存,不能高温暴晒。从采集种子到储存,时间不宜超过一周。

2.1.5 种子储存

将采回的种子进行适当通风,但不能使种子完全干燥,一般通风 24h 之后装入自封袋密封,放入 4℃条件保存,储存时种子要防止过于干燥。储存时间保持在半年之内。

2.2 苗圃地和苗床准备

2.2.1 苗圃地选择

苗圃地应选择在地质安全、地势平坦、灌溉方便、保水持水性能强、方便看护,并且距离回归地较近的地方。其他方面执行 GB/T 6001—1985 标准。

2.2.2 施底肥

翻耕土壤时加入优质腐熟的有机肥,厩肥、堆肥或饼肥均可,施肥量为 1500~3000kg/hm^2,其他速效复合肥 300~450kg/hm^2,翻挖使土肥均匀混合,在混合土表面上覆盖 2~3cm 的泥炭土与珍珠岩(二者混比为 8∶2)基质。

2.2.3 土壤消毒

选用"多菌灵"粉剂或"菌虫绝"粉剂,分别配制成 1%溶液,选取二者中的一种或两种混合使用,对土壤进行消毒。种植前 2～3 天消毒 1 次,施药量按照药物说明进行。

2.2.4 作床

用蛭石、珍珠岩、营养土与原生境土混合,比例为 1:1:1:5。将苗圃地深翻之后,混合均匀并覆盖于选择好的苗圃地,床高 20cm、宽 1m,长度根据实际情况而定。

2.2.5 播种期

播种时间可以选在 2 月,气温连续在一周高于 10℃即可播种育苗。播种时应确保种质资源来源编号明确。

2.3 种子萌发

2.3.1 种子处理

将储存的种子拿出来,人工剥离果翅,该过程也是一次种子筛选,选择饱满的种子进行消毒处理。人工剥离果翅后进行萌发处理。该步骤为人工筛选,确保选择饱满的种子,去掉果翅是去掉物理束缚以提高萌发率。

2.3.2 种子萌发

将剥除果翅的种子保存在自封袋内,用喷雾保持袋内空气湿度及种子表面湿度,温度控制在 20℃左右,一般 5～7 天后胚根伸长,可以移栽至苗床。

2.3.3 播种

播种前需要对苗床进行补水,待基质完全浸透,用萌发的种子穴施点播,株行距均为 30cm,穴施点播之后,种子上面轻轻覆盖 2mm 基质,完毕之后,用薄膜轻轻覆盖。播种至苗床时,标记种子采集地信息,确保苗木来源明确。

2.4 播后管理

2.4.1 播种初期

待胚根扎进土壤、子叶长出,可以将薄膜去掉。去掉薄膜之后,需注意遮阴,防止太阳直射。

2.4.2 灌溉

薄膜去掉后,需要用雾化水对幼苗进行喷灌,晴天每日早、晚各喷灌至土壤表面湿润。不能将幼苗根基冲出、暴露在土壤之外。土壤始终保持湿润。待幼苗长出 3～4 对真叶之后，可以适当减少喷灌频次。

2.4.3 除草

当幼苗长出 3～4 对真叶后及时除草，杂草不能高于幼苗。每次除草之前灌一次透水，待水分全部渗透至幼苗根系以下土壤之后，趁土壤松软时及时拔除杂草，拔草后再次及时补水护根，以免伤及梓叶槭幼苗。

2.4.4 遮阴

去掉薄膜之后至 8 月底需要用遮阳网进行遮阴，每日早晨覆盖遮阳网进行遮阴，傍晚打开遮阳网。采用单层二针黑色遮阳网即可，以防苗木灼伤，同时不会造成过分荫蔽，导致苗木生长不良。

2.4.5 施肥

苗高达到 1.5cm 后，根据苗木生长状况进行施肥，用 40%复合肥（N：P：K=20：10：10）按 150kg/hm^2 追肥，追肥后用喷雾器加清水对茎叶进行喷雾处理，以清洗茎叶残留的肥料，防止幼苗被灼伤。每 20 天进行 1 次追肥，9 月中旬停止追肥，以提高苗木木质化程度。

2.4.6 病虫害防治

苗期需要防治各类病虫害，病害主要包括立枯病、褐斑病及大漆斑病等。立枯病主要危害部位是茎和根；褐斑病及大漆斑病主要危害部位是叶片。虫害包括地下害虫、蚜虫、蛴螬、蚧壳虫、天牛及螟蛾等，各种害虫危害部位不同。具体防治方法参照附录 B。

2.4.7 苗木移植

2 月中旬繁育的苗木，到 11 月主干已完全木质化，高度大于 100cm 即可移至回归地栽培。

3. 苗木出圃

3.1 起苗

3.1.1 起苗时间

在梓叶槭回归地,起苗时间大致有两次:第一次是 11 月中下旬（生长季停止），第二次是苗木芽将露之时（苗木萌发之前）。

3.1.2 起苗方法

在距离第一行苗木 10cm 左右的空地处深挖起苗沟,沟深度大于苗主根 5cm。从第一排第一株苗开始顺行、列起苗,起苗期须将苗底部细根须切断,苗木主根深度在 25cm 左右,根半径在 20cm 左右。起苗过程中要根据苗床上的记号,对每株苗木进行一一对应的标记,确保其种源地明确。

3.2 苗木分级

苗木质量及分级标准参照附录 C。

3.3 苗木检测方法

按照 GB/T 6000—1999 规定执行。

4. 苗木准备

4.1 苗木质量要求

参照 GB/T 6000—1999 主要造林树种苗木质量分级执行。

4.2 包装运输

4.2.1 包装

苗木从苗圃取出需及时补水包装。苗木的根部先用泥浆包裹,再用塑料膜进行包裹,避免根部失水。

4.2.2 挂标签

包装挂上"苗木质量检验合格证书""苗木检疫证书""苗木产地及种源地标签"等,并对每株苗木建立档案,即可外运。

拟回归苗木种源及繁殖育苗档案表参照标准 LY/T 2589—2014。

4.2.3 运输

在运输过程中,苗木不能挤压,小苗需要遮阴,防止光照直接刺激,尤其是根部。远途运输尽量缩短运输时间,短途运输尽量在早晚进行运输。

5. 野外回归

5.1 种植时间

根据回归地的气候因子,每年有两次种植时间:春季(2月中下旬至3月初)和秋季(10月下旬至11月中旬)。

5.2 回归方法

5.2.1 回归地选择

宜选择自然条件良好、林分密度小、降雨充沛、海拔600～1500m、年最低温大于-5℃且持续时间短、高温少的地区。回归地应远离易发生地质灾害的区域，宜选择在保护区周边，方便管理维护。

5.2.2 回归地调查

拟回归地立地条件调查内容包括：生境特征、地质水文条件、土壤类型、海拔、气候因子、坡向、坡位、植被群落类型、相关及关键的动植物种类等。参照标准LY/T 2589—2016执行。

5.2.3 增强回归

增强回归宜采用因地制宜种植，根据当地地形条件的不同进行种植。增强回归一般选择在有梓叶槭分布但种群数量较少的地区，且该地区具有较为适宜该物种分布的环境条件和土壤类型。回归地宜选择在林缘或空旷地，砾石含量小。

5.2.4 种植密度

回归地随机性比较大，因此整地需要根据实际情况而定，一般均为穴状整地，穴距为3m×3m，通常穴深度为0.5m、直径为50cm。

5.2.5 客土

用蛭石、珍珠岩、营养土与原生境土混合，比例为1∶1∶1∶5。将回归地深翻之后，混合均匀置于穴状地里。

5.2.6 种植方法

种植方法以穴植为首选。种植时放入苗木，使根系在穴内平展放置，按照一埋、二踩、三提苗，苗木栽培的覆土深度与在苗圃内的一致。种植之后，以梓叶槭苗为圆心，半径20cm以内比周围土地低5～10cm，确保灌溉时梓叶槭苗木周围水分充足，及时灌水。定植之后，应绘制相应的定植图。应首先用GPS及罗盘确定地形及方位，然后根据某个固定的点位和不同回归苗木的距离绘制定植图。

6. 回归管理

6.1 灌溉

回归之后应及时灌溉，在回归之后第一年，应在降雨少的季节至少灌溉一次。第二年开始，逐渐减少灌溉。

6.2　除草

回归之后第一年,应该定期除草,至少 2 个月除草一次。回归第二年,减少人为除草,以锻炼其能在野生的状态下正常生长。

7. 回归种群监测

7.1　监测对象

以每株梓叶槭为监测对象。每株梓叶槭有对应编号,应进行长期跟踪监测。回归后梓叶槭生长监测跟踪记录表参照标准 LY/T 2589—2016。

7.2　监测内容

单株监测内容包括株高、胸径(基径)、冠幅。同时以种群为对象,监测物候,观测萌发时间、抽新枝条时间、展叶时间、叶片变黄时间、落叶时间等;达到生育期之后,对花期、果期物候进行监测。梓叶槭回归种群物候观测记录表参照标准 LY/T 2589—2016。

由于回归初期需要人工抚育,对浇水、施肥、除草等工作进行记录,记录表参考附录 D。

7.3　回归档案的建立与管理

建立梓叶槭回归监测档案,内容包括:回归材料的来源、繁育及生长情况记录,回归苗木定植样地图,回归后材料生长跟踪记录表,回归材料物候观测记录,回归后材料抚育栽培管理,病虫害发生及防治记录表,种子采摘记录,自然苗木更新的出现和数量跟踪记录等。

7.4　回归管理期限

梓叶槭为高大乔木,需要进行长期监测。一般地,在最初 10 年需要每年进行定期的物候及生长监测。之后可以适当放宽,10~20 年期间每 3 年监测一次。

7.5　回归成效评价

回归初期,从成活率、生长速率、生长健康指标、人工抚育次数等方面进行评价。

回归中期,从开花、结实率、种子传播及种子萌发等方面进行评价。

终极评价指标:与当地生态系统融为一体,在未有人为抚育情况下可以自我繁殖,并且未对当地其他物种造成影响,形成一个稳定的生态系统。

附录 A

（规范性附录）
梓叶槭种子采集信息记录表

采集基本信息					
编号		日期		时间	
地点		采集人		采集量	
海拔		经度		纬度	
林分类型		郁闭度		备注	
群落优势种（乔木）		灌木		草本	
采集树木个体信息					
树高/m	胸径/cm	生长状况		冠幅	备注
第一枝下高/m	采种位置	基径/cm		林下草本郁闭度	
地形及干扰状况					
坡向		坡度		干扰状况	
道路距离		人工造林		虫害	
附近梓叶槭数量		最近梓叶槭距离		预计种子量	

备注：

附录 B

(规范性附录)
梓叶槭播种育苗主要病虫害防治方法

病虫害种类	危害部位	防治方法
立枯病	茎、根	75%百菌清可湿性粉剂600倍液喷施；70%代森锌可湿性粉剂500倍液喷施；25%甲霜灵可湿性粉剂800倍液喷施；50%多菌灵可湿性粉剂600倍液喷施；70%甲基托布津可湿性粉剂800～1500倍液喷施
褐斑病、大漆斑病	叶、翅、果	发病初期可喷波尔多液1～2次，还可以向树冠喷65%代森锌的0.2%～0.25%溶液
地下害虫	根、嫩茎、芽	加强田间管理，中耕除草，消灭虫卵；用50%辛硫磷乳剂1000倍液沟施或浇灌；毒饵诱杀；用50%辛硫磷乳油喷施
蚜虫	枝、叶	10%蚍虫啉2000～3000倍液喷施
蛴螬（金龟子幼虫）	叶	冬前耕翻土地，可将部分成、幼虫翻至地表；用50%辛硫磷乳油150g拌适量细土，混匀后撒于床土上
介壳虫	枝、叶	50%马拉硫磷1500倍液喷雾；25%亚胺硫磷800倍液喷雾；2.5%溴氰菊酯3000倍液喷雾
天牛	干	川硬皮肿腿蜂是天牛的天敌，在7月的晴天，按每受害株投放5～10头川硬皮肿腿蜂的标准，将该天敌放于受害植株上。6～7月成虫活动期喷洒4.5%高保乳油2000倍液，毒杀成虫
螟蛾	叶、干	用80%杀虫单粉剂35～40g或25%杀虫双水剂200～250ml、50%杀螟松乳油50～100ml、1.8%农家乐乳剂（阿维菌素B_1）3000～4000倍液、42%特力克乳油2000倍液喷施；糖醋液（酒、水、糖、醋比例按1∶2∶3∶4配置）喷施

附录 C

（规范性附录）
梓叶槭回归植苗木质量分级标准

苗龄	1级苗				2级苗				综合控制指标	1、2级苗百分率/%
	地径/cm	苗高/cm	根系		地径/cm	苗高/cm	根系			
			长度/cm	根幅/cm			长度/cm	根幅/cm		
1–1	1.0	150	25	35	0.8～1.0	120～150	20	20	充分木质化、无病虫害	

附录 D

（规范性附录）
梓叶槭播种回归人工抚育记录表

抚育方式	抚育日期	抚育时长	抚育人

执笔人：张宇阳　李俊清
（北京林业大学）

参 考 文 献

程蓓蓓. 2016. 中国红豆杉属分子谱系地理学与遗传多样性研究. 北京: 中国林业科学研究院博士学位论文.

高莉, 高盼, 李世升, 等. 2018. 基于 ISSR 标记的黄梅秤锤树种质资源遗传多样性分析. 分子植物育种, 16(18): 6017-6022.
黄宏文, 张征. 2012. 中国植物引种栽培及迁地保护的现状与展望. 生物多样性, 20(5): 559-571.
李龙娜, 陈永聚, 曾宋君. 2009. 虎颜花的资源调查及濒危原因初步分析. 园林科技, 31(4): 12-15.
任海, 简曙光, 刘红晓, 等. 2014. 珍稀濒危植物的野外回归研究进展. 中国科学(生命科学), 44(3): 230-237.
申仕康, 马海英, 王跃华. 2008. 濒危植物猪血木(*Euryodendron excelsum* H. T. Chang)自然种群结构及动态. 生态学报, 28(5): 2404-2412.
王思思. 2017. 水杉野生种群遗传多样性的时空格局及种质资源保护. 上海: 华东师范大学硕士学位论文.
王晓明, 赖燕玲, 徐向明, 等. 2006. 深圳梅林仙湖苏铁野生种群遗传多样性 ISSR 分析. 中山大学学报(自然科学版), (3): 82-85.
王运华, 李楠, 陈庭, 等. 2014. 种间转移扩增筛选仙湖苏铁微卫星位点及其遗传多样性研究. 广西植物, 34(5): 608-613.
王祖良, 丁丽霞, 赵明水, 等. 2008. 濒危植物天目铁木遗传多样性的 RAPD 分析. 浙江林学院学报, (3): 304-308.
臧润国, 董鸣, 李俊清, 等. 2016. 典型极小种群野生植物保护与恢复技术研究. 生态学报, 36(22): 7130-7135.
张冰. 2011. 瑶山苣苔 SSR 引物开发及遗传多样性研究. 郑州: 河南农业大学硕士学位论文.
Bai G, Kolb F L, Shaner G, et al. 1999. Amplified fragment length polymorphism markers linked to a major quantitative trait locus controlling scab resistance in wheat. Phytopathology, 89: 343-348.
Barton N, Partridge L. 2000. Limits to natural selection. BioEssays, 22: 1075-1084.
Charlesworth B, Charlesworth D. 2017. Population genetics from 1966 to 2016. Heredity (Edinb), 118: 2.
De Meeûs T, Prugnolle F, Agnew P. 2007. Asexual reproduction: genetics and evolutionary aspects. Cell Mol Life Sci, 64: 1355-1372.
Hamrick J L, Godt M G W. 1990. Allozyme diversity in plant species[C]// Brown A H D, Clegg M T, Kahler A L, Weir B S. Plant Population Genetics, Breeding, and Genetic Resources. Sunderland: Sinauer Associates: 43-63.
Lawrence B A, Kaye T N. 2011. Reintroduction of *Castilleja levisecta*: Effects of ecological similarity, source population genetics and habitat quality. Restoration Ecology, 19(2): 166-176.
Lin L, Yuan S M, Yang S Z, et al. 2014. Cryopreservation of adventitious shoot tips of paraisometrum mileense by droplet vitrification. Cryoletters, 35: 22-28.
McCouch S R, Teytelman L, Xu Y, et al. 2002. Development and mapping of 2240 new SSR markers for rice (*Oryza sativa* L.). DNA Res, 9: 199-207.
Ohta T. 2002. Near-neutrality in evolution of genes and gene regulation. Proc Natl Acad Sci, 99: 16134-16137.
Piry S, Luikart G, Cornuet J M. 1999. BOTTLENECK: a computer program for detecting recent reductions in the effective population size using allele frequency data. J Hered, 90: 502-503.
Ren H, Zhang Q M, Lu H F, et al. 2012. Wild plant species with extremely small populations require conservation and reintroduction in China. Ambio, 41: 913-917.
Rieseberg L H, Burke J M. 2001. The biological reality of species: gene flow, selection, and collective evolution. Taxon, 50: 47-67.

Seddon P J. 2010. From reintroduction to assisted colonization: moving along the conservation translocation spectrum. Restor Ecol, 18: 796-802.

Slatkin M. 1987. Gene flow and the geographic structure of natural populations. Science, (80)236: 787-792.

Stearns S C. 1986. Natural selection and fitness, adaptation and constraint, In: Raup D M, Jablonski D. Patterns and Processes in the History of Life. Berlin: Springer: 23-44.

Walsh D M, Lewens T, Ariew A. 2002. The trials of life: Natural selection and random drift. Eur J Philos Sci, 69: 429-446.

Yang Y, Ma T, Wang Z, et al. 2018. Genomic effects of population collapse in a critically endangered ironwood tree *Ostrya rehderiana*. Nat Commun, 9: 5449.

第三章　珍稀濒危植物保育技术标准化体系建设

珍稀濒危植物由于其种群数量小、分布狭窄及多种因素的干扰，面临着随时灭绝的危险。为保护极小种群植物，我国启动了"全国极小种群野生植物拯救保护工程"。开展保护技术的标准化体系建设将为珍稀濒危植物保护工程的实施提供重要的技术支撑。

第一节　珍稀濒危植物保育技术标准化体系建设的必要性

珍稀濒危植物是国家生物多样性保护和生态安全构建体系中的重要组成部分，包含了丰富的遗传多样性信息和潜在的生物资源。珍稀濒危植物由于其种群数量小、分布狭窄、承受人为或自然条件胁迫等原因，面临着随时灭绝的危险。然而由于人为活动的加剧，土地覆盖发生了剧烈变化，导致许多珍稀濒危植物种群数量不断减少，其自然生境破碎化程度加剧，严重影响了这些物种的更新与繁殖。为确保这些物种种群及携带的独特基因资源得以续存，国家林业局（2011，2010）先后启动了"全国野生动植物保护及自然保护区建设工程"和"全国极小种群野生植物拯救保护工程"，成功地挽救了部分珍稀濒危植物。但是目前大多数珍稀濒危植物的濒危原因及相应解濒技术的研究还非常缺乏，远不能满足工程实施过程中的技术需求（臧润国等，2016）。在就地保护、迁地保护、种质资源保存和野外回归等方面还存在很多技术空白，导致无法开展积极有效的保护和恢复措施，严重影响了珍稀濒危植物的保护成效。特别是在国家林业和草原局重点关注的 120 种极小种群野生植物中，近 33%的物种野外种群数量不足 100 株，40%的物种野外种群数量少于 1000 株。如不及时采取相应的保护措施，这些珍贵的野生植物资源将永久消失，造成难以弥补的损失。因此，拯救珍稀濒危植物是我国生物多样性保护和生态安全建设面临的非常急迫的任务之一。

然而，由于经济建设范围的日益扩大，多个行业和多个部门的生产经营活动都会对珍稀濒危植物及其生境造成严重的干扰破坏，需要在国家层面上协调部门和行业间的保护管理行动。以往只是林草业、农业、环保业、中医药业等行业和中科院等部门分别开展了部分针对珍稀濒危植物的保育工作，在各部门内部或行业内部就保育工作的部分环节形成了一些技术规范，但在行业和部门间缺乏统一的技术规范。此外，一些行业内的标准也由于范围界定不清、盲目立项，导致标准内容不系统、指导性和实用性差等现象频繁发生（陈小华，2018）。因此，非常有必要制定国家标准，为保护和管理执法等提供坚实的技术依据。

通过充分借鉴和吸纳国内外最先进的保护理论及方法，开展了大量的野外调查、试验分析和技术示范，积累了丰富的珍稀濒危野生植物保育方面的技术和经验，在此基础上，针对珍稀濒危野生植物保护和恢复技术的实施进行标准化操作。针对珍稀濒危植物保护和恢复过程中的技术难题，编研种质资源保存、扩繁、就地保护、迁地保护、生境修复与野外回归等技术标准，并建立相应的评估管理规范。相关技术标准的实施能够为有效缓解珍稀濒危植物的濒危状况提供科技支撑。相关技术标准的发布将为"全国野生动植物保护及自然保护区建设工程"等重大生态工程提供重要的实践经验和科学基础，为典型脆弱生态区的生物多样性保护与生态系统功能恢复、建设美丽中国做出积极的贡献。

第二节　珍稀濒危植物保育技术标准化体系建设的研究进展

物种灭绝是全球最严重的生态问题之一（Butchart et al., 2010），直接威胁着人类社会的可持续发展。种群大小是 IUCN 评估物种濒危等级的 5 个指标中最重要的指标（Baillie et al., 2004），物种种群数量低的植物极易成为珍稀濒危物种。植物种群数量减少的原因包括资源过度利用、栖息地环境条件的改变、物种入侵，以及由于其他物种消失导致的次级灭绝。同时，某些物种自身的生物学限制也导致其种群数量较小，容易成为珍稀濒危物种。针对种群数量不断下降的现实，研究者提出了多种方案，例如，Caughley（1994）提出首先应该研究种群数量下降的原因，并通过实验进行验证；然后通过转移（translocation）方法在物种尚未占据的适宜生境上重新种植或繁殖被保护的物种；最后还需要长期监测种群的再建立过程。

濒危植物保护主要包括就地保护和迁地保护。就地保护是拯救生物多样性的重要方式。就地保护的研究内容主要包括：①通过空缺分析和热点地区分析确定就地保护地点；②通过多种方法综合分析就地保护物种生境退化的过程；③探索人工促进种群快速恢复和生境修复的方法（Warren and Büttner, 2014）；④评价就地保护的效果（Mattfeldt et al., 2009; Marsh and Trenham, 2008）。迁地保护是收集和保存珍稀濒危植物种质资源的重要方式（Guerranti et al., 2004）。植物园是迁地保护珍稀濒危植物最常规和有效的途径（Hardwick et al., 2011）。潜在生境适宜性评价、适宜迁地生境构建、迁地种群建立与适应性评价是迁地保护成功的关键（庄平等，2012）。同时，加强迁地种群的遗传管理，规避潜在的遗传风险，保持物种的遗传完整性亦是迁地保护成功的关键因素之一（黄宏文和张征，2012）。同时，在有效保护和种群扩繁的基础上，开展濒危植物野外回归的研究，主要集中在回归程序、过程管理、评价及复壮等。研究表明，影响回归成功的因子包括繁殖材料类型、种源、生境、种植时间（Godefroid et al.，2011；Guerrant and Kaye，2007）及种间作用（Rayburn，2011）等。通过分析源种群的遗传及生境相似性选择回归地点（Lawrence and Kaye，2011）。在回归中还需要考虑伴生植物、雌雄比例、基因交流和生态适应性等（陈芳清等，2005）。国内外有关回归的技术还很不成熟，仍处于探索阶段，急需通过同质园实验和交互移植-重植实验等方法，优选回归方案，实现有效的野外回归。

尽管我国在珍稀濒危植物保护研究方面相对起步较晚，但目前已取得明显的进展。尤其是近些年，随着国家对生态文明建设和生物多样性保护的重视程度不断提高，在相关部门和科研单位的不懈努力下，我国特别在极小种群野生植物保护和恢复方面取得了一些重要进展（臧润国，2020；孙卫邦等，2019），如华盖木（*Pachylarnax sinica*）、西畴青冈（*Cyclobalanopsis sichourensis*）和显脉木兰（*Lirianthe fistulosa*）等少数国家重点保护植物的保护和恢复成效显著，成功实现了扩繁和野外回归。这些成果的成功极大地推动了我国珍稀濒危植物的研究步伐，促进了多学科间的融合以及保护生物学分支学科的发展。但由于我国植物种类多样，珍稀濒危植物物种数量大，当前取得的研究成果及相关技术尚无法满足国家层面对大部分珍稀濒危植物保护的科技需求，尤其在相关技术标准体系化方面迫切需要建立和规范相应的技术体系，推动和保障我国珍稀濒危植物保护事业的发展。

一、国外相关技术标准化体系建设

国际上，有关珍稀濒危植物的标准主要是 IUCN 制定的 IUCN 红色名录等级（图 3-1）标准 3.1 版（IUCN，2012b）及其使用指南（IUCN-Standards-and-Petitions-Subcommittee，2011）和地区应用指南（IUCN，2012a）等三个文件。目前已在世界范围内普遍采用和推广的 IUCN 红色名录等级标准是在生物多样性保护研究中形成的，且由于对珍稀濒危物种保护的需求迫切，仅针对受威胁物种进行濒危等级的评估，对于濒危物种如何进行保护及恢复等尚未见到相关的标准。此外，作为全球最大的植物多样性保护机构，也是三大国际环保组织之一的国际植物园保护联盟（Botanic Gardens Conservation International，BGCI），也从全球的角度就如何有效保护植物多样性进行了积极的倡议。由于全球植物种类正以空前速度消失，生物多样性的维系正面临着巨大的挑战，为了遏制目前植物多样性的持续性丧失，BGCI 组织国际知名植物学专家和管理者起草了《全球植物保护战略》（Global Strategy for Plant Conservation，GSPC），并于 2002 年在海牙召开的生物多样性公约缔约方大会第六届会议上获得一致通过，制定了全球今后一段时间野外植物保护管理的行动纲领。2019年，我国在国家林业和草原局、中国科学院和国家生态环境部的组织下，联合国内主要植物园和大学等机构，在《全球植物保护战略》的框架下，共同组织倡导编制《中国植物保护战略》（Chinese Strategy for Plant Conservation，CSPC）。通过此次组织评估，总结了中国植物保护现状在2010~2020年间的整体发展现状，同时，提出未来十年的规划目标，出版了《中国植物保护战略（2021—2030）》（中国野生植物保护协会，2020）。《中国植物保护战略（2021—2030）》点明了今后一段时期中国野生植物保护管理的行动纲领。

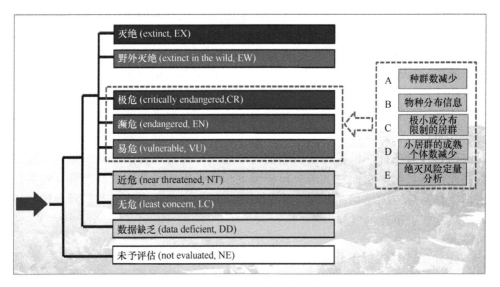

图3-1　IUCN红色名录等级

当前对于生物多样性保护，国际上一直活跃着几个以欧美发达国家为代表的非政府组织（non-governmental organizations，NGO）。就生物多样性保护而言，非政府组织在国际生物多样性保护舞台上扮演着重要角色。这些非政府组织主要包括大自然保护协会（The Nature Conservancy，TNC）、世界自然基金会（World Wide Fund for Nature or World，WWF）、保护国际（Conservation International，CI）等。此外，欧盟也在欧盟范围内发起了Natura 2000行动，该行动在欧洲地区影响广泛。

二、国内相关技术标准化体系建设

我国发布的涉及珍稀濒危植物的相关标准，由于所涉领域主要归属林业部门，因此主要为林业行业标准。行业标准的制定伴随着行业不同发展阶段而呈现明显的相应特征。有学者根据社会对林业的主导需求变化，把20世纪后半叶中国林业的发展分为三个阶段：1949 年至 20 世纪 70 年代末，以木材生产为主的需求主导阶段；70 年代末至 90 年代初，森林资源多种利用的需求主导阶段；90 年代至 20 世纪末，经济需求和生态需求并重的阶段（周生贤，2001）。近二十年林业行业更进入了一个全新的发展时期。党的十八大以来，党中央做出了加强生态文明建设的重大决策部署。当前林业行业需要扛起国家生态安全建设的大旗，承担生态文明建设的重任，需要满足人民群众对良好生态环境的殷切期盼，践行"绿水青山就是金山银山"的理念，实现人与自然和谐共生，实现社会主义现代化和美丽中国的目标。相应地，当前已有的涉及濒危植物的标准，多针对具有较大开发价值的物种。但针对生态文明建设中，尤其是珍稀濒危植物保护的标准非常有限。通过对行业标准的梳理，目前能够纳入对珍稀濒危植物保护的相关林业行业标准主要集中于野生植物的资源调查、珍稀濒危植物种子采集、保护小区技术，以及极小种群野生植物的保护和恢复技术等，对于珍稀濒危植物保护与恢复的综合系统的技术规范尚缺失（表 3-1）。

表 3-1 我国涉及珍稀濒危植物保护的现行主要标准

标准名称	发布时间	发布部门	适用对象
野生植物资源调查数据库结构（LY/T 2674—2016）	2016	国家林草局	野生植物
野生动植物保护信息分类与代码（LY/T 2179—2013）	2013	国家林草局	野生植物
野生植物资源调查技术规程（LY/T 1820—2009）	2009	国家林草局	野生植物
中国野生植物受威胁等级划分标准（LY/T 1683—2006）	2006	国家林草局	野生植物
珍稀濒危植物回归指南（LY/T 2589—2016）	2016	国家林草局	珍稀濒危植物
珍稀濒危野生植物种子采集技术规程（LY/T 2590—2016）	2016	国家林草局	珍稀濒危植物
珍稀濒危野生植物保护小区技术规程（LY/T 1819—2009）	2009	国家林草局	珍稀濒危植物
中国森林认证-生产经营性珍稀濒危植物经营（LY/T 2602—2016）	2016	国家林草局	珍稀濒危植物
中国森林认证-生产经营性珍稀濒危植物经营审核导则（LY/T 2603—2016）	2016	国家林草局	珍稀濒危植物
极小种群野生植物保护原则与方法（LY/T 2938—2018）	2018	国家林草局	极小种群野生植物
极小种群野生植物保护与扩繁技术规范（LY/T 2652—2016）	2016	国家林草局	极小种群野生植物
极小种群野生植物苗木繁育技术规程（LY/T 3186—2020）	2020	国家林草局	极小种群野生植物
极小种群野生植物野外回归技术规范（LY/T 3185—2020）	2020	国家林草局	极小种群野生植物
极小种群野生植物保护技术 第 1 部分：就地保护及生境修复技术规程（LY/T 3086.1—2019）	2019	国家林草局	极小种群野生植物
极小种群野生植物保护技术 第 2 部分：迁地保护技术规程（LY/T 3086.2—2019）	2019	国家林草局	极小种群野生植物

当前对于珍稀濒危植物的保护已经超出了传统林业行业的范畴，不但涉及农业，而且涉及生态环境保护等多行业部门。农业行业、环保行业、中医药行业和

中国科学院等有关的部门也在行业内制定了一些相关的法律法规等（表3-2），但对于珍稀濒危植物的保护还没有形成国家层面的技术执行规范或标准。

表 3-2　我国涉及珍稀濒危植物保护的现行法规

文书类型	文书名称	颁发日期（修订年份）	颁发机构
法律	宪法	1982(1988, 1993, 1999, 2004, 2018)	全国人民代表大会
法律	环境保护法	1979（1989, 2014）	全国人民代表大会常务委员会
法律	森林法	1984(1998, 2009, 2019)	全国人民代表大会常务委员会
法律	草原法	1985（2002）	全国人民代表大会常务委员会
法律	种子法	2000(2004, 2013, 2015)	全国人民代表大会常务委员会
行政法规	中华人民共和国野生药材资源保护管理条例	1987	中华人民共和国国务院
行政法规	中华人民共和国野生植物保护条例	1996（2017）	中华人民共和国国务院
部门规章	中国国家重点保护野生植物名录（第一批）	1999	林业局和农业部联合
部门规章	国家重点保护野生植物名录	2021	国家林业和草原局和农业农村部
部门规章	国家重点保护经济水生动植物资源名录	2007	农业部
部门规章	中国生物多样性红色名录——高等植物卷	2013	环保部和中科院联合

第三节　珍稀濒危植物保育技术标准化体系的构建方案

一、珍稀濒危植物保育技术标准的适用范围

珍稀濒危植物保育技术标准规定了珍稀濒危植物就地保护、迁地保护、扩繁、种质资源保存和野外回归的技术规程与方法。本标准适用于我国农、林、草、水利、环保、中医药等行业和其他工程建设所涉及的各类珍稀濒危植物。

二、珍稀濒危植物保育技术标准的基本原则

（一）坚持保护优先，遵循科学保护

遵循当前我国全面提升国家生态安全屏障的战略部署，牢固树立和践行"绿水青山就是金山银山"理念，尊重自然、顺应自然、保护自然，像保护眼睛一样保护生态环境，像对待生命一样对待生态环境。遵循自然生态系统演替规律，尊重物种的自然生长规律，在深入了解珍稀濒危植物致濒机理、明确威胁濒危植物生存现状的关键因素的基础上，尽可能在物种就地保护的基础上，开展人工辅助措施加以保护。

（二）坚持系统保护，突出重点技术

野生濒危植物的保护必须考虑物种经历的整个生活史过程及其所处的环境。因此，珍稀濒危植物的保护也需要考虑种群所经历的种子萌发、更新、生长、繁殖，再到产生新的、可繁育的种子的完整过程中的所有关键环节。物种的繁殖、种群的更新、生境适应性及监测与修复等都是物种保护过程中需要统筹兼顾的关键环节和重点技术。

（三）坚持多措并举，提升保护成效

野生珍稀濒危植物由于主要威胁因素的不同，以及物种特性和种群大小存在明显的差异，其具体保护措施也需要有针对性地实施。在保护优先的前提之下，针对所有的关键技术环节采取多措并举的方式，目的是尽可能实现珍稀濒危植物的有效保护。

（四）坚持长效机制，构建信息系统

珍稀濒危植物的保护，重点在"育"，针对珍稀濒危植物保育的不同措施，效果未必都能立竿见影，很多物种由于自身生命周期长（例如，木本植物营养生长的时间就要经历十几年、几十年，甚至更长），其保护效果如何，需要经历更为漫长的迟滞期，才能进行有效的评估。因此，对于珍稀濒危植物的保护，需要在长期持续监测数据基础上，建立长效评估机制及其生境的详细信息系统数据库。

三、珍稀濒危植物保育技术标准的主要内容

在"十三五"国家重点研发计划项目以及多项林业行业标准和推广项目的支持下，借鉴国内外最先进的保护理论及方法，通过大量的野外调查、实验分析和技术实践示范，针对珍稀濒危植物中亟需优先保护的极小种群野生植物开展种群生存力分析、种质资源保存、就地保护与生境恢复、扩繁、迁地保护和野外回归方面的研究，形成了一套极小种群野生植物精准保育全链条式的技术集成与示范体系，为极小种群野生植物拯救保护工程提供了重要的支撑和示范作用。

（一）就地保护技术规范

建立珍稀濒危植物就地保护技术规范需要大量的理论、技术研究和实践应用示范。通过野外调查并分析珍稀濒危野生植物在不同退化生境群落中的物种组成、群落特征和环境状况，揭示珍稀濒危野生植物的种群动态、更新规律和适宜生境；找出调控种群衰退的关键因子和修复过程中的主要环境筛，阐明退化生境修复的

内外影响因子及其调节控制机制；探索就地生境改善、繁育能力提高和天然更新促进技术，构建退化生境修复与种群快速恢复技术体系；研究珍稀濒危野生植物近自然保护技术，建立种群持续生存的适宜生境和就地保护示范区。

珍稀濒危植物就地保护技术的实施需要在一系列精确空间定位的基础上，对保护物种及其所在生境实施动态监测，建立物种信息监测系统。其中，关于珍稀濒危植物种群生存状况、物种栖息地质量状况、保护区划、就地生境的修复及其保护效果和评估等是就地保护技术的主要方面。明确就地保护的对象为珍稀濒危植物所有个体及与其生存和繁衍相关的生物和非生物环境。针对珍稀濒危种群数量的大小，需要采取不同的保护措施。针对确定保护对象的分布地点设置保护缓冲带。就地保护的途径具体可分为建立自然保护区、保护小区（点）。对于需要新建立的保护区（小区或点），要先考虑纳入已有的生态保护工程，或尽可能依托已有的自然保护地进行。对于新建的保护区，建设防护围栏、隔离围墙、防火隔离带等设施，进行严格的封禁保护，同时根据物种在其自然生境中的生存现状、生物生态学特性及生境特点，开展透光疏伐、遮阴、地表梳理、施肥、浇水、排除竞争物种等抚育措施，促进野生植物种群快速恢复，并进行定期巡护和日常管理。建立物种及生境信息库，严禁对珍稀濒危野生植物种源及相关的生物资源和生境进行开发利用，严厉打击盗伐、盗掘、盗采活动；对人工扩繁的野生植物资源，鼓励引导开展人工扩繁的种源进行可持续利用。涉及珍稀濒危野生植物生境的任何活动，都要有利于该野生植物的生长和繁殖，对其原生境的改变要经过主管部门批准方可进行。

（二）种质资源保存技术规范

针对典型珍稀濒危野生植物，利用新一代测序技术，通过微卫星分子标记开发，测算种群遗传多样性与遗传贡献率，确定核心种质资源，收集优质种质资源；分析物种系统进化历程与空间遗传格局，推测物种致濒机制并揭示影响种质资源的因素，确定种质资源保护策略，为物种保护提供参考。珍稀濒危植物种质资源保存技术主要包括：野生植物种源选择，种质资源的采集方式、保存方法，核心种质资源的筛选、检测，以及种质资源的适应性评价等，其中，核心种质资源选择是重中之重。

（三）扩繁技术规范

通过野外观察和动态分析，明确珍稀濒危野生植物繁育的限制因素及濒危原因，掌握其典型繁育特性；通过研究有性或无性繁殖材料的获得与保存技术、繁育环境的调控技术、繁殖技术和方法的改进，攻克有性和无性繁殖技术难点，研发出不同繁殖特征的植物的播种、扦插、嫁接、组培等规模化繁育技术体系，成功扩繁出珍稀濒危野生植物个体或人工种群；建立不同类型物种的扩繁示范基地，为近地保护、迁地保护和野外回归等提供繁殖材料。在建立的保护区研究平台基础上，系统开展目标物种繁殖生物学特性研究；研究珍稀濒危野生植物的繁殖方式，确定在生活史过程中的繁衍瓶颈。对一些不能自然获得种子，或由于花粉败育、近交不亲和等结实率低的珍稀濒危野生植物，通过人工辅助的方式获得可萌发的种子及其保存方法；对于不能采用种子繁殖的物种，研究无性繁殖材料采集技术。对于不同特性的种子，研究不同的处理方法（如低温处理、沙藏、物理或化学方法去除种皮等）和生长环境对种子萌发率的影响，提高种子萌发率；对于种子数量极多、在自然条件或常规条件下极难萌发的物种（如兰科植物等），突破无菌播种技术并进行大规模繁殖。对于不能采用种子繁殖的物种，利用扦插、嫁接、压条等方法繁殖；确定扦插繁殖的最优插穗、时间、基质和环境；确定嫁接繁殖的合适砧木；对一些利用这些常规方法难以繁殖的物种，从外植体的选择、培养基成分、培养方式及培养条件的确定等方面研发组织培养繁殖技术。总之，综合多种繁殖方式，通过调控和探索，选取最优扩繁途径，建立扩繁体系。

（四）迁地保护技术规范

针对珍稀濒危野生植物的迁地保护，主要以活体保存及扩繁为主；而对用活体方法不易保存扩繁的极少部分物种，可以考虑采用种子库或 DNA 库保存的方法。通过生境适宜性评价和模型预测潜在分布区，确定合适的迁地保护点，调控营造适宜小生境，建立迁地保护种群，并对其进行适应性评价，构建针对迁地保护种群的保护技术与管理体系。

珍稀濒危植物的迁地保护技术规范主要包括迁地保护依据、原则与方法、基地建设、生境选择及适宜性评价，其中，潜在适宜范围、最佳迁地地点选择、迁地保护基地建设是迁地保护的重点。通过监测原生生境的气候和土壤因子，并结合群落生态学调查，对珍稀濒危野生植物的原生生境进行适宜性评价；同时，根据珍稀濒危野生植物现有分布区和标本记录，采用最大熵原理进行物种分布模型模拟，预测其潜在的适宜分布区。结合以上两种手段，根据气候、土壤和群落相似的原则，为迁地保护样点的选择和迁地保护生境的构建奠定基础。根据"气候相似论"原则，在与其原生生境对应的气候区内，选择光照、温度、降水、空气湿度和土壤类型相似的野外迁地保护点；同时，根据上述原则，选择合适的植物园或树木园，建立珍稀濒危野生植物专类园，构建小气候相似、群落组成与原生生境吻合的人工群落；采用"多基因库的样品采集法"，规避潜在的遗传风险，收集有性和无性繁殖体，建立合适种群大小的迁地保护样点。通过比较迁地保护与原生生境下的生长指标、发育指标、抗逆性和繁殖能力，评价珍稀濒危野生植物迁地保护种群的适应性；对迁地保护种群的各个生活史阶段进行监测，确定其整个生活史过程中的关键阶段及其制约性因素，制订合理有效的应对策略；构建针对迁地保护种群的保护技术与管理体系，确保迁地保护的种群得到有效保护，为迁地保护示范区建立和野外回归奠定基础。

（五）野外回归技术规范

在遗传资源保存、繁殖更新及其适应生境评价的基础上，对培植技术成熟、适生条件明确、迁地保护成功、谱系清晰、遗传多样性丰富、可以大量繁殖的珍稀濒危野生植物开展回归关键技术研究和试验示范基地重建，为其在原产地更新繁殖和个体数量增加提供理论依据与技术支撑；进行人工培育植株的选择、适宜地点及生境的评价；研发回归环境、回归时期、栽培技术、抚育体系和后期管理技术，并评价回归物种生存力；研究珍稀濒危植物对回归地环境变化的生理和生态响应机制，建立安全可靠的回归重建技术，降低灭绝风险，促进珍稀濒危植物种群数量的稳定增长。

通过收集珍稀濒危野生植物的生境因素（包括土壤特性、地形、空气温湿度、光照、群落特征等）、物种繁殖特性（特别是有效传媒、生长、种间关系）及生态过程（自然干扰、生态演替过程）等指标，结合 GIS 与遥感技术，找出与原分布地相同或相似环境的地区作为重建回归及异地回归的种群重建示范地。结合珍稀濒危野生植物的地理分布、种群结构和更新、保护技术研发状况等，确定进行回归和重建的物种。结合不同珍稀濒危植物野生种源、种群及其生境状况，重点研究回归模式，以引种回归（存在野生种群）、增强回归（存在野生种群）、重建回归（野生种群极小，但野生生境比较明确的植物）、异地回归（自然分布区之外区域）四种模式分别建立试验地，进行对比研究。通过同质园试验将来自不同生境的种群种植在相同环境下，选择生长力表现最优秀的种群，开展与植物园所在地环境相似性研究，进行本地或近地回归。通过交互移植-重植试验，将来自同一生境的种群种植在不同环境中，比较观察生长状态。在适应性生境评价的基础上，结合种群分布格局、群落物种组成特点及种间关系，在野外回归中，研发不同适应特点的种群、群落构建、物种组配和调控技术，保障植物正常生长和完成生活史，特别是传粉、繁育、传种和更新系统的适应性与完整性。针对不同回归技术，开展后期管理技术研究，主要包括提高回归植物种群的竞争力（必要的遮阴、灌溉、松土、病虫害防治、对一定范围内的其他物种进行必要的清除或控制）和回归种群的补植。研究自然伴生种的促进、抑制和干扰作用，分析授粉昆虫和其他寄生或伴生物种的相互作用，探讨回归地各物种相互作用形式和理想的种群结构，通过不同生长阶段分别对种群或群落采用不同强度的管理技术，增强回归种自我维持能力。建立监测体系，重点保障长期的动态监测。与示范地相关机构协商，创造条件，争取将重点珍稀濒危野生植物回归后监测延续至达到正常繁殖的年龄，甚至完成定居过程。开展生态风险效果评估，从初始标准、进一步的标准（能自我维持及与其他物种的共存）、最终标准（融入群落的生态过程）等方面进行评价。评估回归过程中存在的遗传污染问题，分析回归种群与本地种杂交产生基因交流，可能引起本地种遗传特性和优良性状基因丢失，或者将有害基因引入到本地种的风险。在回归适应性生境评价、回归与重建技术的研发以及回归后监测的基础上，对技术实施的效果进行评价。结合监测的结果、物种繁育过程和种间关系，分析建立最小可存活种群数量和阈值，研究野外抗干扰的能力、种群波动维持能力等，模拟不同物种回归后的种群动态及其生存力。在上述工作基础上，在典型区域建立珍稀濒危野生植物野外回归示范区。

四、珍稀濒危植物保育技术标准的实施

珍稀濒危植物自然生境分布的主体为我国天然林和草原覆盖区。从我国当前行业职能部门主要职责范围来看，这些自然植被区主要归属国家林业和草原局管辖。因此，从行业的主体覆盖范围来看，珍稀濒危植物保育技术标准的实施主体是林草部门。同时，由于我国自然植物资源丰富，对于自然资源的开发及利用已经渗透到与植物相关的各个行业。因此，这些涉及珍稀濒危植物的行业也是标准的实施主体。由于我国幅员辽阔、植物资源丰富、管理部门较多，近些年，随着社会全面快速发展，各领域都在深化体制改革。因此，伴随着行政机构结构的调整及机制改革的不断深入，珍稀濒危植物保育技术标准的实施也需要针对当前面临的实际情况，逐步深入开展，具体实施建议包括以下四个方面。

（一）珍稀濒危植物保育技术标准的实施以林草部门为管理主体分级进行，其他相关行业和部门协助实施

在我国现行的行政管理机构设置中，林草部门是野生珍稀濒危植物保护、开发利用的管理主体。农业行业、环保行业、中医药行业在生产经营实践活动中部分涉及珍稀濒危植物。此外，水利、文旅、建设等行业在实践经营活动中时常涉及珍稀濒危植物。

（二）实施该标准的同时，建议相关实施单位及人员熟悉并掌握我国现行的相关法律法规

珍稀濒危植物保育技术标准要在国家《宪法》《环境保护法》《森林法》《草原法》《种子法》《中华人民共和国野生植物保护条例》等一系列法律法规框架下进行制定，同时还需要参照《国家重点保护野生植物名录》《中国生物多样性红色名

录——高等植物卷》等原国家林草局、农业部和环保部等颁发的现行部门规章。此外，该标准的实施同时要参考现行的法律法规。

（三）建立相关技术标准实施中各类问题的反馈平台

党和国家在十八大提出对相关职能机构进行调整和重组。对于原有职能机构的调整和重组有利于促进部门间业务的沟通和对接，同时也有利于发现现行法律法规中存在的问题和不足。因此，建议在标准实施期间，及时反馈意见，尤其是涉及部门间长期以来执行标准不一致等问题、精准定位关键问题，通过建立跨部门的问题反馈平台，将所有问题集中梳理、分析，为后续标准的细化及修订提供最重要、直接的信息通道。

（四）标准的实施与珍稀濒危植物保护的科普及普法宣传宜同步进行

以标准为切入点，通过标准的实施，加强珍稀濒危植物保护的科普及普法宣传。让民众在明确如何实施和操作的同时，更加深入认识到珍稀濒危植物对国家、社会、民生发展的重要性，同时明确知晓法律的红线，增强民众的法律意识。

第四节　珍稀濒危植物保育技术标准化体系建设的预期作用及效益

珍稀濒危植物保育技术标准依托国家重点研发项目的最新技术成果，也吸纳了国内外同类研究的最新进展，因此具有国际先进性。其针对我国的珍稀濒危植物，特别是极小种群野生植物的监测、繁育和迁地保护方面的理论与技术都具有独特性和创新性。因此，该标准体系的形成将为相关国际标准的制定奠定基础，为国家层面上规范珍稀濒危植物的保护和复壮工作提供重要的参考依据，为生物多样性相关法律法规的制定提供基础，为珍稀濒危植物在国家层面的保护执法和管理提供技术依据。珍稀濒危植物保育技术标准化体系建设，能够为珍稀濒危植物资源的保护和可持续利用保驾护航，同时能带动和促进相关产业的规范化发展，产生良好的生态和社会效益，以及潜在的经济效益。

一、珍稀濒危植物保育技术标准化体系建设的预期作用

（一）为同步制定或参与制定国际标准奠定基础

我国在珍稀濒危植物保护与复壮方面基本上与发达国家处于同一水平，且在极小种群野生植物保护与恢复方面处于领先水平。我国通过制定《中国植物保护战略》，严格履行了《全球植物保护战略（2021—2030）》的目标，珍稀濒危植物保育工作与国际同步。我国通过不同行业的通力配合，综合前期数据积累，在加强国际合作的基础上，有可能同步形成珍稀濒危植物保育技术的国际标准。未来十年，我国将努力实施《全球植物保护战略（2021—2030）》提出的 18 个目标方向，在保护生物多样性方面加强科学、农业、环保、林业、教育等领域的专家和决策者之间的沟通与合作，大力完善植物多样性保护政策，加强综合保护体系、科技研究和资金的投入，恢复与重建退化的生态系统，控制环境污染和外来植物入侵，遏制生物多样性的不断丧失，积极开展国际交流与合作，为实现全球生物多样性 2050 年愿景与 2030 年可持续发展议程的目标做出贡献。珍稀濒危植物保育技术标准化体系建设工作依托国家重点研发等项目的最新技术成果，也吸纳了国内外同类研究的最新进展，因此具有国际先进性。此外，针对我国的珍稀濒危植物，特别是极小种群野生植物的监测、繁育和迁地保护方面的技术都具有独特性和创新性。国际 IUCN 评估标准是在生物多样性保护研究中自发形成的，且由于对珍稀濒危物种保护需求迫切，仅针对受威胁物种进行濒危等级的评估，对于濒危物种如何进行保护及恢复等的评估尚未涉及。对于生物多样性保护中需要优先保护的珍稀濒危类群开展保护技术体系标准化建设符合中国履行《全球植物保护战略（2021—2030）》的目标需求，有效促进了各行业专家和决策者之间的沟通与合作。因此，依据我国丰富的濒危植物资源，在科研与实践探索的基础上，有可能在珍稀濒危植物保护与恢复方面形成国际的范本和基础。

（二）为珍稀濒危植物保护的执法和管理提供技术依据

国内相关标准主要集中于林业，当前对于珍稀濒危植物的保护已经超出了传统林业的范畴，不但涉及农业，还涉及生态环境保护等多行业部门。国内已有的行业标准主要集中于野生植物的资源调查、珍稀濒危植物种子采集、保护小区技术，以及极小种群野生植物的保护和恢复技术等方面，针对珍稀濒危植物保护与恢复的综合系统的技术规范尚缺失。因此，珍稀濒危植物的标准化工作对国家层面上珍稀濒危植物的保护与恢复工作进行了规范。长期以来，人们对野生植物资源的重要性认识不足，保护意识淡薄。同时，相关部门对保护野生植物资源没有给予足够的普及和教育。对于很多野生植物资源，甚至珍稀濒危植物，滥采滥挖现象频繁，由于经济利益的驱动和法律观念的缺失，违法采挖行为依然猖獗。一方面，民众素质有待提升；另一方面，相关采挖行为由于没有相关强制性法律制度，且存在行业间标准的差异，导致相关执行部门无法开展具体的实践工作。标准的实施是生物多样性保护科普和宣传的最好方式，是提高民众保护意识的重要途径。因此，珍稀濒危植物保育技术标准化工作的开展，规范和协调了行业间和部门间的相关保育技术行为，为生物多样性保护相关管理目标法律法规的制定奠定了重要的基础；为珍稀濒危植物保护执法和管理提供了技术依据；为我国生物多样性保护相关管理部门法律法规的制定奠定了基础；突出以生物多样性保护和可持续发展为核心，践行具有中国特色的生态发展理念。

二、珍稀濒危植物保育技术标准化体系建设的预期效益

（一）规范珍稀濒危植物的科学保护和快速恢复，产生良好的生态和社会效益

对于具有较大观赏价值和药用价值的物种，通过扩繁技术，可实现产业化规模生产，具有较大的应用前景。对于含有特种抗性基因的物种，可通过种群扩繁保存优质基因，同时发挥优质基因所具有的生态适应性优势，发挥巨大的潜在生态效益和经济效益。相应技术的标准化体系建设不但能有效保护该类植物野生资源，而且可以产生巨大的社会经济效益，满足人类生活需求。比较典型的如国家Ⅱ级保护植物降香黄檀（*Dalbergia odorifera*）、石斛属（*Dendrobium*）等。另一类为自然繁殖困难，通过人工技术突破物种自身繁殖障碍形成规模化生产，从而产生巨大的社会和经济效益，如水杉（*Metasequoia glyptostroboides*）、银杏（*Ginkgo biloba*）、华盖木、天麻（*Gastrodia elata*）等。通过人工繁育，这些植物现在已经成为重要的城市绿化树种或可食植物。

（二）规范珍稀濒危植物的扩繁和可持续利用，促进相关产业的规范化发展

关于珍稀濒危植物相关技术产业化，有两个方面必须进行规范化。一方面是自身具有特殊经济价值的珍稀濒危植物，由于人类疯狂滥采滥伐，导致其野生种群数量急剧减少。当前，通过技术研发，借助人工辅助技术，可实现此类植物资源量的迅速增加。对于这类植物的野生资源必须划出保护红线，严格禁止滥采滥伐，另一方面对于其人工产业化过程予以规范，有利于生物多样性可持续利用的规范化发展，稳定涉及珍稀濒危植物资源的市场经济秩序，促进社会和谐发展。

执笔人：黄继红 臧润国
（中国林业科学研究院森林生态环境与自然保护研究所）

参 考 文 献

陈芳清, 谢宗强, 熊高明, 等. 2005. 三峡濒危植物疏花水柏枝的回归引种和种群重建. 生态学报, 25: 1811-1817.

陈小华. 2018. 我国林业标准制定工作现状及发展对策研究. 林业经济, 40: 103-107.
国家林业局. 2010. 全国野生动植物保护及自然保护区建设工程. 北京.
国家林业局. 2011. 全国极小种群野生植物拯救保护工程规划(2011—2015年). 北京.
黄宏文, 张征. 2012. 中国植物引种栽培及迁地保护的现状与展望. 生物多样性, 20: 559-571.
孙卫邦, 杨静, 刁志灵. 2019. 云南省极小种群野生植物研究与保护. 北京: 科学出版社.
臧润国. 2020. 中国极小种群野生植物保护研究进展. 生物多样性, 28: 263-268.
臧润国, 董鸣, 李俊清, 等. 2016. 典型极小种群野生植物保护与恢复技术研究. 生态学报, 36: 7130-7135.
中国野生植物保护协会. 2020. 中国植物保护战略(2021—2030).
周生贤. 2001. 中国林业发展处在什么阶段? 绿色大世界, 000: 4.
庄平, 郑元润, 邵慧敏, 等. 2012. 杜鹃属植物迁地保育适应性评价. 生物多样性, 20: 665-675.
Baillie J E M, Hilton-Taylor C, Stuart S N. 2004. 2004 IUCN Red List of Threatened Species. A Global Species Assessment. IUCN, Gland, Switzerland and Cambridge, UK.
Butchart S H M, Walpole M, Collen B, et al. 2010. Global biodiversity: Indicators of recent declines. Science, 328: 1164-1168.
Caughley G. 1994. Directions in conservation biology. Journal of Animal Ecology, 63: 215-244.
Godefroid S, Piazza C, Rossi G, et al. 2011. How successful are plant species reintroductions? Biol Conserv, 144: 672-682.
Guerrant J E O, Kaye T N. 2007. Reintroduction of rare and endangered plants: common factors, questions and approaches. Australian Journal of Botany, 55: 362-370.
Guerranti R, Aguiyi J C, Ogueli I G, et al. 2004. Protection of *Mucuna pruriens* seeds against *Echis carinatus* venom is exerted through a multiform glycoprotein whose oligosaccharide chains are functional in this role. Biochem. Biophys Res Commun, 323: 484-490.
Hardwick K A, Fiedler P, Lee L C, et al. 2011. The role of botanic gardens in the science and practice of ecological restoration. Conserv Biol, 25: 265-275.
IUCN. 2012a. Guidelines for Application of IUCN Red List Criteria at Regional and National Levels, Version 4.0., Gland, Switzerland and Cambridge, UK.
IUCN. 2012b. IUCN Red List Categories and Criteria, Version 3.1. Second edition, Gland, Switzerland and Cambridge, UK.
IUCN-Standards-and-Petitions-Subcommittee. 2011. Guidelines for Using the IUCN Red List Categories and Criteria, Version 9.0.
Lawrence B A, Kaye T N. 2011. Reintroduction of *Castilleja levisecta*: effects of ecological similarity, source population genetics, and habitat quality. Restoration Ecology, 19: 166-176.
Marsh D M, Trenham P C. 2008. Current trends in plant and animal population monitoring. Conserv Biol, 22: 647-655.
Mattfeldt T, Eckel S, Fleischer F, et al. 2009. Statistical analysis of labelling patterns of mammary carcinoma cell nuclei on histological sections. J Microsc, 235: 106-118.
Rayburn A P. 2011. Recognition and utilization of positive plant interactions may increase plant reintroduction success. Biol Conserv, 144: 1296.
Warren S D, Büttner R. 2014. Restoration of heterogeneous disturbance regimes for the preservation of endangered species. Ecol Restor, 32: 189-196.

第四章　生境破碎化与生境评价

生境（habitat）是指生物生存的生态地理环境（Fahrig，2003）。生境破碎化是指连续成片的生境，被分割、破碎，形成分散、孤立的岛状生境的现象。在景观生态学中，生境破碎化是指在人为活动和自然干扰下，大块连续分布的自然生境被其他非适宜生境或基质分隔成许多面积较小的斑块（片段）的过程（Aguilar et al.，2019）。生境破碎化最初的概念既包括生境面积的丧失，也包括生境空间格局的改变（Aguilar et al.，2019）。

第一节　生境破碎化研究现状

近年来，生态学家主张将生境丧失与空间格局改变这两个概念分开，生境破碎化特指生境空间格局的改变（Aguilar et al.，2019）。现在，已明确"生境破碎化"是一个总括性的概念，并试图从综合的角度来研究和推进理解碎裂的过程（Raphael et al.，2012）。生境破碎通常被定义为一个景观尺度的过程，涉及生境的丧失和生境破碎两个方面（Fahrig，2003）。因此，正确解释生境破碎化对生物多样性的影响，必须独立地衡量破碎化对这两个组成部分的影响（Fahrig，2003）。

一、生境破碎化的原因或驱动机制

由于生境破碎化是一个景观层次的作用，所以只有在景观层次上才能对其进行准确的测度。生境破碎化的过程是一种景观动态，即自然或人为因素干扰，导致景观由单一、均质和连续的整体趋向于复杂、异质和不连续的斑块镶嵌的发展过程（Saunders et al.，1991）。生境破碎化是由于人类活动干扰而产生的，并伴随着人类干扰强度的增大而逐渐发展。

二、生境破碎化对生物多样性的影响

生境破碎化的负面影响主要有两个方面（Fahrig，2003）。一方面，碎片本身意味着更多数量的小斑块。从某种程度上说，斑块面积太小，不足以维持一个地方的种群。那些无法穿越非栖息地的物种（"基质"）将被限制在大量的小块土地上，最终降低种群的规模，增加种群灭绝的可能性。碎片负面影响的

另一方面是边缘效应。对于一定数量的生境而言，越分散的景观包含越多的边缘。这可增加生物个体离开栖息地进入基质的概率。总体而言，在更分散的斑块中，物种在基质中将存在更多的时间，这可能增加其死亡率，进而降低种群的总体繁殖率（Fahrig，2001）。此外，由于物种间的相互作用，也会产生消极的边缘效应。其中，研究最广泛的是林缘增加对鸟类捕食的影响（Chalfoun et al.，2002）。

也有研究表明，生境破碎化可能对生物多样性产生积极影响。部分理论研究表明，相对于生境丧失的影响，生境破碎化的影响较弱（Flather and Bevers，2002；Collingham and Huntley，2000；Fahrig，1997）。早期理论研究也表明，栖息地破碎化增强了两种竞争物种之间的稳定性（Ellner，1984；Levin，1974；Slatkin，1974）。Huffaker（1958）的实验表明，将相同数量的栖息地细碎为多数小斑块，可以增强捕食者-猎物系统稳定的持久性（Aguilar et al.，2019）。Huffaker认为，栖息地的细碎为猎物提供了充足的避难场所，在被捕食者或寄生虫发现前，它们可以增加数量并分散到其他地方。

早期的理论研究也证实了这种机制的合理性（Hastings，1977），栖息地破碎化增强了两种竞争物种的稳定性（Ellner，1984；Levin，1974；Slatkin，1974）。Shorrocks等（1981）的实证研究发现，将栖息地分割成更多更小的斑块，可以扩大两个竞争物种的共存状态（Roff，1974）。分散率和竞争力之间的权衡，可增强两个竞争物种之间的共存（Reddingius and den Boer，1970）。这种权衡，加上异质干扰，局部消除了较强的竞争者，允许较弱竞争者（较强的散布者）首先占领空白斑块，然后被较强的竞争者取而代之（Chesson，1985）。也有研究认为，当局部干扰不同时发生时，栖息地的细碎可降低整个种群同时灭绝的概率，进而稳定单一物种的种群动态（Reddingius and den Boer，1970）。

大量研究表明，栖息地的丧失对生物多样性具有显著的、持续的负面影响。这意味着生物多样性保护最重要的问题可能是"多少栖息地才足够？"。不同的物种使用不同类型的栖息地，不同的物种需要不同数量的栖息地来维持其生存。因此，对某一特定区域内所有物种的保护，需要确定该区域内哪些物种最容易受到栖息地丧失的影响（Fahrig，2001；With and King，1999），并估算这些最脆弱物种生存所需的最低栖息地数量。

生境破碎化造成物种生存面积丧失。生境破碎化使大斑块的面积越来越少，而面积较小且彼此孤立的斑块越来越多（Fletcher et al.，2018）。因此，生境破碎化使对栖息地面积需求敏感的物种趋于灭绝，并导致本地物种灭绝率的增加。生境破碎化造成物种栖息地的破坏，导致生境数量减少、生境质量下降、生境结构改变，从而导致生物多样性下降。生境破碎化使斑块彼此隔离，改变了种群的扩散和迁入模式及种群的遗传和变异等，从而影响物种的繁殖和迁移能力。

第二节 生境破碎化对植物的影响

一、生境破碎化与植物保护进展

到目前为止,全球使用世界自然保护联盟(IUCN)红色名录标准正式评估的植物物种不到 2 万种。Pimm 和 Joppa(2015)通过研究指出,1/3 的被子植物面临灭绝风险,包括大多数尚未被描述的被子植物,因为这些被子植物可能具有较小的分布范围,野外很难被发现。Brummitt 等(2015)根据红色名录标准,评估了 7000 种植物的随机抽样状况,包括苔藓植物、蕨类植物、裸子植物和被子植物(以单子叶植物和研究良好的豆科植物为代表),发现 22%物种处于受威胁状态(IUCN 标准中的 VU、EN、CR),30%物种近于受威胁状态。在评估的主要群体中,豆科植物受威胁的比例为 11%,而裸子植物受威胁的比例为 40%。

生境丧失和破碎化对植物多样性的威胁最大,特别是在热带地区(Ter Steege et al., 2015)。热带森林向牧场或商业单一种植作物(油棕、橡胶、大豆等)的转变取代了农民的小规模种植,是森林丧失的主要驱动力。很少有适应森林的植物物种能够在森林砍伐后存活,即使仍然残留大面积的原始森林,森林破碎化也严重降低了植物的多样性。对植物的过度开发利用是对植物物种的第二大威胁因素,这些物种通常或多或少具有特殊性状或特殊用途,如木材贸易中的龙脑香果或医药贸易中的药用植物。

从全球范围来看,保护植物是一项艰巨的工作。全球约有 50 万种植物分布,其中有 100 000~160 000 种可能受到威胁,还有可能很多物种受威胁但目前尚不为人所知。当前,最紧迫的任务是完成所有陆地植物物种的清查,完善库存。我们需要一份完整的全球物种列表,包括那些尚未被收集和描述的种类,估计有 50 000~100 000 种。需要进一步研究并确定这些物种的分布(Fletcher et al., 2018),掌握它们之间的系统发育关系,并使这些信息易于在线获取。同时,目前近 94%的陆生植物物种的现状尚未根据 IUCN 红色名录清单标准进行全球评估,需尽快完成对这些物种的保护现状评估,以便能够有效地进行就地和迁地保护(Fletcher et al., 2018)。

当我们知道主要威胁因素时,我们可以评估现有的保护区系统,并在原生生境保护空缺中增加保护面积,这在大多数地区都是如此。然而,由于缺乏研究资料,在全球大部分地区很难充分评估受威胁植物现有覆盖范围。目前,地球表面约有 15%的土地受到了保护,但不同生态系统的覆盖范围差别很大,保护的有效性同样存在较大差异。为了有效地进行就地保护,需要进行物种监测,以确保受威胁物种的存活植物种群在保护区内持续存在;如果发现减少,可以考虑适当的干预措施，如栖息地管理、入侵物种控制、防止过度开发和（或）由管理地迁移到新地点。理想情况下，每个受威胁物种都有一个单独的物种管理计划。监测热带森林中的许多未知物种显然是不可能的，但已知物种状况的变化可能代表保护区管理中的一般情况。

保护区内的资源利用在必要时进行补充立法。控制生存性使用会遇到现实和道德问题，但大多数损害是由市场收集造成的，通常是由专业收藏家造成的。许多国家的法律对此都没有必要的司法解释，需要加以补充。

GSPC 的目标为至少 75%受威胁植物可以得到迁地保护（即在其自然栖息地之外），其中至少 20%可列入迁地保护计划。目前，对这些物种最简单的迁地保护策略是在植物园、树木园及其他迁地保护设施中种植它们。然而，维持一定数量长寿的树木个体需要更多的空间，而寿命较短的物种的栽培种群需要小心管理，以避免近亲繁殖、杂交（Ensslin et al.，2015）。

二、生境破碎化与植物繁殖

植物种群的碎片化研究，主要集中于种群统计学过程，特别是在评估碎片化对植物繁殖力影响方面（Ghazoul，2005；Honnay et al.，2005）。此外，由于大多数现存被子植物需要借助生物载体完成有性繁殖，所以传粉动物和传粉过程与生境破碎化的关系也得到了多数研究人员的关注（Aizen and Feinsinger，2003；Kearns et al.，1998；Didham et al.，1996）。植物繁殖理论表明，植物与其传粉者之间具有特殊的生物学特性，其对生境破碎化的生态响应也比较明显（Aizen and Feinsinger，2003；Renner，1999；Waser et al.，1996；Bond，1994）。因此，植物的有性生殖，可能对生境破碎化具有不同的敏感程度，这取决于某些具体的生态特征，这些特征尤其表现为对传粉者的依赖程度和专一化程度。植物的一个很重要属性是植物繁育系统，植物的繁育取决于其对授粉互惠的依赖程度（Aizen and Feinsinger，2003；Bond，1994）。

植物种类繁多，有些植物种类为远系繁殖，有些为花内自交和自交结实完成繁育的有性繁殖植物（Vogler and Kalisz，2001；Richards，1997）。在这一点上，植物亲和系统是评价授粉互惠依赖程度的重要指标。尽管自交亲和物种通常需要动物传粉者从其他同种个体传粉，但无论是自花授粉还是异花授粉，都能产生种子。此外，有些物种可能具有天然的自交繁殖能力，因此自交亲和植物可以依赖于传粉者完成繁殖。自交不亲和植物只能通过远系繁殖系统完成远交或异交生成种子，所以其对传粉者有性生殖的依赖性很高（Richards，1997）。由于对远交授粉的独特需求，传粉者觅食行为的变化可能会影响自交不亲和植物的繁殖。因此，自交不亲和植物物种更容易受生境破碎化对传粉者组合变化的影响，即传粉者物种的丰度、组成及觅食行为的变化（Aizen and Feinsinger，2003；Aizen et al.，2002；Wilcock and Neiland，2002）。因此，与自交亲和植物繁殖相比，自交不亲和植物的繁殖成功率更容易受生境破碎化的影响。

破碎化生境中，决定授粉互惠性是否中断的另一个重要因素是授粉专一化程度（Johnson and Steiner，2000；Renner，1999；Bond，1994）。不同植物物种的授粉专一化程度有很大不同，从与数百种传粉者传粉互惠，到与单一的传粉者互惠。大多情况下，植物物种如果为普通物种，其对传粉无专一要求，其授粉可由几个或多个不同类群的动物完成（Renner，1999；Waser et al.，1996；Herrera，1996；Bond，1994）。研究发现，高度专一授粉的植物物种，更容易受到生境破碎对授粉互惠的干扰，因为其他授粉者无法替代其与专一授粉者的特定互惠关系（Waser et al.，1996；Bond，1994）。相比较而言，对一般植物，即使缺乏一种或多种传粉者，其他传粉者也能帮其完成传粉。因此。普通非专一性传粉植物对生境破碎化的响应更具灵活性和弹性（Morris，2003）。

上述关于植物繁殖系统对生境破碎化敏感性与其亲和能力和对授粉专一性程度有关的假设，直到最近才得到验证。Aizen 等（2002）通过文献收集，评价了46 种不同分类起源、生活型和地理分布植物的生殖特征。与理论预期相反，他们发现生境破碎化对自交亲和植物和自交不亲和植物，以及对授粉没有特殊要求的一般植物和对授粉有专一要求植物的繁殖成功率均有负面影响。他们认为，无论是基于自交亲和性还是传粉系统，生境破碎化对植物生殖敏感性没有统一的一般规律，不能一概而论。因此，靠动物传粉的植物不会表现出有任何不同的响应模式。同样，Ghazoul（2005）最近回顾了植物分布空间维度（即种群大小、密度、同种之间的距离、纯度和生境碎片）如何影响植物的授粉和生殖，得出了与 Aizen 等（2002）相同的结论，即自交不亲和植物似乎不比自交亲和植物更易受阿里（Allee）效应的影响。

三、生境破碎化与种子传播

人类活动引起的生境破坏意味着原始的成片连续生境的丧失和破碎，增加了隔离度，产生了更多边际效应（Lindenmayer and Fischer，2006）。目前，有很多研究证实了生境破碎化对植物有性繁殖中种子传播互惠互作的影响，并影响种群的繁殖成功率和遗传多样性，对植物种群持续性续存产生关键影响（Markl et al.，2012；Eckert et al.，2010；Aguilar et al.，2008，2006；Sork and Smouse，2006；Ghazoul，2005）。

已有研究表明，生境的丧失和破碎化，导致物种种群数量减少，引发遗传瓶颈，进而降低了破碎化生境中植物种群的遗传多样性（Vranckx et al.，2011；Aguilar et al.，2008；Honnay and Jacquemyn，2007)。栖息地的长期破碎化，可限制花粉和种子基因流，通过随机漂移降低遗传多样性（Aguilar et al.，2008；Young et al.，1996)。此外，与连续生境中的种群相比，碎片化生境中的种群，异交率也有所下降，这是由于交配模式的改变增加了亲缘间的自交和（或）交配（Breed et al.，2015；Eckert et al.，2010；Aguilar et al.，2008)。这些过程将导致有害隐性等位基因的积累和近亲繁殖抑制的表达，从而降低了植物的繁殖力和后代生长率，增加了幼苗死亡率，增加物种局部灭绝的风险（Charlesworth and Willis，2009；Crnokrak and Barrett，2002)。

由于植物繁殖系统不同，破碎化生境中小种群和孤立种群的近交抑制表达预计会有所不同（Husband and Schemske，1996)。例如，具有长期自交历史的植物，其后代在破碎化生境中不太可能表现出近亲繁殖抑制，因为持续的自交清除了遗传负荷，一些世代自花授粉后消除了隐性有害等位基因（Crnokrak and Barrett，2002；Byers and Waller，1999；Husband and Schemske，1996)。自交群体的近亲繁殖抑制发生在不同发育阶段，如幼苗生长和繁殖阶段，因为近亲繁殖抑制是由难以清除的隐性和轻度有害突变引起的（Crnokrak and Barrett，2002；Byers and Waller，1999；Husband and Schemske，1996)。相反，如果异交植物在生境破碎后转为自交或同株异花受精，近亲繁殖抑制将影响植物的早期适应性状，如萌发和幼苗存活（Vranckx et al.，2011；Aguilar et al.，2008；Husband and Schemske，1996)。因此，破碎化生境中自交系或混合交配系的自交亲和植物，其后代比异交系植物具有更高的适合度。

植物交配模式的变化与生境丧失和破碎化对传粉载体的潜在影响密切相关（Breed et al.，2015；Hadley and Betts，2012)。景观破碎化形成新的景观结构和异质的农业本底基质，传粉者的移动扩散被认为是导致破碎生境中传粉者数量减少的主要原因。有证据表明，蜜蜂是世界上最重要的动物传粉者，但是破碎化生境中蜜蜂的丰富度显著下降（Brosi，2009；Winfree et al.，2009)。风媒传粉植物可能更容易受破碎化影响，因为它们的花粉通常很小、很轻，且长距离传播（Bacles and Ennos，2008；Seltmann et al.，2007；Hamrick，2004)。对许多植物研究发现，生境破碎导致授粉效果和生殖效率显著下降（Aguilar et al.，2006)。与授粉失败相关的植物繁殖力降低，可导致植物再生和长期种群生存能力降低（Potts et al.，2010；Aguilar et al.，2006；Biesmeijer et al.，2006)。此外，由于生境破碎化，传粉者行为的变化可以改变觅食距离、花或花粉源的数量和多样性，并影响到森林斑块中花柱头的花粉池大小和质量（Hadley and Betts，2009；Goverde et al.，2002；Quesada et al.，2001)。

生境破碎化常常扰乱基因流动，增加随机遗传漂变和近亲繁殖，从而侵蚀植物后代的遗传多样性，降低其生存能力和活力。此外，研究发现破碎化生境中植物后代异交率降低，近亲繁殖增加，表明植物交配模式发生了变化。因此，生境破碎化不仅降低了植物种群的繁殖量和遗传多样性（Vranckx et al.，2011；Aguilar et al.，2008，2006；Honnay and Jacquemyn，2007），而且强烈影响了植物后代的性状表现（Vranckx et al.，2011；Aguilar et al.，2008）。

四、生境破碎化与传粉

许多树种促进远距离基因交流，特别是通过花粉的传播（Kremer et al.，2012；Petit et al.，2005）。因此，树木种群往往会受到生物对栖息地干扰表现出的遗传效应的缓冲作用的影响（Vranckx et al.，2011）。在乔木种群中，经常观察到生境干扰后的同种密度降低，以改变个体交配模式（如近亲繁殖、花粉多样性）；对于动物授粉物种，则改变传粉者的行为（Bacles and Jump，2011；Vranckx et al.，2011；Kramer et al.，2008；Lowe et al.，2005）。对交配模式的影响可能高度依赖于环境（例如，植物空间格局中的局部与景观尺度变化），并受到传粉媒介属性的极大影响（Breed et al.，2012；Bacles and Jump，2011；Dick et al.，2008；Kramer et al.，2008）。然而，在森林破碎化的研究中，通常会推断出后代适应度和同一种密度之间的反向密度依赖模式，在高密度环境下的树木往往获得较高的花粉多样性，表现出较低的近交水平，这与较高的后代适应度有关（Breed et al.，2012；Courchamp et al.，1999）。

由于有害隐性等位基因表型表达的概率增加，提高近亲繁殖通常会带来适应成本，称为近亲繁殖抑制（Szulkin et al.，2010；Crnokrak and Barrett，2002）。近亲繁殖抑制更常见于压力更大的环境中（Fox and Reed，2010），随着全球变化引起的环境依赖性压力的增加，近亲繁殖抑制可能变得更为严重（Beaumont et al.，2011）。花粉多样性的测量预测与适合度相关，因为花粉多样性的降低导致花粉和胚珠不适合组合的可能性更高（Skogsmyr and Lankinen，2002）。较高水平的花粉多样性可能通过减少参与繁殖的隐性有害等位基因的数量来抑制近交抑制（Armbruster and Gobeille，2004），因此，花粉多样性可以降低近交产生的适应效应。

研究发现，花粉多样性降低是最能解释幼苗生长变化的原因，而且可能比近亲繁殖的效应更为显著。随着栖息地干扰的增加，观察到的交配模式更加混乱，可能是由于周围景观中的植被丧失和树木密度降低对传粉者行为的改变，导致异交的机会减少。此外，随着树木密度的降低，传粉者更可能将其觅食限制在邻近的树木上，这可能导致花粉供体多样性的降低，以及在更为孤立的树木中观察到的相关父系关系的增加（Ottewell et al.，2009）。

五、生境破碎化与种间关系

生境破碎化和丧失是全球生物多样性丧失的最大威胁因素（Didham et al., 2012；Collinge，2009；Fischer and Lindenmayer，2007），这一观点目前大家已达成共识（Foley et al., 2005；Vitousek et al., 1997），但是，关于破碎化景观中物种减少原因的争论仍在继续（Haddad et al., 2015；Didham et al., 2012；Fischer and Lindenmayer，2007）。

越来越多的研究表明，生境的丧失和破碎化广泛影响动植物之间的相互作用（Magrach et al., 2014；Martinson and Fagan，2014；Evans et al., 2012；Uriarte et al., 2011；Farwig et al., 2009；Faveri et al., 2008；Tewksbury et al., 2002），这些影响对植物保护有借鉴意义（Schemske et al., 1994）。例如，横跨阿根廷干旱森林、澳大利亚林地等的综合分析表明，当生态系统支离破碎时，可能会发生植物的授粉率下降和随之而来的植物繁殖率减少（Aguilar et al., 2006；Cunningham，2000；Aizen and Feinsinger，1994）。破碎化还影响对抗性相互作用，包括草食和种子捕食。例如，草食水平随亚马孙森林破碎化而增加，种子捕食率随长叶松树草原破碎化而增加（Faveri et al., 2008；Orrock and Damschen，2005；Orrock et al., 2003）。

草食动物常易受生境破碎化影响，但这种相互作用对植物繁殖的影响很弱（Cunningham，2000）。相反，扩散前的种子捕食和授粉强烈，且持续影响植物的繁殖，但这些相互作用几乎很少受破碎化的影响。植物繁殖过程中的种间作用比生境破碎化更为强烈，破碎化对植物的影响不一致（Orrock and Damschen，2005）。

越来越多的证据表明，物种间的相互作用受生境丧失和破碎化的影响（Magrach et al., 2014；Hadley and Betts，2012；Ewers and Didham，2006）。至少在一定程度上，生境破碎化通过影响景观连通性，影响物种间的相互作用（Gilbert-Norton et al., 2010）。尽管破碎化通过多种机制影响物种间的相互作用（Magrach et al., 2014；Hadley and Betts，2012），但在相同的研究中，很少考虑这些影响，因此很难评估它们的相对重要性（Didham et al., 2012）。

六、生境破碎化与物种灭绝

栖息于破碎化景观中的物种，仅有部分破碎化的斑块适宜其生存。这些物种面临着两种生存挑战。首先，该物种在某一个斑块内必须维持死亡和繁殖的平衡，并保证在景观中适宜斑块持续定居。随着景观因人类干扰而破碎化程度加剧，物种还需面临第二个挑战，即物种的保护和管理问题。破碎的生境存在一个适宜生境的阈值，低于该阈值，种群将灭绝，尽管有时物种的生存力足以维持其生长。

Lande（1987）对北方斑点猫头鹰（Northern spotted owl）的分析中，首次证明了这一点。这种猫头鹰之所以濒临灭绝，是因为砍伐破坏了其原来的生境。这一结果已经成为保护生物学的一个范例（McKelvey et al.，1993；Lamberson et al.，1992）。Lande 模型是种群统计学理论的一个巧妙应用，但并没有直接描述被占领和未被占领斑块的动态。

另一种方法是使用集合种群（Levins，1969）或斑块占有率（Caswell and Cohen，1995，1991）模型来研究生境破碎化的影响。几个单一物种的集合种群模型研究表明，当景观中适宜斑块比例低于临界阈值时，种群不能续存（Noon and McKelvey，1996；Kareiva and Wennergren，1995；Lamberson and Carroll，1993；Nee and May，1992）。Nee 和 May（1992）将这种方法推广到两个物种的竞争模型，发现生境破坏降低了优势竞争物种占据斑块的频率，但却意外地增加了劣势竞争物种的频率。多物种竞争模型（Stone，1995；Tilman et al.，1994）研究表明，最易遭受生境丧失的物种是最主要的竞争对手（鉴于它们的定殖率较低），并且物种灭绝可能发生在适宜的斑块被破坏几十年之后（所谓的灭绝债务）（Tilman et al.，1994）。由于这些模型假设每个斑块与其他斑块之间的相互作用是平等的，所以斑块的组合对结果没有影响，而且这些模型也没有告诉我们生境破坏的空间排列如何影响种群。

一个种群能够承受的生境丧失量，取决于适宜生境和不适宜生境的空间布局。在一个不相关的随机景观中，种群所占的领地比斑块占有模型预测的略少，更容易受到全球灭绝的影响。这一结果与 Bascompte 和 Sole（1996）的研究结果相似，他们发现与在空间模糊集合种群模型中相比，种群在空间清晰的集合种群模型中更容易受生境破坏的随机性影响。这表明，非空间模型低估了生境破碎化对种群续存的影响。然而，在现实世界中，生境破碎化几乎不是随机过程。相反，生境破碎化的后果，往往是产生具有不规则边界的、大小不同的斑块（Sole and Manrubia，1995；Scheuring，1991；Milne，1988；Palmer，1988；Krummel et al.，1987）。在这种景观中，种群能够承受比斑块占有模型所预测的更大的生境破坏，并且具有更低的灭绝阈值。

适宜斑块的分形排列，通过促进空斑块的再定居，提高了种群耐受生境破坏的能力。这一结论支持了先前关于陆地物种保护区设计的研究：当适宜区域聚集时，种群持续生存的可能性增加（Lamberson et al.，1994；Doak，1989）。

Nee 和 May（1992）的研究表明，生境破坏降低了优势竞争物种的绝对丰度，增加了劣势竞争物种的相对丰度。在元细胞自动机（cellular automaton）模型中，Dythan 发现当斑块的破坏为非随机时，优势竞争物种和劣势竞争物种之间的关系以相似的方式改变，但是两个物种都能够在比 Nee 和 May 模型预测的更少的生境中生存（Fletcher et al.，2018）。已有研究证明，分形景观上的种群可以在相对较少的适宜范围内生存,但这里研究的结果不应被视为继续破坏生境的理由。相反,它们指出了考虑保护策略时需要考虑的空间结构和空间尺度。景观结构的所有影响不可能全部被纳入模型。例如,栖息地的连通性可以通过促进传染病的传播和增加捕食压力对种群产生不利影响(Hess,1996)。可以肯定地说,景观结构在调节生境破碎化对持久性的影响方面起着至关重要的作用。

七、生境破碎化与种群动态

生境的破碎化和丧失是濒危物种生存能力的主要威胁(Forman,1996),已成为生态学研究的主要内容。生境丧失称为景观组成的变化,导致景观中个体的比例损失。将破碎化效应称为生境配置的附加效应,通过减少生境斑块大小和隔离生境斑块而导致物种受威胁(Andren,1994)。大多数生境丧失与破碎化的研究都使用物种的模拟模型(Flather and Bevers,2002;Hiebeler,2000;Hill and Caswell,1999;Boswell et al.,1998;Fahrig,1997;Andren,1996;Bascompte and Sole,1996)。这些模型通常包含强有力的假设,如随机扩散有两种生境类型——基底和生境斑块。此外,由于其简单性,它们不包括可能影响零散景观中真实种群的重要过程。

当退化生境为邻域高度破碎生境提供汇生境,或退化生境为高度破碎生境提供繁殖生境斑块时,传统生境矩阵不成立。恢复更大比例的基质(例如,通过恢复景观结构,提供食肉动物或食物来源的庇护,从而增加扩散者的生存),可能比恢复繁殖生境更经济,在生态上也更容易(Pulliam and Danielson,1991;Pulliam,1988)。对于生活在由小片繁殖生境组成的景观中具有中间扩散能力的物种而言,异质生境最为重要。在这些景观中,破碎化生境可以增强斑块之间的随机个体交换(即集合种群或空间结构种群)。因此,理论上的集合种群研究需要明确考虑分散生境,而不是使用更传统的二元生境矩阵。然而,景观异质性对扩散的影响是复杂的,难以分析和测量。因为每个景观的独特性和影响的复杂相互作用,总会混淆简单的分析(Moilanen and Hanski,1998;Gustafson and Gardner,1996)。

分散生境在可能的景观配置中引入了额外的自由度,这可能导致具有相同配置的适宜生境斑块具有完全不同的连接度。这导致了集合种群研究通常忽略基质异质性(Gustafson and Gardner,1996;Wiens et al.,1993)。最新研究(Naves et al.,2003)表明,栖息地适宜性的空间差异很大。位于高质量栖息地边缘的栖息地可能包括低质量栖息地,这降低了栖息地的整体适应能力,并可能增加死亡风险。这种碎片效应在模拟模型研究中很重要,但不包括物种假设的简单模型(Flather and Bevers,2002;Fahrig,1997)。研究表明,预测破碎化的影响(从而设计适当的保护措施),需要对有关物种的生物学及其栖息地利用有很好的了解。关键物种特有特征的变化，如扩散能力或扩散栖息地的使用，完全改变了模式物种对破碎化的反应，从根本没有变化到 80%的个体消失。因此，目前应用简单的水生物种模型理论，研究结果具有很大的模糊性，这并不奇怪（Flather and Bevers，2002；Fahrig，2001，1998，1997；Hiebeler，2000；Hill and Caswell，1999）。

八、生境破碎化与进化动态

人们普遍认为，生态动力学影响进化动力学，反之，进化改变生态过程。破碎化通过隔离和减少栖息地规模，影响所有生物水平（从个体到生态系统），并影响种群动态、局部适应、扩散和物种形成等进化与生态过程之间的联系。认识到生态和进化的变化可以在相似的时间尺度上发生，生物学家得出结论认为：不仅生态可以影响进化，反过来，进化也会影响生态（Hendry，2016；Schoener，2011）。随着生态和进化过程在空间上的展开，生境破坏和破碎化导致的空间结构变化，可能会潜在地改变生态进化的相互作用（Shefferson and Salguero-Gómez，2015；Schoener，2011）。

当生态与进化之间的作用成为相互的或具有周期性时，生态因素的变化驱动着组织特征的进化变化，进而改变部分生态因素。另一方面，组织特征的进化变化驱动着生态因素的变化，进而改变部分组织特征，导致"生态进化反馈"（Post and Palkovacs，2009）。生态进化动力学和反馈，已经在生物组织的各个层次（分子、个体、种群、群落和生态系统）得到了充分体现。研究过程中需特别关注生态进化相互作用发生的必要条件，以及它们对种群、群落、生态系统结构和功能的影响与程度，以及对物种分化或收敛的影响（Hendry，2016；De Meester and Pantel，2014；Fontúrbel and Murúa，2014；Ellner，2013；Post and Palkovacs，2009；Fussmann et al.，2007；Kinnison and Hairston Jr，2007）。也有研究指出，生态-进化相互作用不能脱离其发生的空间环境（Fontúrbel and Murúa，2014；Hanski，2012；Morris，2011），特别是生态进化相互作用的结果随空间尺度变化而变化（如在局部尺度和区域尺度上）。

局部尺度上的变化对集合种群尺度上的种群规模或性状分布的影响较弱。因此，在研究种群间相互作用时，特别是在瞬息万变的世界里，景观的空间结构必须被考虑进去。许多自然环境目前被人类活动分割成碎片，从陆地生态系统的农业和城市化，到水生生态系统的筑坝和退化造成的大规模破坏（Kubisch et al.，2014）。生境破碎化的不同方面，可以产生不同的生态进化动力学，因为它们对局部适应、漂移和扩散过程，以及这些过程之间的相互作用有不同的影响。在未来几年，描述进化-生态和（或）生态-进化途径的研究数量将继续增加（Shefferson and Salguero-Gómez，2015）。

九、生境破碎化与遗传后果

除了栖息地质量下降和外来物种的引入，栖息地破碎化是当前生物多样性危机的主要驱动力之一。栖息地破碎化的影响，预计在最近破碎化的种群中将更严重（Gitzendanner and Soltis，2000；Huenneke，1991）。生境破碎化和种群大小减少所丢失的等位基因，主要为最初出现在低密度下的等位基因（Sun，1996；Nei et al.，1975）。杂合度的丧失，可能是基因多样性降低的直接结果，更重要的是，由于自交或相关个体间交配增加而导致的近亲繁殖增加（Young et al.，1996；Barrett and Kohn，1991）。

在大多数植物物种中，只有很小一部分后代存活到成年期，所以对纯合子的选择可能会发生，但不会影响更新。特别是在对纯合子具有高选择压力的恶劣环境条件下，杂合子丢失的可能性很小。例如，在草地物种中，高度杂合子个体在自然造林和随后生境破碎化的渐进过程中，具有更好的生存机会（Kahmen and Poschlod，2000）。因此，最小和最破碎的群体，不包含来自先前较大群体的随机样本。相反，它们表现出显著的杂合过剩（Kahmen and Poschlod，2000）。随着生境破坏的加剧，以及种群规模及斑块占有率的降低，等位基因进行交换的概率极其微小甚至不发生。最小种群可能失去遗传多样性，而不可能补充漂流丢失的等位基因。几乎所有被调查的植物物种都依赖昆虫进行授粉，而改变授粉者的行为可能在这一过程中发挥重要作用（Wilcock and Neiland，2002）。小种群的植物可能变得太不显眼或太孤立，无法吸引授粉昆虫（Steffan-Dewenter and Tscharntke，1999；Kwak et al.，1998）。

除近交系数外，种群大小对群体遗传多样性也有显著影响。在异交和专性异交物种中，种群大小效应更为显著（Raijman et al.，1994）。在破碎的景观中，即使是普通物种，其种群大小和斑块占有率也可能达到了一个临界值。因此，迫切需要采取措施，缓解栖息地的破碎化。

第三节 气候变化与生境破碎化

气候变化和生境破碎化被认为是生物多样性丧失的最主要驱动力。政府间气候变化专门委员会（IPCC，2001）认为，人类活动排放会增加大气温室气体浓度影响气候，且这种影响预计在未来几十年甚至几百年将一直持续。由于气候是一个关键的驱动力，气候变化可能会对各国和非政府组织目前的生物多样性保护目标产生相当大的影响。目前，在许多种类物种中，已发现了气候变化影响的迹象（Parmesan and Yohe，2003）。

物种是通过遗传或生理适应来应对气候变化，还是通过寻找更好的栖息地环境来应对气候变化？很多研究分析了物种过去或现在的地理分布与气候变量之间的关系，并利用这一关系，根据气候变化情景推断物种未来可能的分布（Steffan-Dewenter and Tscharntke，1999；Sykes and Prentice，1996）。这类研究的一个特点是假设物种分布总是反映气候限制。另外，物种可能通过改变实现生态位来应对不断变化的气候条件（Lavorel，1999）。

气候变化的空间响应研究，往往忽视了景观格局的作用（Conrad et al.，2002；Hill and Caswell，1999；Ellis et al.，1997）。尽管在一些文献中，由气候变化驱动的范围扩展是在空间背景下处理的（Rupp et al.，2000；Lindner et al.，1997；Sykes and Prentice，1996）。但是大部分研究却很少关注生境破碎化和气候变化的协同效应。为了了解气候变化对物种的潜在威胁，必须考虑物种的地理范围和种群动态，并结合整个范围内景观的空间特征。由于人口流动、经济活动、城市化和农业发展的加快，人类土地利用占主导地位的景观将继续发生变化，导致物种栖息地空间进一步降低（Parmesan et al.，1999）。气候变化影响土地利用，这可能会加剧或缓解土地破碎化。例如，根据作物和气候条件，二氧化碳浓度的增加可导致产量增加15%~50%，这将对农业所需面积产生重大影响。

在气候变化背景下，集合种群和物种分布范围的整合研究表明，生境破碎化通过几种机制使气候变化的影响倍增。首先，在生境破碎化持续的集合种群中，物种分布范围的移动受到抑制。而在生境空间凝聚力低于集合种群持续临界水平的区域，物种范围的移动受到阻碍。其次，极端天气事件引起的大范围扰动频率增加，将导致差距加大，分布范围全面缩小，特别是在空间凝聚力水平相对较低的地区。气候变化和现有网络中栖息地的可用性之间的相互作用使这一情况变得复杂。如果更多的植被类型变得合适，空间凝聚力将增加，使集合种群能够更快地对气候变化做出反应。如果气候变化干扰了种间关系，就会出现进一步的复杂情况（Fletcher et al.，2018）。

第四节　物种分布与生境质量评价

物种分布研究过程实质是完成对物种生境范围的界定，其与环境之间的关系是生态学范畴内探讨的关键问题之一，更是制定生物多样性保护和资源开发利用策略的基础（曹铭昌等，2005；Zhang and Ma，2008）。基于数学方式构建的物种分布模型已经发展成为此类研究的主要工具（许仲林等，2015）。物种分布模型的发展始于1991年，是基于生态位理论，结合收集到的物种存在、发生数据和对应的环境条件，探究物种的生态位范围，并在此基础上预测物种的潜在分布（Qiao et al.，2013；朱耿平等，2014；Guisan and Thuiller，2010；Araújo and Guisan，2010）。

目前已被开发出的物种分布模型较多，包括根据统计学原理开发的BIOCLIM模型、HABITAT、DOMAIN、生态位因子分析模型、马氏距离、边界函数方法、最大熵模型、广义线性模型、广义加法模型、分类与回归树模型、多元适应性回归样条等，以及根据规则集开发的遗传算法、人工神经网络等（许仲林等，2011；戚鹏程，2009；温仲明等，2008；Zhu et al., 2007; Zhao et al., 2006; Farber and Kadmon, 2003; Hirzel et al., 2002; Carpenter et al., 1993; Walker and Cocks, 1991）。关于不同模型性能评价的结果显示：运用不同的评价手段会得出不同结论；不同模型各有优劣；针对不同物种，各模型评价效果不同（Polce et al., 2013）。值得注意的是，MaxEnt模型自2004年被开发以来，因模型自身能保持平均较高的准确性和稳定性，得到了非常广泛的应用（Xu et al., 2013; Yang et al., 2013）。

一、物种分布的MaxEnt模型综述

熵是物理学参数，用以描述系统处于混乱状态的强度，其值越大，表示随机性越强。MaxEnt模型就是基于最大熵理论建立的。该理论主要阐述的是根据已有条件预测未知部分的概率分布，取最均匀即系统熵值最大时预测风险最小、最接近于真实状态的概率分布（Phillips et al., 2006）。受计算条件的限制，MaxEnt模型在提出后的一段时间并未得到有效推广。20世纪90年代后，随着模型框架和实现算法的进一步明确，MaxEnt模型开始受到大众的关注，并在天文学、投资策略、影像信息重建、统计物理学等众多领域得到了广泛运用，成为最成功的机器学习模型之一。在物种分布的研究领域中，MaxEnt模型能够只根据物种存在点数据，使用相应存在点的环境变量构造表示环境约束条件的特征函数（Phillips et al., 2004）。其原理是，假设具有不确定性的物种分布符合熵最大概率分布。得益于熵最大概率分布的求解算法发展，基于MaxEnt模型的物种分布预测已经可以通过机器学习方法实现，并开发出了相关的独立运行软件。

基于MaxEnt模型的物种分布研究具有以下优点：①只需要物种发生点数据和研究区域的环境条件就能对整个区域进行物种分布模拟；②同时兼容连续型环境变量和离散型环境变量；③算法实现已经较为成熟，可以根据参数要求计算出最大熵的最佳收敛结果；④具有简单明确的数学定义，模型变量间具有可加性，便于对环境变量的重要性进行解读；⑤可以使用正则化方法避免过度拟合；⑥具有解决抽样偏差的潜力；⑦可以灵活选定二元预测的阈值；⑧对于有明确数量的训练样本而言，MaxEnt模型属于生成模型优于判别模型；⑨MaxEnt模型广泛应用于众多领域，有利于方法本身的改进和提升；⑩具有已经集成、可以直接使用的物种分布研究软件。

针对物种分布研究的 MaxEnt 模型软件是一种新颖的机器学习方法，用以推算物种发生的概率，可以通过自身参数设置完成模型精度测试。该软件的首次出现是在美国学者 Phillips 等（2004）对北美鸟类分布进行的研究中，之后生态学研究者们逐渐尝试使用 MaxEnt 模型，其模型效果得到充分论证后在国内外广泛普及（许仲林等，2015）。MaxEnt 模型主要适用于研究地理大尺度下被环境条件制约的物种分布和预测物种入侵新环境后的分布状态，以及未来环境条件变化后的物种分布情况。国外的研究如 Khanum 等（2013）利用模型预测了三种萝藦科药用植物在巴基斯坦的潜在气候分布；Remya 等（2015）利用模型预测了肉豆蔻现在和未来的适宜生境分布。国内的研究包括：张颖等（2011）采用 MaxEnt 模型对入侵杂草春飞蓬在中国潜在分布区的预测；段和周（2011）对中国单季稻种植北界范围的研究；何奇瑾和周广胜（2011）预测夏玉米在我国的潜在种植分布；车乐等（2014）采用模型预测太白米的潜在分布。

研究发现 MaxEnt 模型预测物种分布对于小样本量的预测结果依然表现优异（Hernandez et al., 2006），因此被广泛应用于分布区面积相对较小、个体数量较少的濒危物种研究。例如，马松梅等利用 MaxEnt 模型对孑遗植物裸果木和沙冬青属植物的潜在地理分布的研究（马松梅，2012；2010）；王娟娟（2014）使用 MaxEnt 模型预测川贝母的潜在分布；王雷宏等（2015）对金钱松适生气候特征的研究；褚建民等（2017）对长柄扁桃潜在分布和保护策略的研究。

二、物种生境质量评价的 HSI 模型

随着全球气候变化和人口数量的增加，物种适宜生境所受到的威胁日益加重（高浦新等，2013；陶翠等，2012）。因此，对物种生境质量进行研究，为物种的生境保护和管理提供科学依据显得尤为重要（唐飞等，2015）。生境质量评价的基础是生境选择、生态位分化理论，基本假设是生物会主动选择适于自身生存的环境条件且物种与环境因子间存在必然的联系（Thomasma et al., 1991；Horne, 1983）。一般依据环境条件与被评价物种的多度之间的关系进行生境质量评价（魏志锦，2015）。原因是适宜的生境条件能够支持物种长期存活和繁殖，此时的种群繁殖率和个体存活率都将维持在较高水平，表现为种群规模大、个体数量多。

（一）HSI 模型

物种生境评价方法最早是由美国鱼类及野生动植物管理局于 20 世纪 80 年代开发的生境适宜度指数（HSI）模型（徐鹤等，1999）。HSI 模型使用 0~1 的数值刻画单因子和综合生境质量，与一般等级评定相比，能够更加精准地反映生境质量间的差距。从开发至今，HSI 模型逐渐成为国内外广泛使用的一种生境质量评

价方法（Radeloff et al., 1999）。例如，刘红玉等（2003）利用 HSI 模型研究湿地景观变化对水禽生境的影响；王志强等（2009）对黑龙江扎龙国家级自然保护区内的丹顶鹤生境质量进行评价；张云雷等（2018）对海州湾皮氏叫姑鱼栖息地适宜性进行研究。虽然后来出现了其他的物种生境评价方法，如生境适宜条件模型、生境适宜度混合模型等，但多数涉及生境评价的方法均采用 HSI 模型设计之初的开发过程，主要包括：①生境数据的获取；②构建单因子适宜度评价准则；③赋予各生境因子权重；④计算综合 HSI 指数；⑤绘制物种生境质量地图。

（二）生境数据的获取

生境数据作为 HSI 模型评价的基础依据，其选择与及时准确的获得对于生境评价来说至关重要。在进行生境资料获取前，首先需要明确研究所需的目标环境变量。主要有两种选择策略：综合全面型的评价因子选取和单因素评价因子选取（路春燕，2012）。前者对于能够考虑到的评价因子均进行有条件的收集，包括气候条件、地形条件、土壤条件、植被条件、人为干扰等。这类研究的优势在于考虑的因素较多，容错率较高，生境预测结果更为接近实际情况，如齐增湘等（2011）对于秦岭地区黑熊分布区的研究，而且由于大量的数据储备，方便进行拓展研究，如研究因子间的交互作用、对比分析等。其缺点是将加大科研成本投入和延长成果输出时间，对于评价模型的推广和实用性会有所影响。这类研究适用于研究空白较多、关键生境因子还不明确的物种。与此相对，单因素评价主要针对某一类生境因素进行评价，只是选取一类环境因子，如万基中等（2014）对气候变化压力下东北红豆杉分布区的研究。这类研究一般针对性强，能够更为清晰透彻地阐明关键生境因子对于物种生境质量的影响。单因素评价的优缺点则与综合全面型相反。

（三）构建单因子适宜度评价准则

根据单一环境因子对生境质量进行评价的方法大致分为主观评价、客观评价和主客观结合评价三类。主观评价主要根据专家意见、相关的研究或文献得出。其结果形式通常为等级指标，能够醒目地区分出优劣生境，在生境质量评价工作中的实用性较强，是生境评价研究中使用最多的方法；缺点在于要求专家对物种的熟悉程度和开展的研究程度较高，还将不可避免地引入主观偏差。客观评价是根据收集到的生境数据构造响应变量与环境变量间的函数关系，响应变量通常用物种丰富度指标表征生境质量。这种方法的优势在于能够客观和较为准确地反映出因变量与自变量间的关系；缺陷在于对数据量具有一定的要求，同时难以达到统计学上的显著性。函数构造方法通常有线性回归、广义线性回归、逻辑斯谛回归等。第三类结合主客观的方法有构造模糊数学隶属函数，不仅能在缺少专家经验支撑下完成生境质量函数构建，且存在多个类型的变量响应函数可以选择，能更为准确地反映变量间的关系（Lu et al., 2012；况润元等，2009）。

（四）赋予各生境因子权重

各个生境因子权重赋值同样存在主客观之分。常见的主观方法有特尔斐打分法，是指通过制作简单的问卷或咨询表，对不同专家掌握的信息进行记录和统计，运用一定的统计学方法排除干扰和不确定性因素后得出可靠性最高的专家组一致意见。但使用这类人为主观因素占主导的方法会影响研究结果的科学性。主成分分析、层次分析法、灰色关联度分析、熵权重法、构建模糊矩阵等（邱子彦等，2006）均属于客观方法。

（五）计算综合HSI指数

HSI模型函数特指在计算HSI指数时所使用的公式，在应用过程中产生了多种函数形式，如一般形式的几何平均 $[HIS=(S_1 \times S_2 \times \cdots \cdots \times S_n)/n]$、加权平均（$HIS=\Sigma S_i$）、最小值（$HIS=Min[S_1, S_2, \cdots \cdots, S_n]$）等，式中，$S_i$ 为单因子生境适宜度值。

（六）绘制物种生境质量地图

生境质量地图对于动植物种的管理、保护和规划具有重要意义。过去由于缺乏大尺度地域范围的环境数据和地图，难以针对物种的适宜生境建立合理的保护区并进行管理。遥感技术（RS）、地理信息系统（GIS）和全球定位系统（GPS）被统称为3S技术。3S技术的发展为大尺度的生态学研究提供了便捷的研究手段，现已广泛应用于物种分布、保护区规划、生境质量评价等研究中（冯阳等，2017；毛亚娟等，2016；张洪亮等，2000）。遥感技术可以提供较为准确的研究区气候、地形数据，是绘制生境质量地图的图层基础。根据全球定位系统提供的坐标将样地内调查到的物种丰富度数据与气候、地形等环境因子匹配才能进行单因子生境质量分析。地理信息系统作为3S技术处理和应用的核心，提供了绘制物种生境质量地图的工具平台。

执笔人：李艳辉　申国珍

（中国科学院植物研究所）

参 考 文 献

曹铭昌, 周广胜, 翁恩生. 2005. 广义模型及分类回归树在物种分布模拟中的应用与比较. 生态学报, (8): 2031-2040.

车乐, 曹博, 白成科, 等. 2014. 基于 MaxEnt 和 ArcGIS 对太白米的潜在分布预测及适宜性评价. 生态学杂志, 33(6): 1623-1628.
褚建民, 李毅夫, 张雷, 等. 2017. 濒危物种长柄扁桃的潜在分布与保护策略. 生物多样性, 25(8): 799-806.
段居琦, 周广胜. 2011. 中国水稻潜在分布及其气候特征. 生态学报, 31(22): 6659-6668.
冯阳, 夏照华, 蒋万杰, 等. 2017. 基于3S技术的松山国家级自然保护区核心业务管理系统设计. 安徽农业科学, 45(22): 180-182.
高浦新, 李美琼, 周赛霞, 等. 2013. 濒危植物长柄双花木(*Disanthus cercidifolius* var. *longipes*)的资源分布及濒危现状. 植物科学学报, 31(1): 34-41.
何奇瑾, 周广胜. 2011. 我国夏玉米潜在种植分布区的气候适宜性研究. 地理学报, 66(11): 1443-1450.
况润元, 周云轩, 李行, 等. 2009. 崇明东滩鸟类生境适宜性空间模糊评价. 长江流域资源与环境, 18(3): 229-233.
刘红玉, 杨青, 李兆富, 等. 2003. 湿地景观变化对水禽生境影响研究进展. 湿地科学, (2): 115-121.
路春燕. 2012. 基于 GIS 与 Fuzzy 的野生植物生境适宜性评价与区划研究. 西安: 陕西师范大学硕士学位论文.
马松梅, 张明理, 陈曦. 2012. 沙冬青属植物在亚洲中部荒漠区的潜在地理分布及驱动因子分析. 中国沙漠, 32(5): 1301-1307.
马松梅, 张明理, 张宏祥, 等. 2010. 利用最大熵模型和规则集遗传算法模型预测孑遗植物裸果木的潜在地理分布及格局. 植物生态学报, 34(11): 1327-1335.
毛亚娟, 卫海燕, 尚忠慧, 等. 2016. 基于 GIS 与模糊物元模型的东北地区五味子生境质量评价. 应用与环境生物学报, 22(2): 241-248.
戚鹏程. 2009. 基于 GIS 的陇西黄土高原落叶阔叶林潜在分布及潜在净初级生产力的模拟研究. 兰州: 兰州大学博士学位论文.
齐增湘, 徐卫华, 熊兴耀, 等. 2011. 基于 MAXENT 模型的秦岭山系黑熊潜在生境评价. 生物多样性, 19(3): 343-352, 398.
邱子彦, 倪绍祥, 朱莹, 等. 2006. 蝗虫生境评价信息系统的设计与实现. 昆虫知识, (1): 113-117.
唐飞, 郭凯飞, 刘南川. 2015. 生境质量评价研究进展. 绿色科技, (2): 34-35.
陶翠, 李晓笑, 王清春, 等. 2012. 中国濒危植物华南五针松的地理分布与气候的关系. 植物科学学报, 30(6): 577-583.
万基中, 王春晶, 韩士杰, 等. 2014. 气候变化压力下建立东北红豆杉优先保护区的模拟规划. 沈阳农业大学学报, 45(1): 28-32.
王娟娟. 2014. 基于 Maxent 和 ArcGIS 预测川贝母潜在分布及适宜性评价. 植物研究, (5): 642-649.
王雷宏, 杨俊仙, 徐小牛. 2015. 基于MaxEnt分析金钱松适生的生物气候特征. 林业科学, 51(1): 127-131.
王志强, 陈志超, 郝成元. 2009. 基于 HSI 模型的扎龙国家级自然保护区丹顶鹤繁殖生境质量评价. 湿地科学, 7(3): 197-201.
魏志锦. 2015. 新巴尔虎草原黄羊生境适宜度评价及景观特征研究. 北京: 北京林业大学硕士学位论文.
温仲明, 赫晓慧, 焦峰, 等. 2008. 延河流域本氏针茅(*Stipa bungeana*)分布预测——广义相加模型及其应用. 生态学报, (1): 192-201.

徐鹤, 贾纯荣, 朱坦, 等. 1999. 生态影响评价中生境评价方法. 城市环境与城市生态, (6): 50-53.

许仲林, 彭焕华, 彭守璋. 2015. 物种分布模型的发展及评价方法. 生态学报, 35(2): 557-567.

许仲林, 赵传燕, 冯兆东. 2011. 祁连山青海云杉林物种分布模型与变量相异指数. 兰州大学学报(自然科学版), 47(4): 55-63.

张洪亮, 李芝喜, 王人潮. 2000. 应用多元统计技术和 GIS 技术进行印度野牛生境定量分析——以西双版纳纳板河流域生物圈保护区为例. 热带地理, (2): 152-155.

张颖, 李君, 林蔚, 强胜. 2011. 基于最大熵生态位元模型的入侵杂草春飞蓬在中国潜在分布区的预测. 应用生态学报, 22(11): 2970-2976.

张云雷, 薛莹, 于华明, 等. 2018. 海州湾春季皮氏叫姑鱼栖息地适宜性研究. 海洋学报, 40(6): 83-91.

朱耿平, 刘强, 高玉葆. 2014. 提高生态位模型转移能力来模拟入侵物种的潜在分布. 生物多样性, 22(2): 223-230.

Aguilar R, Ashworth L, Galetto L, et al. 2006. Plant reproductive susceptibility to habitat fragmentation: review and synthesis through a meta-analysis. Ecology Letters, 9: 968-980.

Aguilar R, Cristobal-Perez E J, Balvino-Olvera F J, et al. 2019. Habitat fragmentation reduces plant progeny quality: a global synthesis. Ecology Letters, 22: 1163-1173.

Aguilar R, Quesada M, Ashworth L, et al. 2008. Genetic consequences of habitat fragmentation in plant populations: susceptible signals in plant traits and methodological approaches. Molecular Ecology, 17: 5177-5188.

Aizen M A P, Feinsinger. 1994. Forest fragmentation, pollination, and plant reproduction in a Chaco dry forest, Argentina. Ecology, 75: 330-351.

Aizen M A, Ashworth L, Galetto L. 2002. Reproductive success in fragmented habitats: do compatibility systems and pollination specialization matter? Journal of Vegetation Science, 13: 885-892.

Aizen M A, Feinsinger P. 2003. Bees not to be? Responses of insect pollinator faunas and flower pollination to habitat fragmentation. In: Bradshaw G A, et al. Disruptions and Variability: the Dynamics of Climate, Human Disturbance and Ecosystems in the Americas. Berlin: Springer-Verlag: 111-129.

Andren H. 1994. Effects of habitat fragmentation on birds and mammals in landscapes with different proportion of suitable habitat: a review. Oikos, 71: 355-366.

Andren H. 1996. Population responses to habitat fragmentation: statistical power and the random sample hypothesis. Oikos, 76: 235-242.

Araújo M B, Guisan A. 2010. Five (or so) challenges for species distribution modelling. Journal of Biogeography, 33(10): 1677-1688.

Armbruster W S, Gobeille R D. 2004. Does pollen competition reduce the cost of inbreeding? American Journal of Botany, 91: 1939-1943.

Bacles C F E, Ennos R A. 2008. Paternity analysis of pollen-mediated gene flow for *Fraxinus excelsior* L. in a chronically fragmented landscape. Heredity, 101: 368-380.

Bacles C F E, Jump A S. 2011. Taking a tree's perspective on forest fragmentation genetics. Trends in Plant Science, 16: 13-18.

Barrett S C H, Kohn J. 1991. The genetic and evolutionary consequences of small population size in plant: implications for conservation. In: Falk D, Holsinger K E. Genetics Andconservation of Rare Plants. Oxford, United Kingdom: Oxford University Press: 3-30.

Bascompte J, Sole R V. 1996. Habitat fragmentation and extinction thresholds in spatially explicit models. Journal of Animal Ecology, 65: 465-473.

Beaumont L J, Pitman A, Perkins S, et al. 2011. Impacts of climate change on the world's most exceptional ecoregions.Proceedings of the National Academy of Sciences of the United States of America, 108: 2306-2311.

Biesmeijer J C, Roberts S P M, Reemer M, et al. 2006. Parallel declines in pollinators and insect-pollinated plants in Britain and the Netherlands. Science, 313: 351-354.

Bond W J. 1994. Do mutualisms matter? Assessing the impact of pollinator and disperser disruption on plant extinction. Philosophical Transactions of the Royal Society B, 344: 83-90.

Boswell G P, Britton N F, Franks N R. 1998. Habitat fragmentation, percolation theory and the conservation of a keystone species.Proceedings of the Royal Society of London B, Biological Sciences, 265: 1921-1925.

Breed M F, Gardner M G, Ottewell K, et al. 2012. Shifts in reproductive assurance strategies and inbreeding costs associated with habitat fragmentation in Central American mahogany. Ecology Letters, 15: 444-452.

Breed M F, Ottewell K M, Gardner M G, et al. 2015. Mating patterns and pollinator mobility are critical traits in forest fragmentation genetics. Heredity, 115: 108-114.

Brosi B J. 2009. The effects of forest fragmentation on euglossine bee communities (Hymenoptera: Apidae: Euglossini). Biological Conservation, 142: 414-423.

Brummitt N A, Bachman S P, Griffiths-Lee J, et al. 2015. Green plants in the red: a baseline global assessment for the IUCN sampled red list index for plants. PLoS One, 10(8): e0135152.

Byers D L, Waller D M. 1999. Do plant populations purge their genetic load? Effects of population size and mating history on inbreeding depression. Annual Review of Ecology and Systematics, 30: 479-513.

Carpenter G, Gillison A N, Winter J. 1993. DOMAIN: a flexible modelling procedure for mapping potential distributions of plants and animals. Biodiversity & Conservation, 2(6): 667-680.

Caswell H, Cohen J E. 1991. Disturbance and diversity in metapopulations. Biological Journal of the Linnean Society, 42: 193-218.

Caswell H, Cohen J E. 1995. Red, white and blue: environmental variance spectra and coexistence in metapopulations.Journal of Theoretical Biology, 176: 301-316.

Chalfoun A D, Thompson F R, Ratnaswamy M J. 2002. Nest predators and fragmentation: a review and meta-analysis. Conservation Biology, 16: 306-318.

Charlesworth D, Willis J H. 2009. The genetics of inbreedingdepression. Nature Reviews Genetics, 10: 783-796.

Chesson P L. 1985. Coexistence of competitors in spatially and temporally varying environ ments: a look at the combined effects of different sorts of variability. Theoretical Population Biology, 28(3): 263-287.

Collinge S K. 2009. Ecology of Fragmented Landscapes. Baltimore, Maryland, USA: Johns Hopkins University Press.

Collingham Y C, Huntley B. 2000. Impacts of habitat fragmentation and patch size upon migration rates. Ecological Application, 10: 44-131.

Conrad K F, Woiwod I P, Perry J N. 2002. Long-term decline in abundance and distribution of the garden tiger moth (*Arctia caja*) in Great Britain. Biological Conservation, 106: 329-337.

Courchamp F, Clutton-Brock T, Grenfell B. 1999. Inverse density dependence and the Allee effect. Trends in Ecology & Evolution, 14(10): 405-410.

Crnokrak P, Barrett S C. 2002. Purging the genetic load: a review of the experimental evidence. Evolution, 56(12): 2347-2358.

Cunningham S A. 2000. Depressed pollination in habitat fragments causes low fruit set. Proceedings of the Royal Society B: Biological Sciences, 267(1448): 1149-1152.

De Meester L, Pantel E. 2014. Eco-evolutionary dynamics in freshwater systems. Journal of Limnology, 73 (Suppl. 1): 193-200.

Dick C, Hardy O, Jones F, et al. 2008. Spatial scales of pollen and seed-mediated gene flow in tropical rain forest trees. Tropical Plant Biology, 1(1): 20-33.

Didham R K, Ghazoul J, Stork N E, et al. 1996. Insects in fragmented forest: a functional approach. Trends in Ecology & Evolution, 11: 255-260.

Didham R K, V Kapos, R M Ewers. 2012. Rethinking the conceptual foundations of habitat fragmentation research. Oikos, 121: 161-170.

Doak D. 1989. Spotted owls and old growth logging in the Pacific Northwest. Conservation Biology, 3: 389-396.

Eckert C G, Kalisz S, Geber M A, et al. 2010. Plant mating systems in a changing world. Trends in Ecology & Evolution, 25: 35-43.

Ellis W N, Donner J H, Kuchlein J H. 1997. Recent shifts in distribution of microlepidoptera in the Netherlands. Entomologische Berichten, 57(8): 119-125.

Ellner A S. 1984. Coexistence of plant species with similar niches. Plant Ecology, 58: 29-55.

Ellner S P. 2013. Rapid evolution: from genes to communities, and back again? Function Ecology, 27(5): 1087-1099.

Ensslin A, Tsch€ope O, Burkart M, et al. 2015. Fitness decline and adaptation to novel environments in ex situ plant collections: current knowledge and future perspectives. Biological Conservation, 192: 394-401.

Evans D M, Turley N E, Levey D J, et al. 2012. Habitat patch shape, not corridors, determines herbivory and fruit production of an annual plant. Ecology, 93(5): 1016-1025.

Ewers R M, Didham R K. 2006. Confounding factors in the detection of species responses to habitat fragmentation. Biological Reviews, 81: 117-142.

Fahrig L. 1997. Relative effects of habitat loss and fragmentation on population extinction. Journal of Wildlife Management, 61: 603-610.

Fahrig L. 1998. When does fragmentation of breeding habitat affect population survival? Ecological Modelling, 105(2): 273-292.

Fahrig L. 2001. How much habitat is enough? Biological Conservation, 99(1): 65-74.

Fahrig L. 2003. Effects of habitat fragmentation on biodiversity. Annual Review of Ecology, Evolution, and Systematics, 34(1): 487-501.

Farber O, Kadmon R. 2003. Assessment of alternative approaches for bioclimatic modeling with special emphasis on the Mahalanobis distance. Ecological Modelling, 160(1-2): 115-130.

Farwig N D, Bailey E, Bochud J D, et al. 2009. Isolation from forest reduces pollination, seed predation and insect scavenging in Swiss farmland. Landscape Ecology, 24: 919-927.

Faveri S B, Vasconcelos H L, Dirzo R. 2008. Effects of Amazonian forest fragmentation on the interaction between plants, insect herbivores, and their natural enemies. Journal of Tropical Ecology, 24: 57-64.

Fischer J, Lindenmayer D B. 2007. Landscape modification and habitat fragmentation: a synthesis. Global Ecology and Biogeography, 16: 265-280.

Flather C H, Bevers M. 2002. Patchy reaction-diffusion and population abundance: the relative importance of habitat amount and arrangement. The American Naturalist, 159: 40-56.

Fletcher R J, Didham R K, Banks-Leite C, et al. 2018. Is Habitat fragmentation good for biodiversity? Biological Conservation, 226: 9-15.

Foley J A, DeFries R, Asner G P, et al. 2005. Global consequences of land use. Science, 309: 570-574.

Fontúrbel E F, Murúa M M. 2014. Microevolutionary effects of habitat fragmentation on plant-animal interactions. Advances in Ecological, 2014: 1-7.

Forman T T. 1996. Land Mosaics. The Ecology of Landscapes and Regions. New York: Cambridge University Press.

Fox C W, Reed D H. 2010. Inbreeding depression increases with environmental stress: an experimental study and meta-analysis. Evolution, 65(1): 246-258.

Fussmann G F, Loreau M, Abrams P A. 2007. Eco-evolutionary dynamics of communities and ecosystems. Function Ecology, 21: 465-477.

Ghazoul J. 2005. Pollen and seed dispersal among dispersed plants. Biological Reviews, 80(3): 413-443.

Gilbert-Norton L, Wilson R, Stevens J R, et al. 2010. A meta-analytic review of corridor effectiveness. Conservation Biology, 24(3): 660-668.

Gitzendanner M A, Soltis P S. 2000. Patterns of genetic variation in rare and widespread plant congeners. American Journal of Botany, 87(6): 783-792.

Goverde M, Schweizer K, Baur B, et al. 2002. Small-scale habitat fragmentation effects on pollinator behaviour: experimental evidence from the bumblebee *Bombusv eteranus* on calcareous grasslands. Biological Conservation, 104(3): 293-299.

Guisan A, Thuiller W. 2010. Predicting species distribution: offering more than simple habitat models. Ecology Letters, 8(9): 993-1009.

Gustafson E J, Gardner R H. 1996. The effect of landscape heterogeneity on the probability of patch colonization. Ecology, 77: 94-107.

Haddad N M, Brudvig L A, Clobert J, et al. 2015. Habitat fragmentation and its lasting impact on Earth's ecosystems. Science Advances, 1: e1500052.

Hadley A S, Betts M G. 2009. Tropical deforestation alters hummingbird movement patterns. Biologyletters, 5(2): 207-210.

Hadley A S, Betts M G. 2012. The effects of landscape fragmentation on pollination dynamics: absence of evidence not evidence of absence. Biologyletters, 87: 526-544.

Hamrick J L. 2004. Response of forest trees to global environmental changes. Forest Ecology and Management, 197: 323-335.

Hanski I. 2012. Eco-evolutionary dynamics in a changing world. Annals of the New York Academy of Sciences, 1249: 1-17.

Hastings A. 1977. Spatial heterogeneity and the stability of predator-prey systems. Theoretical Population Biology, 12: 37-48.

Hendry A P. 2016. Key questions on the role of phenotypic plasticity in eco-evolutionary dynamics. Journal of Heredity, 107: 25-41.

Hernandez P A, Graham C H, Master L L, et al. 2006. The effect of sample size and species characteristics on performance of different species distribution modeling methods. Ecography, 29(5): 773-785.

Herrera C M. 1996. Floral traits and plant adaptation to insec tpollinators: a devil's advocate approach. In: Lloyd D G, Barrett S C H. Floral Biology: Studies on Floral Evolution in Animal-pollinated Plants. New York: Chapman & Hall: 65-87.

Hess G R. 1996. Linking extinction to connectivity and habitat destruction in metapopulation models. The American Naturalist, 148: 226-236.

Hiebeler D. 2000. Populations on fragmented landscapes with spatially structured heterogeneities: landscape generation and local dispersal. Ecology, 81: 1629-1641.

Hill M E, Caswell H. 1999. Habitat fragmentation and extinction thresholds on fractal landscapes. Ecology Letters, 2: 121-127.

Hirzel A H, Hausser J, Chessel D, et al. 2002. Ecological-niche factor analysis: how to compute habitat-quality maps without absence data. Ecology, 83(7): 2027-2036.

Honnay O, Jacquemyn H. 2007. Susceptibility of common and rare plant species to the genetic consequences of habitat fragmentation.Conservation biology, 21: 823-831.

Honnay O, Jacquemyn H, Bossuyt B, et al. 2005. Forest fragmentation effects on patch occupancy and population viability of herbaceous plant species. New Phytologist, 166: 723-736.

Horne B V. 1983. Density as a misleading indicator of habitat quality. Journal of Wildlife Management, 47(4): 893-901.

Huenneke L F. 1991. Ecological implications of genetic variation in plant populations. In: Falk D A, Holsinger K E. Genetics and Conservation in Rare Plants. New York: Oxford University Press: 31-44.

Huffaker C. 1958. Experimental studies on predation: dispersion factors and predator-prey oscillations. Hilgardia, 27: 343-383.

Husband B C, Schemske D W. 1996. Evolution of the magnitude and timing of inbreeding depression in plants. Evolution, 50(1): 54-70.

IPCC (Intergovernmental Panel on Climate Change). 2001. Climate Change 2001: Impacts, Adaptations and Vulnerability. A Report of Working Group II of the Intergovernmental Panel on Climate Change; Sixth Session at Geneva, Switzerland, 13-16 February 2001.

Johnson S D, Steiner K E. 2000. Generalization versus specialization in plant pollination systems. Trends in Ecology & Evolution, 15: 140-143.

Kahmen S, Poschlod P. 2000. Population size, plant performance, and genetic variation in the rare plant *Arnica montana* L. in the Rhn, Germany. Basic and Applied Ecology, 1(1): 43-51.

Kareiva P, Wennergren V. 1995. Connecting landscape patterns to ecosystem and population processes. Nature, 373: 299-302.

Kearns C A, Inouye D W, Waser N M. 1998. Endangeredmutualisms: the conservation of plant-pollinator interactions. Annual Review of Ecology, Evolution, and Systematics, 29: 83-112.

Khanum R, Mumtaz A S, Kumar S. 2013. Predicting impacts of climate change on medicinal asclepiads of Pakistan using Maxent modeling. Acta Oecologica, 49(57): 23-31.

Kinnison M T, Hairston N G. 2007. Eco-evolutionary conservation biology: contemporary evolution and the dynamics of persistence. Function Ecology, 21: 444-454.

Kramer A T, Ison J L, Ashley M V, et al. 2008. The paradox of forest fragmentation genetics. Conservation Biology, 22: 878-885.

Kremer A, Ronce O, Robledo-Arnuncio J J, et al. 2012. Long-distance gene flow and adaptation of forest trees to rapid climate change. Ecology Letters, 15(4): 378-392.

Krummel J R, Gardner R H, Sugihara G, et al. 1987. Landscape patterns in a disturbed environment. Oikos, 48: 321-324.

Kubisch A, Holt R D, Poethke H J, et al. 2014. Where am I and why? Synthesizing range biology and the eco-evolutionary dynamics of dispersal. Oikos, 123: 5-22.

Kwak M M, Velterop O, van Andel J. 1998. Pollen and gene flow in fragmented habitats. Applied Vegetation Science, 1: 37-54.

Lamberson R H, Carroll J. 1993. Thresholds for persistence in territorial species. In: Barbieri I, Grassi E, Pallotti G. et al. Topics in Biomathematics: Proceedings of the II International Conference on Mathematical Biology. Singapore: World Scientific Publishing: 55-62.

Lamberson R H, McKevley R, Noon B R, et al. 1992. A dynamic analysis of Northern spotted owl viability in a fragmented forest landscape. Conservation Biology, 6(4): 505-512.

Lamberson R H, Noon B R, Voss C, et al. 1994. Reserve design for territorial species: The effects of patch size and spacing on the viability of the northern spotted owl. Conservation Biology, 8(1): 185-195.

Lande R. 1987. Extinction thresholds in demographic models of territorial populations. The American Naturalist, 130: 624-635.

Lavorel S. 1999. Guest editorial: global change effects on landscape and regional patterns of plant diversity. Diversity and Distributions, 5: 239-240.

Levin S A. 1974. Dispersion and population in teractions. The American Naturalist, 108: 207-208.

Levins R. 1969. Some demographic and genetic consequences of environmental heterogeneity for biological control. Bulletin of the Entomological Society of America, 15: 237-240.

Lindenmayer D B, Fischer J. 2006. Habitat Fragmentation and Landscape Change: An Ecological and Conservation Synthesis. Washington, DC: Island Press.

Lindner M, Bugmannn H, Lasch P, et al. 1997. Regional impacts of climate change on forests in the state of Brandenburg, Germany. Agricultural and Forest Meterology, 84: 123-135.

Lowe A J, Boshier D, Ward M, et al. 2005. Genetic resource impacts of habitat loss and degradation: reconciling empirical evidence and predicted theory for neotropical trees. Heredity, 95: 255-273.

Lu C Y, Gu W, Dai A H, et al. 2012. Assessing habitat quality based on geographic information system (GIS) and fuzzy: A case study of *Schisandra sphenanthera* Rehd. et Wils. in Qinling Mountains, China. Ecological Modelling, 242(3): 105-115.

Magrach A, Laurance W F, Larrinaga A R, et al. 2014. Meta-analysis of the effects of forest fragmentation on interspecific interactions. Conservation Biology, 28: 1342-1348.

Markl J S, Schleuning M, Forget P M, et al. 2012. Meta-analysis of the effects of human disturbance on seed dispersal by animals. Conservation Biology, 26: 1072-1081.

Martinson H M, Fagan W F. 2014. Trophic disruption: a meta-analysis of how habitat fragmentation affects resource consumption in terrestrial arthropod systems. Ecology Letters, 17: 1178-1189.

McKelvey K, Noon B R, Lamberson R H. 1993. Conservation planning for species occupying fragmented landscapes: the case of the northern spotted owl. In: Kareiva P M, et al. Biotic Interactions, Global Change, Massachusetts: Sinauer Associates: 424-450.

Milne B T. 1988. Measuring the fractal geometry of landscapes. Appllied Mathematics and Computation, 27: 67-79.

Moilanen A, Hanski I. 1998. Metapopulation dynamics: effects of habitat quality and landscape structure. Ecology, 79: 2503-2515.

Morris D W. 2011. Adaptation and habitat selection in the eco-evolutionary process. Proceedings of the Royal Society of London B, Biological Sciences, 278: 2401-2411.

Morris W F. 2003. Which mutualists are most essential? Buffering of plant reproduction against the extinction of pollinators. In: Kareiva P, Levin S. The Importance of Species: Perspectives on Expendability and Triage. Princeton, NJ: Princeton University Press: 260-280.

Naves J, Wiegand T, Revilla E, et al. 2003. Endangered species balancing between natural and human constrains: the case of brown bears (*Ursus arctos*) in northern Spain. Conservation Biology, 17: 1276-1289.

Nee S, May R M. 1992. Dynamics of metapopulations: habitat destruction and competition coexistence. Journal of Animal Ecology, 61: 37-40.

Nei M, Maruyama T, Chakraborty R. 1975. The bottleneck effect and genetic variability in populations. Evolution, 29(1): 1-10.

Noon B R, McKelvey K S. 1996. A common framework for conservation planning: linking individual and metapopulation models. In: McCullough D R. Metapopulations & Wildlife Conservation. Washington, DC: Island Press: 139-166.

Orrock J L, Damschen E I. 2005. Corridors cause differential seed predation. Ecological Applications, 15: 793-798.

Orrock J L, Danielson B J, Burns M J, et al. 2003. Spatial ecology of predator-prey interactions: Corridors and patch shape influence seed predation. Ecology, 84: 2589-2599.

Ottewell K M, Donnellan S C, Lowe A J, et al. 2009. Predicting reproductive success of insect versus bird-pollinated scattered trees in agricultural landscapes. Biological Conservation, 142(4): 888-898.

Palmer M W. 1988. Fractal geometry: a tool for describing spatial patterns of plant communities. Vegetatio, 75(1-2): 91-102.

Parmesan C, Ryrholm N, Stefanescu C, et al. 1999. Poleward shifts in geographical ranges of butterfly species associated with regional warming. Nature, 399: 579-583.

Parmesan C, Yohe G. 2003. A globally coherent fingerprint of climate change impacts across natural systems. Nature, 421: 37-42.

Petit R J, Duminil J, Fineschi S, et al. 2005. Comparative organization of chloroplast, mitochondrial and nuclear diversity in plant populations. Molecular Ecology, 14: 689-701.

Phillips S J, Anderson R P, Schapire R E. 2006. Maximum entropy modeling of species geographic distributions. Ecological Modelling, 190(3-4): 231-259.

Phillips S J, Dudík M, Schapire R E. 2004. A maximum entropy approach to species distribution modeling[C]// Machine Learning, Proceedings of the Twenty-first International Conference (ICML 2004) (Banff, Alberta, Canada, July 4-8, 2004. ACM).

Pimm S L, Joppa L N. 2015. How many plant species are there, where are they, and at what rate are they going extinct? Annals of the Missouri Botanical Garden, 100: 170-176.

Polce C, Termansen M, Aguirre-Gutiérrez J, et al. 2013. Species distribution models for crop pollination: a modelling framework applied to great britain. PLoS One, 8(10): e76308.

Post D M, Palkovacs E P. 2009. Eco-evolutionary feedbacks in community and ecosystem ecology: interactions between the ecological theatre and the evolutionary play. Philosophical Transactions of the Royal Society B, 364: 1629-1640.

Potts S G, Biesmeijer J C, Kremen C, et al. 2010. Global pollinator declines: trends, impacts and drivers. Trends in Ecology & Evolution, 25: 345-353.

Pulliam H R. 1988. Sources, sinks, and population regulation. The American Naturalist, 132: 652-661.

Pulliam H R, Danielson B J. 1991. Sources, sinks, and habitat selection: a landscape perspective on population dynamics. The American Naturalist, 137: S50-S66.

Qiao H J, Junhua H U, Huang J H. 2013. Theoretical basis, future directions, and challenges for ecological Niche models. Scientia Sinica, 43(11): 915-927.

Quesada M, Fuchs E J, Lobo J A. 2001. Pollen load size, reproductive success, and progeny kinship of naturally pollinated flowers of the tropical dry forest tree *Pachira quinata* (Bombacaceae). American Journal of Botany, 88(11): 2113-2118.

Radeloff V C, Pidgeon A M, Hostert P. 1999. Habitat and population modelling of roe deer using an interactive geographic information system. Ecological Modelling, 114(2-3): 287-304.

Raijmann L E L, Van leeuwen N C, Kersten R, et al. 1994. Genetic variation and outcrossing rate in relation to population size in *Gentiana pneumonanthe* L. Conservation Biology, 8(4): 1014-1026.

Raphael K D, Valerie K, Robert M E. 2012. Rethinking the conceptual foundations of habitat fragmentation research. Oikos, 121: 161-170.

Reddingius J, den Boer P J. 1970. Simulation experiments illustrating stabilization of animal numbers

by spreading of risk. Oecologia, 5(3): 240-248.
Remya K, Ramachandran A, Jayakumar S. 2015. Predicting the current and future suitable habitat distribution of *Myristica dactyloides* Gaertn. using MaxEnt model in the Eastern Ghats, India. Ecological Engineering, 82(9): 184-188.
Renner S S. 1999. Effects of habitat fragmentation of plant-pollinator interactions in the tropics. In: Newbery D M, et al. Dynamics of Tropical Communities. Blackwell Science, London: 339-360.
Richards A J. 1997. Plant Breeding Systems. London: Chapman & Hall.
Roff D A. 1974. The analysis of a population model demonstrating the importance of dispersal in a heterogeneous environment. Oecologia, 15(3): 259-275.
Rupp T S, Starfield A M, Chapin III F S. 2000. A frame-based spatially explicit model of subarctic vegetation response to climatic change: comparison with a point model. Landscape Ecology, 15(4): 383-400.
Saunders D A, Hobbs R J, Margules C R. 1991. Biological consequences of ecosystem fragmentation. Conservation Biology, 5(1): 18-32.
Schemske D W, Husband B C, Ruckelshaus M H, et al. 1994. Evaluating approaches to the conservation of rare and endangered plants. Ecology, 75: 584-606.
Scheuring I. 1991. The fractal nature of vegetation and the species-area relationship. Theoretical Population Biology, 39: 170-100.
Schoener T W. 2011. The newest synthesis: understanding the interplay of evolutionary and ecological dynamics. Science, 331: 426-429.
Seltmann P, Renison D, Cocucci A, et al. 2007. Fragment size, pollination efficiency and reproductive success in natural populations of wind-pollinated *Polylepis australis* (Rosaceae) trees. Flora, 202: 547-554.
Shefferson R P, Salguero-Gómez R. 2015. Eco-evolutionary dynamics in plants: interactive processes at overlapping time-scales and their implications. Journal of Ecology, 103: 789-797.
Shorrocks B, Atkinson W D, Charlesworth P. 1981. Competition on a divided and ephemeral resource. Journal of Animal Ecology, 50(3): 461-471.
Skogsmyr I O, Lankinen A. 2002. Sexual selection: an evolutionary force in plants? Biological Reviews (Cambridge), 77: 537-562.
Slatkin M. 1974. Competition and regional co existence. Ecology, 55: 128-134.
Sole R V, Manrubia S C. 1995. Are rainforests self-organized in a critical state? Journal of Theoretical Biology, 173: 31-40.
Sork V L, Smouse P E. 2006. Genetic analysis of landscapeconnectivity in tree populations. Landscape Ecology, 21: 821-836.
Steffan-Dewenter I, Tscharntke T. 1999. Effects of habitat isolation on pollinator communities and seed set. Oecologia, 121: 432-440.
Stone L. 1995. Biodiversity and habitat destruction: a comparative study of model forest and coral reef ecosystems. Proceedings of the Royal Society B, Biological Sciences, 261(1362): 381-388.
Sun M. 1996. Genetic diversity in *Spiranthes sinensis* and *S. hongkongensis*: the effect of population size, mating system, and evolutionary origin. Conservation Biology, 10: 785-795.
Sykes M T, Prentice I C. 1996. Climate change, tree species distributions and forest dynamics: a case study in the mixed conifer/northern hardwood zone of Northern Europe. Climatic Change, 34: 161-177.
Szulkin M, Bierne N, David P. 2010. Heterozygosity-fitness correlations: a time for reappraisal. Evolution, 64: 1202-1217.
Ter Steege H, Pitman N C A, Killeen T J, et al. 2015. Estimating the global conservation status of

more than 15, 000 Amazonian tree species. Science Advance, 1(10): e1500936.

Tewksbury J J, Levey D J, Haddad N M, et al. 2002. Corridors affect plants, animals, and their interactions in fragmented landscapes. Proceedings of the National Academy of Sciences, 99: 12923-12926.

Thomasma L E, Drummer T D, Peterson R O. 1991. Testing the habitat quality index model for the fisher. Wildlife Society Bulletin, 19(3): 291-297.

Tilman D, May R M, Lehman C L, et al. 1994. Habitat destruction and the extinction debt. Nature, 371(6492): 65-66.

Uriarte M, Anciães M, de Silva M T, et al. 2011. Disentangling the drivers of long-distance seed dispersal by birds in an experimentally fragmented landscape. Ecology, 92: 924-937.

Vitousek P M, Mooney H A, Lubchenco J, et al. 1997. Human domination of Earth's ecosystem. Science, 277: 494-499.

Vogler D W, Kalisz S. 2001. Sex among the flowers: the distribution of plant mating systems. Evolution, 55: 202-204.

Vranckx G U Y, Jacquemyn H, Muys B, et al. 2011. Meta-analysis of susceptibility of woody plants to loss of genetic diversity through habitat fragmentation. Conservation Biology, 26(2): 228-237.

Walker P A, Cocks K D. 1991. HABITAT: a procedure for modelling a disjoint environmental envelope for a plant or animal species. Global Ecology & Biogeography Letters, 1(4): 108-118.

Waser N M, Chittka L, Price M V, et al. 1996. Generalization in pollination systems, and why it matters. Ecology, 77: 1043-1060.

Wiens J A, Stenseth N C, Van Home B, et al. 1993. Ecological mechanisms and landscape ecology. Oikos, 66: 369-380.

Wilcock C C, Neiland R. 2002. Pollination failure in plants: why it happens and when it matters. Trends in Plant Science, 7: 270-277.

Winfree R, Aguilar R, Vazquez D P, et al. 2009. A meta-analysis of bees' responses to anthropogenic-disturbance. Ecology, 90: 2068-2076.

With K A, King A W. 1999. Dispersal success on fractal landscapes: a consequence of lacunarity thresholds. Landscape Ecology, 14(1): 73-82.

Xu Z, Zhao C, Feng Z, et al. 2013. Estimating realized and potential carbon storage benefits from reforestation and afforestation under climate change: a case study of the Qinghai spruce forests in the Qilian Mountains, Northwestern China. Mitigation & Adaptation Strategies for Global Change, 18(8): 1257-1268.

Yang X Q, Kushwaha S P S, Saran S, et al. 2013. Maxent modeling for predicting the potential distribution of medicinal plant, *Justicia adhatoda* L. in Lesser Himalayan foothills. Ecological Engineering, 51(1): 83-87.

Young A G, Boyle T, Brown A H. 1996. The population genetic consequences of habitat fragmentation for plants. Trends in Ecology & Evolution, 11(10): 413-418.

Zhang Y B, Ma K P. 2008. Geographic distribution patterns and status assessment of threatened plants in China. Biodiversity & Conservation, 17(7): 1783-1798.

Zhao C, Nan Z, Cheng G, et al. 2006. GIS-assisted modelling of the spatial distribution of Qinghai spruce (*Picea crassifolia*) in the Qilian Mountains, Northwestern China based on biophysical parameters (EI). Ecological Modelling, 191(3): 487-500.

Zhu L, Sun O J, Sang W, et al. 2007. Predicting the spatial distribution of an invasive plant species (*Eupatorium adenophorum*) in China. Landscape Ecology, 22(8): 1143-1154.

第五章　河北梨种群现状及保护技术

河北梨（*Pyrus hopeiensis*）隶属于蔷薇科（Rosaceae）梨属（*Pyrus*），乔木，高达6～8m；产于河北、山东；生于山坡丛林边，分布区海拔100～800m。模式标本采自河北昌黎（俞德浚和谷粹芝，1974），见图5-1。本种近似秋子梨（*Pyrus ussuriensis*）和褐梨（*Pyrus phaeocarpa*），只是前者的果实为黄色，不具明显斑点；后者叶边锯齿较粗，不具芒，果实萼片脱落，可以区别。本种过去曾经命名为麻梨（*Pyrus serrulata*），但叶边具有带芒状细锐锯齿，萼片全部宿存，果点显著，在形态上与麻梨较大差异。此外，麻梨分布在长江到珠江流域各地，本种分布限于我国北部（俞德浚和谷粹芝，1974）。

图 5-1　河北梨的花与果实（彩图请扫封底二维码）

第一节　河北梨种群现状

一、河北梨种群分布

目前，河北梨主要生长在河北省昌黎县杏树园村碣石山浅山区土壤条件较好的地带（图5-2），呈零星分布，多见于废弃的果园及地头田埂处。经过实地调查，河北梨现存数量百余株，多为灌木状根蘖萌生，乔木状个体10余株。在日益频繁的人为干扰下，河北梨野生资源的生存正受到严重威胁，数量大幅度减少。

二、河北梨种群 SSR 分子鉴定

对河北省昌黎县杏树园村 100 余株河北梨进行了随机抽样，采集抽样个体叶

图 5-2　河北省昌黎县杏树园村河北梨的分布（彩图请扫封底二维码）

片，提取 DNA，利用筛选出的 12 对高多态性 SSR 分子标记引物进行了电泳谱带分析，结果表明，个体间 DNA 未发现差异（图 5-3）。

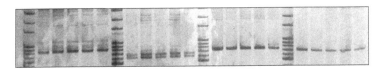

图 5-3　部分河北梨个体 SSR 分子标记电泳谱带

三、河北梨树龄调查

2017 年 10 月，对 3 株河北梨成年个体采用生长锥法进行了树龄测定。结果显示，3 号河北梨 48 年，5 号 35 年，7 号 21 年，无大树龄个体存在，表明河北梨资源遭到严重破坏。

四、河北梨自然繁殖方式调查

河北梨野生资源调查中，部分地点呈丛生状态，挖掘根部发现均为根蘖苗，未发现种子苗。另外，SSR 分子标记检测表明，河北省昌黎县杏树园村分布的河北梨基因型单一。因此，初步判断河北梨在自然状态下以根蘖繁殖为主。

第二节　河北梨叶绿体基因组研究

河北梨叶绿体基因组测序的成功为叶绿体分子生物学研究奠定了基础，并可有效地促进河北梨遗传育种和分子进化研究，为其资源的保护、开发利用与修复保护提供了依据。

一、河北梨叶绿体基因组基本特征

河北梨叶绿体基因组结构与绝大多数的被子植物相同,是一个典型的四分体结构,包括一对编码相同但方向相反的序列 IRa 和 IRb、一个大的单拷贝区(LSC)和一个小的单拷贝区(SSC)(图 5-4)。河北梨 HB-1 叶绿体基因组总长 159 935bp,比河北梨 HB-2 的叶绿体基因组小 46bp;大单拷贝区为 87 962bp,比河北梨 HB-2 的小 46bp;小单拷贝区的长度为 19 201bp,IR 区长 26 386bp,分别与河北梨 HB-2 的小单拷贝区和 IR 区长度相同。两个基因型河北梨的长度差别较小,其差别存在于 LSC 区。

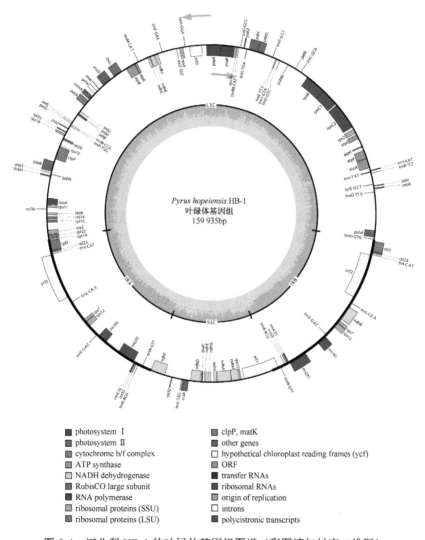

图 5-4 河北梨 HB-1 的叶绿体基因组图谱(彩图请扫封底二维码)

河北梨 HB-1 的叶绿体基因组中一共注释到 118 个基因（表 5-1），其中 77 个蛋白编码基因、31 个 tRNA、8 个 rRNA 和 2 个假基因（*clpP* 和 *atpF*）。两个基因型河北梨叶绿体基因组中的蛋白编码基因大致可以分为 4 类：第一类是自我复制基因，包括核糖体小亚基、核糖体大亚基和 DNA 依赖性 RNA 聚合酶的基因；第二类是与光合作用有关的基因，包括光系统Ⅰ和光系统Ⅱ、细胞色素 b6/f 蛋白复合体、ATP 合成酶的基因；第三类是其他的生物合成基因，包括细胞色素相关基因、调节代谢途径相关基因；第四类是未知基因功能的 *ycf* 类基因。河北梨叶绿体基因组的 IR 区包含 32 个基因，其中 *ndhB* 基因仅存在于 IRb 区，而在 IRa 区缺失。此外，*rps12* 是一个分裂基因，其 5′端位于 LSC 区，3′端在两个 IR 区各有一个拷贝，这种现象在高等植物中普遍存在。

此外，河北梨 HB-1 叶绿体基因组中有 11 个基因含有内含子，比河北梨 HB-2 多一个 *trnI-TAT* 基因。这 11 个基因中包含 2 个 tRNA 基因（*trnI-TAT*、*trnI-AAT*）、9 个蛋白编码基因（*rpoC1*、*rpl22*、*rpl2*、*ndhA*、*ndhB*、*rpl2*、*rps12*、*rps12*、*ycf3*）。其中，*ycf3* 是唯一一个包含两个内含子的基因。这些基因的内含子中，*ndhA* 的内含子最长，为 1125bp，*rpl22* 的内含子最短，为 63bp。

二、河北梨与其他 3 种梨叶绿体基因组的比较

梨属的叶绿体基因组呈典型的环状结构，其大小为 159 834~160 059bp（表 5-2），其中早红考密斯的叶绿体基因组最短，京白梨的最长。LSC 的长度为 87 794~88 075bp，其中最长的为京白梨，最短的为早红考密斯。SSC 的长度为 19 201~19 261bp，其中杜梨的最长，两个基因型河北梨的长度相同且最短。IR 区除了早红考密斯，其余 4 个长度相同，且 5 个梨属植物的 IR 区域的长度仅差 4bp。这五种梨的 GC 含量相似，为 36.57%~36.59%。蛋白编码基因的个数为 74~77。五种梨属植物叶绿体基因组中，共有 15 个基因包含内含子（9 个蛋白编码基因，6 个 tRNA）（表 5-3），其中 *ycf3* 基因是唯一一个具有两个内含子的基因。杜梨中具有的内含子最多，为 13 个，其次为京白梨（12）、河北梨 HB-1（11）、河北梨 HB-2（10）、早红考密斯（10）。五种梨属植物共同拥有 9 个含有内含子的基因（*rpoC1*、*ycf3*、*rpl22*、*rpl2*、*ndhA*、*ndhB*、*rpl2*、*rps12*、*rps12*），且全部为蛋白编码基因。15 个含内含子的基因中，*ndhA* 基因的内含子长度最大，为 1125~1169bp。除京白梨中 *trnI-TAT* 基因的内含子最短（75bp）外，其他 4 种梨的最短的内含子均为 *rpl22*（63bp）。两个基因型河北梨与京白梨、早红考密斯和杜梨等叶绿体基因组进行比较，结果表明河北梨叶绿体基因组的大小、结构、顺序及 GC 含量等与其他 3 种梨属植物相类似，这一结果体现了梨属物种进化缓慢的特点（邢少辰等，2008）。

表 5-1 河北梨 HB-1 叶绿体基因组注释基因列表

功能	家族	基因代码	基因
自我复制	核糖体小亚基	rps	rps2, rps3, rps4, rps7[a], rps8, rps11, rps12[abc], rps14, rps15, rps18, rps19
	rRNA	rrn	rrn4.5S[a], rrn5S[a], rrn16S[a], rrn23S[a]
	核糖体大亚基	rpl	rpl2[ab], rpl14, rpl16, rpl20, rpl22[b], rpl23[a], rpl32, rpl33, rpl36
	DNA 依赖性 RNA 聚合酶	rpo	rpoA, rpoB, rpoC1[b], rpoC2
	tRNA	trn	trnC-GCA, trnD-GTC, trnE-TTC, trnF-GAA, trnfM-CAT, trnG-GCC, trnH-GTG, trnI-CAT[a], trnI-AAT[b], trnL-CAA[a], trnL-TAG, trnM-CAT, trnN-GTT[a], trnP-TGG, trnQ-TTG, trnR-TCT[a], trnR-ACG[a], trnS-GCT, trnS-TGA, trnS-GGA, trnT-GGT, trnT-TGT, trnV-GAC[a], trnW-CCA, trnY-GTA
光合作用基因	ATP 合酶亚基	atp	atpA, atpB, atpE, atpF[d], atpH, atpI
	NADH-脱氢酶的亚基	ndh	ndhA[b], ndhB[b], ndhC, ndhD, ndhE, ndhF, ndhG, ndhH, ndhI, ndhJ, ndhK
	细胞色素 b6/f 复合物的亚基	pet	petA, petG, petL, petN
	光系统I的亚基	psa	psaA, psaB, psaC, psaJ, psaI
	光系统II的亚基	psb	psbA, psbB, psbC, psbD, sbE, psbF, psbH, psbI, psbJ, psbK, psbM, psbN, psbT, psbZ
	二磷酸核酮糖羧合酶/氧化酶亚基	rbc	rbcL
其他基因	乙酰 CoA 羧化酶的亚基	acc	accD
	包膜蛋白基因	cem	cemA
	c 型细胞色素合成基因	ccs	ccsA
	蛋白酶基因	clp	clpP[d]
	成熟酶基因	mat	matK
未知功能基因	保守开放阅读框架	ycf	ycf1, ycf2[a], ycf3[e], ycf4

a. IR 区存在两个拷贝 IR; b, 含有一个内含子; c, 含有两个内含子; d, 假基因; e, 分裂基因。

表 5-2 五个梨属植物叶绿体基因组基本特征比较

特征	河北梨 HB-1	河北梨 HB-2	京白梨	早红考密斯	杜梨
全长/bp	159 935	159 981	160 059	159 834	160 058
GC 含量/%	36.59	36.57	36.57	36.58	36.57
LSC 长度/bp	87 962	88 008	88 075	87 794	88 025
SSC 长度/bp	19 201	19 201	19 212	19 260	19 261
IR 长度/bp	26 386	26 386	26 386	26 390	26 386
基因数量	118	118	117	114	120
假基因数量	2	2	2	2	2
IR 区基因数量	32	32	31	31	32
蛋白编码基因数量	77	77	75	74	77
rRNA 基因数量	8	8	8	8	8
tRNA 基因数量	31	31	32	30	33

表 5-3 五个梨属植物叶绿体基因组内含子统计

基因	正负链	河北梨 HB-1	河北梨 HB-2	京白梨	早红考密斯	杜梨
trnI–TAT	−	√	×	√	×	√
trnI–TAT	+	×	×	√	×	√
trnN–ATT	+	×	×	√	√	×
rpoC1	−	√	√	√	√	√
ycf3	−	√	√	√	√	√
rpl22	−	√	√	√	√	√
rpl2	−	√	√	√	√	√
ndhA	−	√	√	√	√	√
ndhB	+	√	√	√	√	√
rpl2	+	√	√	√	√	√
rps12	−	√	√	√	√	√
rps12	+	√	√	√	√	√
trnI–AAT	+	√	√	×	×	×
trnL–TAG	−	×	×	×	×	√
trnY–ATA	+	×	×	×	×	√
合计	15	11	10	12	10	13

三、河北梨叶绿体基因组密码子偏好性

密码子在遗传信息传递的过程中扮演着非常重要的角色。生物体内共有 64 个

密码子,其中 3 个为终止密码子(不编码氨基酸),其他 61 个密码子共编码 20 种氨基酸。编码同一氨基酸的密码子称为同义密码子。除了甲硫氨酸(Met)和色氨酸(TrP)由唯一密码子编码外,同一个氨基酸会由 2~6 个同义密码子编码。研究发现,自然界许多物种中存在密码子使用不均等的现象,即某一种或几种特定密码子的使用频次高于其同义密码子,这一现象称为密码子偏好性(蒋玮等,2014)。密码子偏好性是在生物长期进化过程中所形成的,不同的物种间,密码子使用的偏好性不同。自然选择、突变、mRNA 二级结构、DNA 复制起止位点、细胞内 tRNA 丰度、碱基组成、密码子亲水性、基因长度及表达水平等因素都会影响密码子的使用(李滢等,2016)。分析物种的密码子使用偏好性有利于了解该物种遗传信息的传递规律,对探究物种的进化模式及其在系统发育进化史上的地位具有重要的意义。

从 NCBI 数据库中选择包括川梨(*Pyrus pashia*)、砂梨(*Pyrus pyrifolia*)、桃叶梨(*Pyrus spinosa*)、楸子(*Malus prunifolia*)、梅(*Prunus mume*)和日本木瓜(*Chaenomeles japonica*)的公开叶绿体基因组注释文件,并对河北梨和其他 3 个测序梨种及下载植物叶绿体基因组中的所有密码子进行统计分析。结果表明,两个基因型的河北梨对密码子的使用有着明显的偏好性,其中 ATT、AAA、GAA、AAT 和 TTT 的使用频率很高,且叶绿体密码子在第 3 个密码子存在较高的 A/T 偏好性(图 5-5),这在高等植物的叶绿体基因组中较为常见。

四、蔷薇科叶绿体基因组结构比较

大多数高等植物的叶绿体基因组结构比较稳定,其基因数量、基因顺序及组成都比较保守。但是由于不同植物类群有着不同的进化历史和遗传背景,其叶绿体基因组大小、基因组结构和基因数目有着不同程度的变异。其中,插入/缺失是叶绿体基因组中发生频率最高的微结构变异类型,在一些叶绿体基因组变异比较大的区段(如 *trnH-psbA* 和 *trnS-G* 等基因间隔区)频繁发生。蔷薇科植物中早前研究报道过桃类植物在 *trnS-G* 基因间隔区发生了 277bp 的插入/缺失(Quan and Zhou,2011),梅(*Prunus mume*)物种在 *trnL-F* 基因间隔区发生了 198bp 的插入/缺失(王玲等,2012)。

用共线性的方法分析比较了两种基因型河北梨叶绿体基因组之间和其他三种所测序的梨,以及蔷薇科中其他亲缘关系相对较近的植物川梨、砂梨、桃叶梨、楸子、梅、日本木瓜。结果显示,河北梨 HB-1 与河北梨 HB-2 之间的共线性最好(图 5-6),只有个别位点出现了插入和缺失。与其他蔷薇科的植物相比,基因组结构和基因排列顺序高度保守,存在较多的线性关系,这说明叶绿体基因组在不同植物间具有很高的同源性。

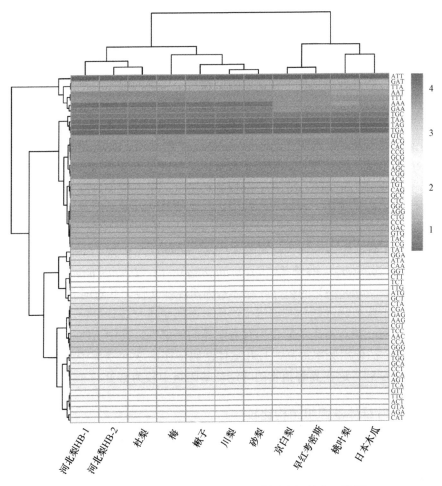

图 5-5　蛋白编码基因的密码子分布（彩图请扫封底二维码）
红色表示较高的频率，蓝色表示较低的频率

五、河北梨叶绿体基因组进化分析

为了研究梨属在蔷薇科中的进化地位，本研究选取了 42 个植物叶绿体基因组共有的 57 个蛋白编码基因，并以拟南芥（*Arabidopsis thaliana*）作为外类群做进化分析。所得进化树表明，与传统的植物形态学分类一致，这些样本可分为 3 部分：苹果亚科、李亚科和蔷薇亚科。苹果亚科中包括梨属、苹果属、花楸属、枇杷属。李亚科中包括李属。蔷薇亚科中包括草莓属。从进化关系中发现，李亚科较蔷薇亚科与苹果亚科的亲缘关系更近，其中苹果属与梨属的亲缘关系最近。梨属中，河北梨 HB-1 与河北梨 HB-2 之间的亲缘关系最近；杜梨与秋子梨系统的京白梨和河北梨亲缘关系近（图 5-7）。

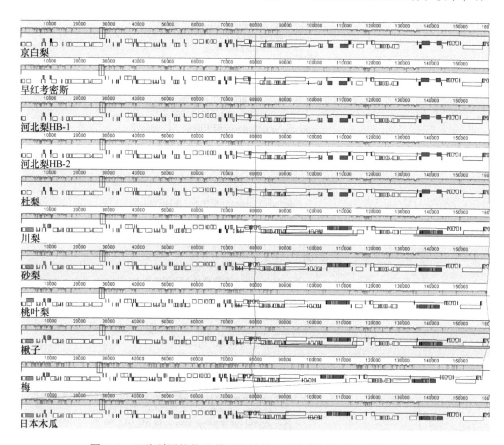

图 5-6 五种梨属植物及其近缘植物叶绿体基因组的共线性分析

六、河北梨分类地位分析

梨属植物种的分类和品种鉴定是梨种质资源研究、利用和保存的基础。最初梨属植物种及品种的鉴定主要基于形态特征（叶片、叶柄、花器、萼片、茸毛、果实、心室）及地理分布。例如，基于形态特征和自然分布的调查，中国分类学家认为河北梨、褐梨、新疆梨和麻梨均为自然杂交所形成（俞德浚和谷粹芝，1974）。俞德浚（1979）依据叶缘锯齿状况将原产于中国的梨属植物分为13 个种，包括河北梨、杜梨、秋子梨、褐梨、白梨、砂梨、川梨、杏叶梨、豆梨、镇梨、麻梨、新疆梨和木梨。但梨属植物种间杂交比较容易，种间或品种间的生物学和形态学性状差异不明显，这极大地增加了梨属植物系统进化和分类的难度。后来有人尝试利用花粉形态学鉴定、细胞学标记、同工酶等方法进行研究。有学者研究梨属植物的核型后，发现褐梨与杜梨的核型相似，新疆梨、河北梨与麻梨的核型相似，豆梨可能为梨属原始种（蒲富慎等，1986；1985）。

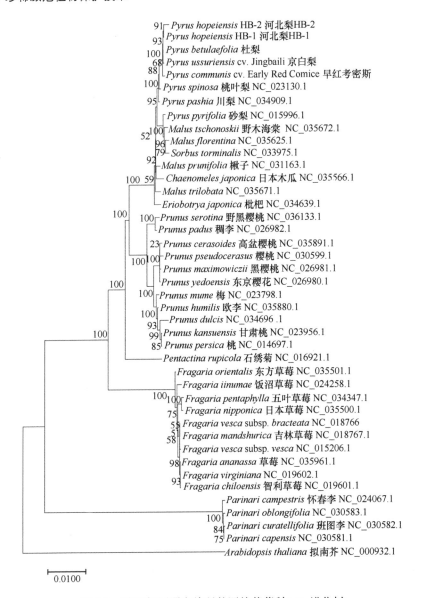

图 5-7　基于相同蛋白编码基因的蔷薇科 ML 进化树

近年来以 DNA 为基础的分子标记，如 RAPD、RFLP、AFLP、ISSR 和 SNP 等在解决梨属植物亲缘关系、栽培品种遗传多样性和种质鉴定方面都得到了很好的应用。RAPD、ISSR 等 DNA 标记表明原产于我国的河北梨、杜梨和褐梨具有较近的亲缘关系。同样，褐梨被认为是杜梨和秋子梨的杂种，而河北梨又是褐梨和秋子梨的杂种。基于 RAPD 的研究发现，河北梨和褐梨享有杜梨和秋子梨的一些谱带（滕元文，2017；Teng and Tanabe，2004；Teng et al.，2002）。Jiang 等（2016）

开发了具有大量信息位点和高度多态性的荧光序列特异性扩增多态性标记，分析了 93 个梨样本的种群结构，并推测河北梨是杂种起源。另外，基于核苷酸序列信息的分子标记技术在揭示梨属植物遗传多样性和系统进化关系上得到了应用。Zheng 等（2008）应用 ITS 序列也发现秋子梨与河北梨之间存在较近的亲缘关系，与本研究结果一致。

由于叶绿体基因组是仅次于核基因组的第二大基因组，其在大部分被子植物中为母系遗传，反映了母系进化的历史，有助于了解可疑杂种的母系祖先。而且，叶绿体基因组的编码区和非编码区的进化速度不同，分别适用于不同阶元的系统发育研究。编码区高度保守，仅适合科、目乃至更高的分类阶元的系统发育研究，而非编码区受功能约束少，进化速率较快，适用于种间及种以下水平的植物系统发育研究。目前，针对叶绿体基因非编码区（如 trnS-psbC、trnL-trnF 和 accD-pasI 等）的一批通用引物的成功设计（Taberlet et al.，1991），使得叶绿体非编码区在梨属系统关系研究中得到了初步应用。基于叶绿体非编码区 trnL-trnF 和 accD-psaI 组合序列的系统发育树进一步在母系进化背景下证实了东方梨和西方梨独立进化的观点，显示了白梨和砂梨之间密切的关系（胡春云等，2011）。通过 cpDNA trnL-trnF 区域的研究发现，新疆梨与西洋梨和东方梨有着较近的亲缘关系，杜梨和秋子梨的关系密切，白梨是含秋子梨、褐梨和砂梨的杂种梨，西洋梨和东方梨亲缘关系较远（刘艳，2007）。虽然，利用叶绿体基因组中个别片段信息进行植物系统进化研究已取得了诸多成果，但在区分近缘种、挖掘种内的分化变异和探讨梨属的进化地位时，仅利用现有的叶绿体 DNA 片段仍然具有一定的局限性。随着测序技术的发展，叶绿体基因序列在梨属的系统进化中也得到了应用。例如，Xiang 等（2019）基于叶绿体基因组序列构建的系统发育进化树表明，褐梨与川梨、砂梨与秋子梨亲缘关系较近，为梨属部分物种的关系提供了有力的支持。Dong 等（2020）基于叶绿体基因组序列构建的系统发育树表明杜梨与其他已发表的 8 个梨属植物互为姐妹类群。本研究采用叶绿体基因组对河北昌黎地区河北梨的进化位置进行了探讨，结果表明梨属中两个基因型的河北梨的亲缘关系最近，杜梨与秋子梨系统的京白梨较其他梨和河北梨亲缘关系近。但本研究只采用已公布测序的和本研究中测得的 5 个梨属植物叶绿体基因组进行分析，其数量和信息有限。梨属植物完整叶绿体基因组信息的不足制约了其遗传信息发掘和系统进化研究的发展进程。为了充分发掘基因组丰富的遗传资源并深入分析种间系统进化关系，对叶绿体全基因组序列开展相关研究显得十分必要。同时为了更好地解决梨属种间关系，揭示杂种起源，以及探讨东、西方梨的进化模式，需要选用更为广泛的东、西方梨代表种和品种，并结合双亲遗传的核基因片段。

第三节　河北梨繁育关键技术

一、芽接

（1）砧木：1年生杜梨实生苗（基径0.7cm）。
（2）接芽：河北梨1年生枝条上选择健康、饱满、无病虫害的芽体。
（3）嫁接方法：采用"T"字形芽接，将接芽嫁接于砧木基部（距地面1～2cm处），用塑料绑条固定，防止进水。
（4）嫁接时间：8月上旬。

二、枝接

（1）砧木：1年生杜梨实生苗（基径0.7cm）。
（2）接穗：河北梨1年生无病虫害的枝条，剪成带有2～3个饱满芽的枝段。
（3）嫁接方法：采用劈接方法，将接穗嫁接于砧木基部（距地面5cm左右），用塑料绑条固定，防止进水。
（4）嫁接时间：3月上旬。

三、种子繁殖

（1）采种：9月初采集河北梨果实，去除果肉，取出种子，并将其自然晾干，室温保存。
（2）沙藏催芽：11月上冻之前将种子沙藏。具体步骤：将种子与湿沙子（手捏成团）按照体积比1∶10混匀，放于花盆中，将盛有种子的花盆置于阴面的土坑中，花盆上覆土20cm后保持与地面平齐或略高。第二年3月上旬，待种子萌发后完成催芽。
（3）播种：筛出萌发的种子播种于营养基质中，置于温室中育苗。苗期注意防立枯病。
（4）移栽：5月中下旬左右，待苗高达10cm以上时，将其定植于大田。

四、组织培养

（一）基本培养基的筛选

将河北梨种子剥去种皮，消毒后置于培养基中使其萌发，得到无菌种子苗，然后以无菌种子苗茎段为材料进行无性繁殖。培养基选用WPM及MS，参考相关文献，设定植物生长素 NAA 浓度为 0.1mg/L，细胞分裂素 6-BA 为 0.5mg/L，蔗糖 30g/L，琼脂 6g/L，pH 调至 5.8～6.2。不同培养基各接种 30 瓶，每瓶接种一个外植体，3 次重复。比较河北梨在两种不同培养基中的生长状况。试验结果如表 5-4 所示。

表 5-4　不同培养基上河北梨腋芽的生长状况

基本培养基	接种数/个	增殖系数	生长状况
MS	90	3.53±0.25	叶片大而浓绿，长势健壮
WPM	90	2.68±0.20	叶片小而鲜绿，轻微玻璃化，长势一般

由表 5-4 可知，在 MS 培养基中，河北梨长势健壮，腋芽萌发快，芽长 2～3cm，叶芽诱导增殖系数高达 3.53；在 WPM 培养基中，叶芽诱导增殖系数仅 2.68，同时，腋芽的萌发速度缓慢，芽长 1～2cm，部分组培苗长势一般，茎段呈红色，甚至呈现出轻微玻璃化。由此可见，MS 培养基中河北梨的生长情况明显比在 WPM 培养基中的生长情况更有优势，因此河北梨在 MS 培养基中生长情况更好。

（二）细胞分裂素浓度的确定

以 MS 培养基为基础，添加 0.5mg/L NAA，分别设置 0.1mg/L、0.3mg/L、0.5mg/L、1.0mg/L 4 个梯度细胞分裂素 6-BA，将河北梨茎段接种其中。每个梯度接种 30 瓶，每瓶 2 个茎段，设置 3 次重复，30 天后统计叶芽的诱导增殖个数，结果见表 5-5。从表 5-5 中可明显看出，河北梨在 MS 培养基中含有不同浓度 6-BA 的情况下，其诱导不定芽的增殖率有明显差异。A1 浓度配比下诱导增殖系数最低，为 1.11，且长势弱。在 A4 浓度配比下，即 6-BA 1.0mg/L、NAA 0.5mg/L 的浓度配比中，河北梨不定芽增值系数达 4.43，且长势健壮。当 6-BA 浓度从 0.1mg/L 逐渐增至 1.0mg/L 时，随着 6-BA 浓度的继续增大，诱导增殖系数也逐渐增加。A1 浓度配比下诱导增殖系数最低，长势偏弱；A4 浓度配比下的组培苗长势更好。因此，1.0mg/L 的 6-BA 为更适宜河北梨诱导增殖的细胞分裂素浓度。

表 5-5　不同浓度梯度 6-BA 对不定芽诱导增殖的影响

编号	6-BA/（mg/L）	NAA/（mg/L）	增殖系数	生长状况
A1	0.1	0.5	1.11±0.06d	长势一般，芽长 1～2cm
A2	0.3	0.5	2.30±0.13c	长势一般，芽长 1～2cm
A3	0.5	0.5	3.30±0.22b	生长良好且高度最大，芽长 1～3cm
A4	1.0	0.5	4.43±0.22a	长势较好，芽长 1～2cm

注：表中不同小写字母表示差异显著（$P<0.05$）。

(三) 植物生长素种类及浓度的确定

在筛选出适宜河北梨茎段不定芽诱导增殖的细胞分裂素浓度（1.0mg/L）基础上，选用 $L_9(3^4)$ 正交表进行正交试验设计，确定适宜河北梨不定芽诱导增殖的培养基，因素及水平设置详见表 5-6。每种处理 30 瓶，每瓶接种 2 棵，3 个重复。30 天后对各处理的平均苗高及增殖系数进行统计。

表 5-6 诱导芽增殖的最适生长素试验正交表

试验序号	因素 A		因素 B		因素 C	
	水平号	IBA/（mg/L）	水平号	NAA/（mg/L）	水平号	IAA/（mg/L）
1	1	0.1	1	0	1	0
2	1	0.1	2	0.1	2	0.3
3	1	0.1	3	0.3	3	0.5
4	2	0.3	1	0	2	0.3
5	2	0.3	2	0.1	3	0.5
6	2	0.3	3	0.3	1	0
7	3	0.5	1	0	3	0.5
8	3	0.5	2	0.1	1	0
9	3	0.5	3	0.3	2	0.3

由方差分析结果可知，3 个因素不同浓度之间存在显著差异。每个因素的多重比较结果见图 5-8～图 5-10。

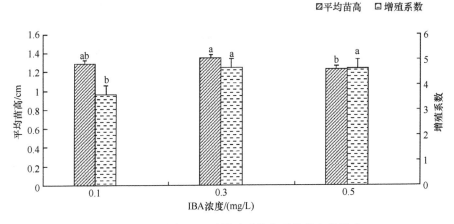

图 5-8 不同浓度 IBA 对增殖系数和平均苗高的影响

图 5-8 中表明，河北梨的两个生长指标——增殖系数和平均苗高在 IBA 浓度不同时所受影响差异显著。0.1mg/L IBA 浓度作用下，苗木增殖系数是 3.61，相比

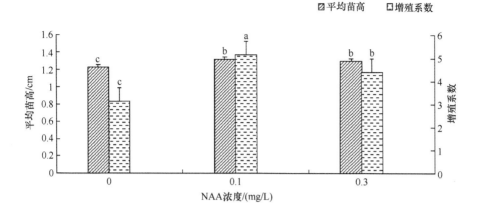

图 5-9 不同浓度 NAA 对增殖系数和平均苗高的影响

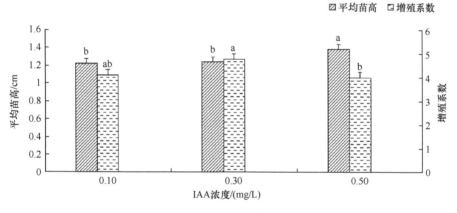

图 5-10 不同浓度 IAA 对增殖系数和平均苗高的影响

之下最小；0.3mg/L IBA 浓度作用下，苗木增殖系数是 4.67，相比之下最大。就平均苗高单一指标而言，0.3mg/L IBA 浓度作用下，平均苗高的数值最大，达 1.35cm；平均苗高的值在 IBA 浓度为 0.5mg/L 时最小，为 1.23cm。因此，对这两个指标进行综合考虑，当 IBA 浓度是 0.3mg/L 的时候，从单个因素 IBA 来看，苗木的增殖系数及平均苗高的指标均较优。

图 5-9 表明，河北梨苗木的平均苗高在不同浓度 NAA 的情况下具有显著性差异。当 NAA 浓度为 0mg/L 时，平均苗高的值最小，为 1.23cm；当 NAA 浓度为 0.1mg/L 时，平均苗高的值最大，为 1.31cm。就增殖系数单一指标而言，在 NAA 浓度是 0.1mg/L 的情况下，苗木的增殖系数相比之下最大，为 5.16；当 NAA 浓度是 0mg/L 的情况下，苗木的增殖系数相比之下最小，为 3.14。因此，对这两个指标进行综合考虑，当 NAA 浓度是 0.1mg/L 时，从单个因素 NAA 来看，苗木的增殖系数及平均苗高的指标均较优。

图 5-10 表明，河北梨苗木的平均苗高在不同浓度 IAA 的情况下具有显著性差异。随着 IAA 浓度的不断增加 0.1mg/L，平均苗高逐渐增大。当使用 0.5mg/L IAA 时，平均苗高的值最大，为 1.39cm。在 0.3mg/L IAA 浓影响下，单独考虑的话，苗木的增殖系数相比之下最大，为 4.76，但平均苗高的值略低于 IAA 浓度为 0.5mg/L 时平均苗高的值。因此，对这两个指标进行综合考虑，建立高效的快速繁殖体系，既需要苗木快速扩繁，也要注重苗木的高生长量，所以 0.5mg/L 的 IAA 浓度更利于组培苗的诱导增殖扩繁。

综上所述，3 个因素的最优水平分别为：IBA（0.3mg/L），NAA（0.1mg/L），IAA（0.5mg/L）。以上 3 个因素的最优水平的浓度组合效果为植物生长素浓度最佳的配比，并且在 9 个不同的试验处理中，最佳组合恰好出现。因此，河北梨的适宜培养基为 MS+1.0mg/L 6-BA+0.3mg/L IBA+0.1mg/L NAA+0.5mg/L IAA。

（四）生根培养基的确定

以 1/2MS 为基本培养基，设定 NAA 0.1mg/L、0.3mg/L、0.3mg/L 3 个浓度梯度，以及 IBA 0.3mg/L、0.5mg/L、1.0mg/L 3 个浓度梯度的双因素试验。不同处理各接种 30 瓶生长健壮、长势基本一致的组培苗，每瓶接苗 2 棵，3 次重复，30 天后对其生根率及平均苗高进行统计，结果见表 5-7。从表 5-7 可知，不同浓度配比的 NAA、IBA 对河北梨生根影响效果差异显著。河北梨在 C4 组合中，生根率达 72.22%，平均生根条数达 6.33 条，苗木平均高达 5.52cm；河北梨苗木的生根率 C9 组合下，平均苗高为 4.81cm，平均生根条数仅 4.11 条，生根率低至 35.56%。通常苗木的质量可以由生根数量得知，植株生根数量越多，苗木的质量越好，移栽后的成活率也会更高。因此，C4 浓度配比更适宜河北梨组培苗的生根培养，生根率达 72.22%。

表 5-7 不同生长素及浓度对河北梨生根培养的影响

编号	NAA/（mg/L）	IBA/（mg/L）	生根率/%	平均根数/条	平均苗高/cm
C1	0.1	0.3	59.44±1.11b	5.31±0.25bc	4.19±0.11b
C2	0.1	0.5	50.56±2.94cd	4.78±0.23cd	4.04±0.13b
C3	0.1	1.0	48.89±0.56de	4.75±0.25cd	3.05±0.84c
C4	0.3	0.3	72.22±1.47a	6.33±0.31a	5.52±0.12a
C5	0.3	0.5	67.22±2.94a	6.27±0.31a	4.71±0.16ab
C6	0.3	1.0	49.44±2.00de	5.55±0.35abc	4.32±0.07b
C7	0.5	0.3	57.22±1.47bc	6.10±0.27ab	4.85±0.08ab
C8	0.5	0.5	42.78±4.00e	5.90±0.23ab	4.40±0.19b
C9	0.5	1.0	35.56±1.47f	4.11±0.19d	4.81±0.12ab

注：表中不同小写字母表示差异显著（$P<0.05$）。

(五) 移栽基质的筛选

选取状态相对一致的生根组培苗，待上述组培苗生根且根长达 1.0~2.0cm、根数达 3~5 根时，将其进行炼苗并移栽在花盆（5cm×8cm）中。移栽前，首先在封口状态下将组培苗从组织培养室移至普通实验室环境，使其在自然环境下适应 2 天，然后再开 1/2 盖培养 1~2 天，最后完全打开盖适应 2 天。随后用镊子将组培苗取出，将幼苗根系小心清理干净，使其呈自然舒展状态，分别移栽到不同基质配比的容器内，并且需要在人工气候室进行培养。

炼苗移栽基质设为 4 个处理，分别为：草炭：蛭石：细沙（1∶1∶1），草炭：蛭石：黄土（1∶1∶1），草炭：黄土：细沙（1∶1∶1），蛭石：黄土：细沙（1∶1∶1）。每个处理设置 3 个重复，每个重复随机抽取 30 株苗木进行观测，连续观测 30 天并统计苗高及移栽成活情况，结果见表 5-8。

表 5-8 不同移栽基质对组培苗生长状况的影响

编号	处理	平均高生长量/cm	移栽成活率/%
D1	草炭：蛭石：细沙=1∶1∶1	4.65±0.36a	93.33±3.33a
D2	草炭：蛭石：黄土=1∶1∶1	3.14±0.17b	80.00±1.92b
D3	草炭：黄土：细沙=1∶1∶1	2.54±0.14b	86.67±3.85ab
D4	蛭石：黄土：细沙=1∶1∶1	2.84±0.14b	90.00±1.92a

注：表中不同小写字母表示差异显著（$P<0.05$）。

试验结果显示，河北梨组培苗的移栽成活和苗木平均高生长量受 4 种不同栽培基质组合的影响而差异显著。在 D1 组合中，河北梨苗木平均高度的生长量为最大，平均高度为 4.65cm，移栽成活率为 93.33%，成活率最高；在 D2 组合中，河北梨的移栽成活率相对更低，为 80%；在 D3 组合中，河北梨组培苗的平均高生长量的值最小，为 2.54cm。综上所述，草炭：蛭石：细沙=1∶1∶1（D1）组合更加适宜河北梨的组培幼苗生长，该配比的基质既能提供组培苗所需汲取的养分，同时又具备生长所必需的透气性，移栽更易成活。

五、河北梨野生种群保护

通过大量实地调查和走访发现，河北梨在多地已经消失，仅在河北省昌黎县杏树园村附近浅山区发现 100 余株，且大多数着生于林地、农田和设施边缘，呈灌木丛状零星分布，乔木状个体现仅存 10 余株，最大树龄约 50 年。目前河北梨生存现状不容乐观，野生资源已经遭到严重破坏，如果不及时加以保护，河北梨野生资源灭绝的可能性极高，因此，保护和恢复河北梨野生资源势在必行。

致濒原因分析：①由于当地花卉产业较发达，逐渐扩大的花圃面积侵占了河北梨的原生栖息地；②开山造田建果园，破坏了河北梨生境，部分河北梨遭到砍伐；③河北梨作为砧木，被嫁接其他梨树。

目前，已将无性繁殖获得的1900余株河北梨幼苗送往分布于全国的6个迁地保护基地。另外，在河北梨资源调查过程中，协同当地林业部门加大了宣传力度，提高了当地居民保护河北梨的意识，对部分河北梨个体进行了挂牌保护。

执笔人：张　军　李泳潭

（河北农业大学）

参 考 文 献

胡春云, 郑小艳, 滕元文. 2011. 梨属叶绿体非编码区 trnL-trnF 和 accD-psaI 特征及其在系统发育研究中的应用价值. 园艺学报, 38(12): 2261-2272.

蒋玮, 吕贝贝, 何建华, 等. 2014. 草菇密码子偏好性分析. 生物工程学报, 30(9): 1424-1435.

李滢, 匡雪君, 朱孝轩, 等. 2016. 长春花密码子使用偏好性分析. 中国中药杂志, 41(22): 4165-4168.

刘艳. 2007. 中国梨属植物叶绿体 DNA 多样性研究. 北京: 首都师范大学硕士学位论文.

蒲富慎, 林盛华, 陈瑞阳, 等. 1986. 中国梨属植物核型研究Ⅱ. 园艺学报, 13(2): 87-90+2.

蒲富慎, 林盛华, 宋文芹, 等. 1985. 我国梨属植物染色体核型研究(一). 武汉植物学研究, 3(4): 381-387.

滕元文. 2017. 梨属植物系统发育及东方梨品种起源研究进展. 果树学报, 34(3): 370-378.

王玲, 董文攀, 周世良. 2012. 被子植物叶绿体基因组的结构变异研究进展. 西北植物学报, 32(6): 1282-1288.

邢少辰, Clark E, Liu J H. 2008. 叶绿体基因组研究进展. 生物化学与生物物理进展, 35(1): 21-28.

俞德浚. 1979. 中国果树分类学. 北京: 农业出版社.

俞德浚, 谷粹芝. 1974. 中国植物志, 36卷. 北京: 科学出版社.

Dong Z H, Qu S H, Li X H, et al. 2020. The complete plastome sequence of a subtropical tree *Pyrus betulaefolia* (Rosaceae). Mitochondrial DNA Part B, 5(1): 826-827.

Jiang S, Zheng X, Yu P, et al. 2016. Primitive genepools of Asian pears and their complex hybrid origins inferred from fluorescent sequence-specific amplification polymorphism (SSAP) markers based on LTR retrotransposons. PLoS One, 11(2): e0149192.

Quan X, Zhou S L. 2011. Molecular identification of species in Prunus sect. Persica (Rosaceae), with emphasis barcodes for plants. Journal of Systematics and Evolution, 49(2): 138-145.

Taberlet P, Gielly L, Pauton G, et al. 1991. Universal primers for amplification of three non-coding regions of chloroplast DNA. Plant Molecular Biology, 17: 1105-1109.

Teng Y W, Tanabe K, Tamura F, et al. 2002. Genetic relationships of *Pyrus* species and cultivars native to East Asia revealed by randomly amplified polymorphic DNA markers. J Amer Soc Hort Sci Biotech, 127(2): 262-270.

Teng Y W, Tanabe K. 2004. Reconsideration on the origin of cultivated pears native to East Asia. 4th

International Symposium of Taxonomy and Nomenclature of Cultivated Plants. Acta Horticulturae, 634: 175-182.

Xiang Q H, Zhang D X, Wang Q, et al. 2019. The complete chloroplast genome sequence of *Pyrus phaeocarpa* Rehd. Mitochondrial DNA Part B, 4(1): 1370-1371.

Zheng X Y, Cai D Y, Yao L H, et al. 2008. Non-concerted ITS evolution, early origin and phylogenetic utility of ITS pseudogenes in *Pyrus*. Molecular Phylogenetics and Evolution, 48(3): 892-903.

第六章　领春木种群繁殖特性及种群扩繁技术

领春木（*Euptelea pleiosperma*）隶属于领春木科（Eupteleaceae）领春木属（*Euptelea*），是第三纪孑遗植物，为东亚特有山地珍稀植物，在中国、印度等地均有自然分布。领春木在我国的分布范围较广，主要分布区为秦巴山地、武陵山系、川西高原东侧、云贵高原和横断山区，生长在海拔720～3600m的山麓林或沟谷中（傅立国和金鉴明，1992；关克俭，1979）。领春木分布区内的森林类型是常绿落叶阔叶混交林，偏好沟谷河岸带生境。特殊的地理位置、独特的地形地貌和良好的水热条件，使亚热带山地河岸带成为领春木等珍稀植物集中生长的区域（魏新增等，2009）。

领春木种群集中分布于河岸带，在海拔相对低的地方受人为干扰较为严重，而在接近其海拔上限的区域又会受低温影响，沿河流表现出"一带多岛"的现象，这是物种分布范围收缩的表现，也是种群衰退的标志（魏新增等，2008）。目前，针对领春木种群的退化，国内外学者已经开展了保护与恢复工作的研究（Cao et al.，2016；何东和江明喜，2012；Wang and Qin，2011；Wei et al.，2010a）。当前，全球气候变化严重威胁着生物多样性（Thomas et al.，2004），影响植物生活史的各个方面，种子萌发及幼苗建立对气候条件的变化尤为敏感（Seal et al.，2017；Ooi et al.，2009）。随着全球气温持续上升，降雨格局改变，领春木的自然更新过程也会受到一定的影响，因此，研究气候变化背景下领春木的繁殖更新机制，是对其实施保护与恢复的根本基础。本章以山地珍稀孑遗植物领春木为研究对象，在中国分布区域内选择具有代表性的自然种群，探讨领春木的繁殖对策和影响因素，分析领春木自然更新困难的机理，为制定科学的保护与恢复措施提供理论依据。

第一节　领春木一般物候期特性

领春木为落叶灌木或小乔木，高2～15m，树皮紫黑色或棕灰色。叶纸质，卵形或近圆形，少数椭圆状卵形或椭圆状披针形。花期4～5月，先叶开放，花两性，6～12朵簇生在苞片腋部，无花被，雌蕊、雄蕊多数轮生，花药红色，比花丝长，风媒传粉，单朵花开花时间4～7天（图6-1）。果期7～8月，翅果，棕色，种子1～3个，黑色，卵形，自然条件下不开裂（图6-2）。种子可孕率高，结实量大，常随溪沟流水传播，更新苗木多沿溪旁缓坡地生长。领春木的年生长周期较长，为 230~250 天，具有萌发早、落叶迟的特点。其树型优美，花早春先放，翅果形态特异、成簇生长，叶秋季变色较早，颜色绚丽，是优良的观赏树种。

图 6-1 领春木的花

图 6-2 领春木的果实

领春木的种子小，产量较高，但种子活力在一年之内会基本丧失，这与领春木种子较小的特性有关。因为较小体积的果实或种子所储藏的营养物质有限，很容易在短时间内消耗殆尽，因此容易丧失活力（Wei et al., 2010b）。虽然每年产生大量种子可以在一定程度上弥补这一缺陷，但是却造成领春木不可能形成长期稳定的土壤种子库。此外，在野生分布区，林冠层郁闭度较高，缺乏领春木种子萌发所需的光照条件，致使其萌发率较低，种间竞争激烈，导致幼苗死亡率较高，如果群落中不出现重大干扰或者林窗，领春木的幼苗很难出现，没有幼苗的补充，随着演替的进行，领春木的个体会不断死亡，数量逐渐减少（魏新增等，2008），最终导致领春木种群不断衰退。

第二节 领春木繁殖特性

作为珍稀孑遗植物，领春木的更新方式主要有实生苗更新和萌蘖繁殖两种（He et al., 2013；Wang and Qin, 2011；Wei et al., 2010a；魏新增等，2008）。在野外调查过程中发现领春木幼苗较少，且往往出现在河漫滩石砾缝或者河岸沟谷陡坡薄土层的微环境中，对幼苗存活和幼树建立较为不利。实验室种子萌发实验表明，该物种的萌发率为 30%左右（Wei et al., 2010b）。珍稀植物多存在更新限制，但是往往具有较强的萌生能力（Tang and Ohsawa, 2002）。由于萌蘖现象是植物应对干扰的重要手段，因此对于偏好河岸带生境的植物来说，萌蘖繁殖就更加普遍（Wei et al., 2010a；何东等，2009；Sakai et al., 1995）。

一、领春木有性繁殖特性

为了探讨领春木在种群建立早期对河岸带生境和山地气候条件的适应性，Wei等（2010b）用采自神农架地区的翅果或种子进行萌发实验，探讨果翅、储藏条件、基质含水量、光照模式、赤霉素和硝酸钾对萌发率及萌发时间的影响。

1. 果翅对领春木种子萌发的影响

选取了5组果实和5组种子，添加蒸馏水进行萌发实验，比较了领春木翅果和种子的萌发率及萌发动态。结果发现，领春木种子的萌发率[（31.1±2.1）%]略高于其果实的萌发率[（27.5±2.0）%]，但是二者之间没有显著差异（P=0.23）。种子的整个萌发过程所需时间[（12.6±0.7）d]也显著短于（P<0.001）果实[（18.0±0.7）d]（图6-3）。也就是说，果皮延长了萌发过程，但对萌发率没有影响。

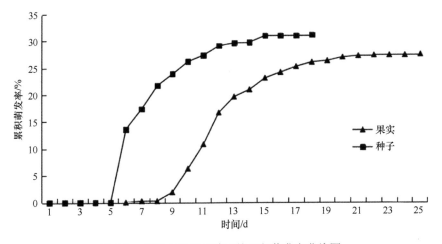

图6-3 领春木果实与种子的累积萌发率曲线图

为确定果翅对种子萌发的影响是通过物理机制还是化学机制，我们同时进行了另外一个实验——添加果翅浸提液的种子萌发实验。经果翅浸提液处理的种子萌发率为（27.2±3.3）%，与蒸馏水作为对照，果翅浸提液对种子的萌发率（P=0.97）没有产生影响。这些结果表明，果翅仅通过物理方式延长了领春木种子萌发过程的各个环节。对于在干扰频繁的河岸带生境中仅产生很小翅果的领春木来说，这种延长为种子寻找安全岛（safe site）提供了额外的时间，因此可以看成是对特殊生境的一种适应策略。

2. 储藏条件对领春木种子萌发的影响

为了确定领春木种子萌发是否需要冷层积，我们比较了连续4年采集的种子的萌发率,以及 2008 年采集的保存于 4℃和室温条件下的翅果的萌发率。结果表明,采集于 2008 年的领春木种子的萌发率显著高于($P<0.05$)前面 3 年采集的种子的萌发率。2005~2007 年采集的种子的萌发率均极低,且各年份之间没有显著差异($P>0.05$)。2008 年采集的果实,保存于 4℃条件下的萌发率显著高于保存于室温下的萌发率(表 6-1)。

表 6-1 储存条件对领春木果实萌发率的影响(平均值±标准误)

采集年份	储存温度	萌发率/%
2005	4℃	0
2006	4℃	2.0±0.1a
2007	4℃	0.4±0.1a
2008	4℃	21.2±2.1b
2008	室温	0.8±0.1a

注:不同字母表示处理间差异显著($P<0.05$)。

2008 年采集的领春木种子的萌发率远高于 2005~2007 年采集的种子,并且这几年的萌发率接近于零,这表明领春木的种子活力在一年之内基本丧失。领春木果实的小体积和高产量可以解释这一点。较小体积的果实或种子所储藏的营养物质有限,很容易在短时间内消耗殆尽,进而丧失活力。虽然每年产生大量种子可以在一定程度上弥补这一缺陷,但是却造成领春木不可能形成长期稳定的土壤种子库。

3. 基质含水量对领春木果实萌发的影响

设置 6 个水分梯度,研究基质含水量对领春木果实萌发率的影响,结果表明,在基质含水量为 20%时,领春木果实萌发率达到最大[(36.0±3.5)%],较高湿度或较低湿度均对萌发有抑制作用。本实验所用的 6 个湿度梯度没有包括能完全抑制领春木果实萌发的极限湿度梯度。然而,在基质含水量为 5%[萌发率为(21.6±4.6)%]和 30%[萌发率为(21.6±3.1)%]的情况下,领春木果实的萌发率显著低于基质含水量在 20%时的萌发率(P 值都为 0.007)(图 6-4)。

河岸带复杂的小地形和频发的洪水使土壤湿度的空间异质性很大(Gomes et al., 2006),使适于领春木等陆生河岸带植物种子萌发的安全岛局限于有积水的区域和不受洪水影响区域之间的交错带。如果基质含水量低于 5%,水分向种子内渗透的速率太低,进而限制了种子的萌发。如果基质含水量超过 30%,水分胁迫产生的缺氧环境会造成种子内有机物的厌氧分解,降低种子的萌发能力,进而延缓胚根长出的过程,降低种子的萌发率。

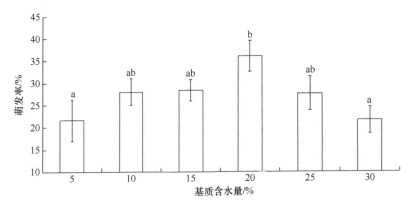

图 6-4　基质含水量对领春木果实萌发率的影响（平均值±标准误）
不同小写字母表示差异显著，下同

4. 赤霉素和光照模式对领春木果实萌发的影响

我们设计了 4 种处理（光/暗交替+500ppm 赤霉素溶液；光/暗交替+1000ppm 赤霉素溶液；黑暗+500ppm 赤霉素溶液；黑暗+1000ppm 赤霉素溶液）、两个对照（光/暗交替+蒸馏水；黑暗+蒸馏水），来研究赤霉素和光照模式对领春木果实萌发的影响。结果表明，光/暗交替光照环境下的萌发率均显著高于黑暗条件下（P 值均小于 0.001），而赤霉素溶液均未对萌发率产生显著影响（$P>0.05$）（图 6-5）。

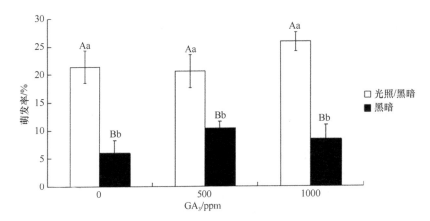

图 6-5　赤霉素（GA_3）和光照模式对领春木果实萌发率的影响（平均值±标准误）
图中的字母表示多重比较结果，不同大写字母表示在同一种光照模式下不同赤霉素浓度之间差异显著（$P<0.05$），不同小写字母表示在同一赤霉素浓度条件下不同光照模式之间差异显著（$P<0.05$）

种子萌发需要光照的现象是体积较小的果实或种子的一种自我保护机制，在光照的刺激下才开始萌发，可以确保在其他条件合适时，它们处于较浅土层或土层表面，从而利于萌发后萌芽的破土和幼苗的生长（Qu et al., 2008）。尽管已有研究表明赤霉素不但可以在光/暗交替环境下促进种子萌发（Dar et al., 2009；Oliva et al., 2009；Nurse and Cavers, 2008），而且可以使某些植物的种子克服对光的需求而在黑暗条件下萌发（Amaral da Silva et al., 2005），但是，我们的研究表明，不管是500ppm还是1000ppm的赤霉素溶液，均未对领春木果实的萌发率产生影响。

5. 硝酸钾对领春木果实萌发的影响

选用3个浓度的硝酸钾溶液和一组蒸馏水对照来研究硝酸盐对领春木果实萌发的影响。结果表明，硝酸钾对领春木果实萌发产生显著影响（$P=0.04$）。在实验所采用的浓度范围内，领春木果实萌发率随浓度的升高而增大，其中0.01mol/L的硝酸钾溶液显著（$P=0.008$）提高了领春木果实的萌发率（图6-6）。

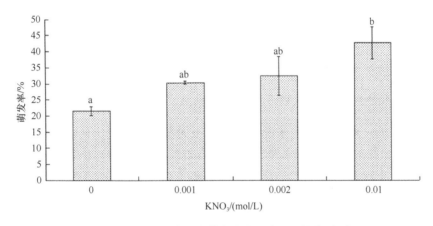

图6-6 硝酸钾对领春木果实萌发率的影响（平均值±标准误）

由于此实验所用果实是经过4个月4℃冷藏的，因此，我们可以说，冷藏和硝酸钾共同作用，提高了领春木果实的萌发率。而冷藏和硝酸盐共同作用是打破种子休眠的重要机制之一（Bungard et al., 1997）。Pons（1992）认为，种子萌发受光照和硝酸盐促进，这是某些植物的种子识别林窗或干扰的重要机制。因此，我们认为领春木果实或种子的这种特性是其适应河岸带干扰频繁生境的一种机制，因为木本植物的个体建成大多是需要林窗才能完成的，生长在河岸带的植物尤其如此。

以上研究结果表明，领春木果实或种子的萌发率不但受内部因素（如果翅）的影响，也受外部因素（如储藏条件、基质含水量、光照模式和硝酸盐）的影响。领春木个体在亚热带山地河岸生境的建成与它的果实或种子的一些萌发特性是密切相关的。首先，非深度休眠使其种子在第二年春天才能萌发，使幼苗避免了山地冬季的严寒；其次，特殊的基质含水量需求使其适于在河岸带生境萌发；最后，对光照和硝酸钾的需求是其识别山地河岸带经常发生的干扰和随之而来的林窗的重要机制。室内萌发实验的结果表明,冷藏后领春木果实或种子的萌发率可以达到中等水平。因此,尽管领春木具有很多适应山地河岸带生境的独特机制,我们仍然可以推断领春木在自然条件下的萌发率要低于这个水平。鉴于领春木的种子活力在一年以后基本完全丧失,我们认为通过保存种子来防止未来其野外种群灭绝并不是一种可行的长期策略。

二、领春木种子萌发对温度变化的响应

为了研究不同纬度和不同海拔来源领春木种子萌发对温度的响应,Wu 等(2019)进行了种子萌发实验,探讨不同来源的种子萌发率和萌发时间对温度变化的响应。纬度梯度上,在全国范围内从南到北采集了 6 个样点的种子,并分为低纬度种源、中纬度种源和高纬度种源 3 组。海拔梯度上,在神农架区域沿海拔梯度采集了 6 个样点的种子,并分为低海拔种源、中海拔种源和高海拔种源 3 组。设置 3 个温度梯度(15℃、20℃和 25℃)进行萌发实验。

(一)不同来源种子萌发率对温度变化的响应

结果表明,低、中纬度来源的种子在不同温度处理下,萌发率无显著性差异,高纬度来源的种子在 15℃条件下的萌发率显著低于 20℃和 25℃条件下的萌发率。低、中海拔来源的种子在不同温度处理下,萌发率无显著性差异,高海拔来源种子在 20℃条件下的萌发率显著低于 15℃和 25℃条件下的萌发率。也就是说,温度对高纬度和高海拔来源的种子影响较大,而对其他来源的种子萌发率基本无影响。

一般认为,高纬度和高海拔地区种群或生长在物种分布区边缘的种群更容易受到环境变化的影响(Mimura et al.,2014;Thomas et al.,2001)。相应地,该研究中,高纬度来源种子萌发率随处理温度的升高而增大,高海拔来源种子萌发率随着处理温度升高,先增大后减小。因此,推测临近物种分布区上限的边缘种群,其种子萌发对于温度变化更为敏感,并且高纬度种群更新可能会受益于气候变暖。然而高海拔种群的种子萌发率在中等温度处理下达到最大值,说明适当增温有利于其种子萌发,而强烈的气候变暖将会对其产生负面影响。因此,在进行物种保护时,应该优先考虑分布区海拔上限区域的种群。

(二)不同来源种子萌发时间对温度变化的响应

结果表明,高纬度来源种子在不同温度条件下均最早萌发,相同种源的种子萌发时间 T_0 和 T_{50} 在不同温度条件下差异显著(T_0 表示从实验开始到萌发开始所

需的天数，T_{50} 表示萌发率达到最终萌发率的 50%所需要的天数)，种子萌发时间随温度升高而缩短。高海拔来源的种子在 15℃条件下最先萌发，而在 25℃下最晚萌发。在 15℃条件下，来自高海拔的种子开始萌发的时间比低海拔区域的种子要早，但在 25℃条件下，高海拔比低海拔来源的种子开始萌发需要更久的时间。

该研究中，种子萌发时间受到温度的显著影响，大部分种源的种子萌发时间 T_0 和 T_{50} 均随温度升高而降低，因此气候变化导致的温度升高可以使种子萌发提前，并且加速种子萌发过程。随着温度的升高，种子出苗时间提前，这将有利于延长高纬度和高海拔种群的生长季（Milbau et al., 2009)，但这将会增加高海拔区域新出的幼苗遭遇霜冻的风险。因为高海拔地区春季常发生"晚霜"，如果大部分种子在较短时间内同时出苗，则幼苗很可能会被一次突如其来的晚霜全部冻死（Vitasse et al., 2013; Shimono and Kudo, 2005)。在种子萌发实验过程中，高海拔来源种子在低温处理下最先萌发，在高温处理下最晚萌发，这种种子萌发差异可能与其生境气候条件有关（Weng and Hsu, 2006)，随着海拔升高，温度逐渐降低，植物生长季变短，在高海拔地区生长的种群，其种子必须适应在低温条件下萌发，从而可以相对延长植物的生长季，以确保其生长和繁殖（Montesinos-Navarro et al., 2011; Giménez-Benavides et al., 2005)。

总的来说，不同温度处理对领春木大部分种源的种子萌发率无显著影响，但高纬度和高海拔种源的种子萌发对温度变化具有较高的敏感性，适当增温可以提高其种子萌发率。不同温度处理对领春木种子萌发时间具有显著影响，大部分种源的种子萌发时间随温度升高而减小，说明增温可以加速种子萌发。

（三）种子性状和母本环境对领春木种子萌发的影响

为了研究种子性状和母本环境对领春木种子萌发的影响，Wu 等（2018）在全国范围内从南到北采集了 18 个样点的种子，几乎涵盖了领春木在全国的整个地理分布范围，测量每个样点的种子形态性状和营养元素，提取每个样点的气候数据并测量土壤元素含量，然后在人工气候培养箱内进行种子萌发实验。

1. 气候和土壤因子对种子性状变异的影响

环境条件一般会随着地理梯度变化而变化，因此温度、降水量、土壤养分等往往会对种子性状产生影响（Murray et al., 2003)。研究结果表明，环境因子在区域尺度上解释了种子性状变异的 4%~49%。土壤因子中，土壤 P 含量是种子性状变异的主要驱动因子，约 2/3 的种子性状与之相关。气候因子中，年均温对种子性状具有显著的正效应，可能是因为在较高温度下植物新陈代谢消耗增加，因此需要更大的种子才能产生一定大小的幼苗（Murray et al., 2004; Lord et al., 1997)。

2. 种子萌发率与种子性状和母本环境的关系

研究结果表明，种子性状对种子萌发率变异的结实率的影响（58.4%）显著高于母本环境的影响（7.0%），这表明种子内在属性是萌发率变异的主要驱动因子。年均温（MAT）对种子萌发率的直接影响为负效应，但不显著，而 MAT 通过种子重量对萌发率产生的间接影响具有显著的正效应。土壤 P 含量对种子萌发率的直接影响为显著负效应，而土壤 P 含量经过种子重量对萌发率产生的间接影响具有显著的正效应。

种子萌发是种群更新的第一步，并且往往是植物生活史周期中的一个重要瓶颈（Donohue et al., 2010），种子萌发与种子性状，以及母树所处的环境条件密切相关。本研究中，领春木母本生境的环境条件对种子萌发率的直接影响有限，但种子内在属性对萌发率有很大的影响，而种子内在属性的变异与气候和土壤养分密切相关，说明母本环境对种子萌发率具有间接影响。因此，未来的气候变化可能会通过改变种子性状来改变种子萌发格局，进而影响该物种的种群更新。

三、领春木萌蘖更新特性

萌蘖是领春木种群更新和维持的一种重要机制。Wang 和 Qin（2011）对山西太宽河国家级自然保护区的领春木种群径级结构和萌蘖特征的研究表明，该地区领春木种群为衰退型，种群更新严重依赖萌蘖繁殖，主茎萌蘖比例为 49.4%。Wei 等（2015）在领春木中国分布区范围内，沿纬度梯度和不同纬度山地的海拔梯度对领春木种群结构及更新动态的研究表明，在纬度梯度和海拔梯度上，相对幼苗密度和萌蘖率均呈现相反的梯度格局，即二者之间存在明显的权衡，萌蘖繁殖是延缓其分布区"后缘"（trailing edge）收缩的重要策略。

在太宽河国家级自然保护区领春木分布区域，沿着河谷方向选择了 13 个样方，调查了领春木种群的基本特征。结果表明，领春木的萌蘖率较高，13 个小区内共有 99 棵主干、249 个萌蘖个体（完全或部分独立），萌蘖比例为 49.4%。所有的萌蘖个体都在母树周围 1.5m 的距离内，起源于主茎的根茎。主干平均高度为 6.12m，最小为 2.5m，最大为 8.6m，而萌蘖枝条平均高度为 1.78m，最小为 0.3m，最大为 5.4m。主干和萌蘖的平均直径分别为 9.53cm 和 2.34cm。其中，新增幼苗数量较少，共 94 株，平均密度为 180.8 株/hm^2，但成年树的个体数量占主干的 53.5%，占萌蘖个体的 14.1%。可见，萌蘖对领春木群体的再生非常重要，平均每个主干的萌蘖枝条数达到 2.5 个。

在领春木中国分布区范围内，调查了 21 个样点，并将其划分为 3 个纬度梯度来研究相对幼苗密度和萌蘖率。结果表明，领春木的更新动态随纬度梯度的变化而变化，低、中、高纬度地区的幼苗（0~2.5cm）比例分别为 12.9%、29.0%和 33.8%。这说明在分布区边缘有更多的幼苗，换句话说，越靠近北部边缘，相对幼苗密度越高，表明在其地理范围内，领春木正在向北迁移。相对幼苗密度沿纬度梯度增加，萌蘖率由低到高逐渐降低，这些结果说明萌蘖率和相对幼苗密度在纬度梯度上呈现出不同的模式，并表明在领春木分布的范围内，幼苗和萌蘖之间存在一种权衡关系。此外，在气候变暖的情况下，萌蘖对于长寿植物来说是一个至关重要的策略，它可以缓冲植物分布范围可能缩小的影响。

第三节　领春木繁殖技术

一、领春木种子萌发

对领春木休眠与萌发特性的研究表明，领春木种子（翅果）具生理休眠特性，果翅是引起休眠的主要原因。去掉果翅可使种子在光照下迅速而充分萌发；低温（5℃）层积处理也有利于解除种子的休眠，促进萌发（周佑勋，2009）。鉴于此特征，辛露娟（2018）研究了一套领春木的种子繁育技术，为领春木的有性繁殖提供了完整的技术手段，具体方法如下。

（一）种子采集与储藏

观察种子变为棕褐色时及时采摘，将采集到的种子在干燥通风处阴干，除去种翅及杂物后置于室内低温沙藏，防止种子过于失水。

（二）种子处理

播种前将沙藏的种子筛出，用清水反复清洗，干净后置于 0.3%高锰酸钾溶液中消毒 2h，然后换清水浸泡 24h，期间换水 2~3 次，种子充分吸水后捞出沥水，置于 25℃左右的室内催芽，期间每天翻动 2 次，保持种子水分，观察约 1/3 种子有裂口时准备播种。

（三）苗圃地准备

苗圃地要选择在光照充足、土壤肥厚、排水良好的地方。将选择好的苗床地于冬前深翻一次，利用冬冻杀灭害虫的同时也可使土壤更细碎，春播前再翻耕一次，细致整地。每 667m^2 施农家肥 1500kg、硫酸亚铁粉剂 60kg、地虫杀净 5kg，与土壤拌匀，追肥的同时进行土壤消毒与地下害虫防治。然后做床，床宽 1.2m，沟宽 30cm，深度 15cm。

（四）播种方法

播种采用撒播方式,将处理好的种子均匀撒在床面,亩[①]播量控制在 4kg 左右,筛覆林下腐殖土 5mm 左右,轻度镇压后覆盖稻草以不露床面为宜。浇透水一次,以后注意适时浇水,不易多浇,保持床面微湿即可,25 天左右即可出苗。

（五）苗期管理

待幼苗出土 50%左右时及时揭去稻草,幼苗期间浇水以喷雾为主,防止幼苗被冲出床面。幼苗苗高 10cm 时间苗,按株行距 15cm×15cm 定苗。幼苗期每月除草 1~2 次,保持床面干净,幼苗苗高达 6cm 时可进行初次施肥,用磷酸二氢钾进行叶面喷施,浓度不要超过 0.5%,中期追肥每月一次,每亩施尿素 5kg 左右,9 月停止施肥。幼苗期间的病虫害防治采用 40%氧化乐果和对硫磷混合施用,混合浓度为 1000 倍液。

二、领春木组培育苗

组织培养技术可以缩短植物的生长周期,保证植物的存活率,实现快速生长。邢世海和陈娜（2005）以领春木茎段为外植体,探讨了愈伤组织诱导和增殖的最佳条件,结果表明：MS 和 1/2MS 作为愈伤组织诱导基本培养基较为适宜；愈伤组织增殖培养以 MS 培养基+NAA 2mg/L+6-BA 0.1mg/L,pH5~6 较为合适。冉佳鑫等（2012）以领春木种子幼胚为试验材料,对领春木体细胞胚胎进行了组织培养,并产生了再生植株。具体方法如下。

（一）外植体的选取和处理

选用处于幼胚阶段未成熟的种子作为外植体,将外植体在自来水下冲洗 10~12h,然后用 75%乙醇表面灭菌 30s,接着用 30% NaClO 灭菌 6~8min,无菌水洗 5 次,将未成熟种子切开,挑出幼胚接种到培养基上。

（二）培养条件

以 MS 为基本培养基,加蔗糖（30g/L）和琼脂（8g/L）,pH 调至 6.0,培养温度为（25±2）℃,光照强度 40μmol/（m^2·s）,光照时间 16h/d。

（三）愈伤组织的诱导

将灭菌的外植体接种到 MS 添加 1.0mg/L 2,4-D 和 0.5mg/L 6-BA 的培养基上诱导愈伤组织。

---

① 1 亩≈666.7m^2。

（四）体胚分化和增殖

将诱导的愈伤组织转接到 MS 添加 0.5mg/L NAA 和 0.5mg/L 6-BA 的培养基上，可形成体细胞胚。继代 2 次后，将体细胞胚转到 0.05mg/L NAA 和 0.1% PVP 的 1/2MS 培养基上能大量增殖。

（五）体胚萌发与植株再生

将增殖后的体细胞胚转移到不加任何激素的 MS 培养基上，在光照条件下，体细胞胚开始呈现绿色。40 天后，体胚萌发产生再生植株。

第四节　领春木更新机理及其保护

一、领春木更新的影响因素

在自然条件下，领春木能够进行种子繁殖和萌蘖繁殖两种更新方式。实生苗更新困难是领春木面临的主要威胁之一。领春木本身结实很多，种子繁殖也比较容易，理论上讲，该物种是容易更新的。但野外调查发现，领春木多在山地沟谷集中分布，野生幼苗往往出现在河漫滩石砾缝或者河岸沟谷陡坡薄土层的微环境中，这对幼苗存活和幼树建立较为不利。此外，由于长期大面积森林采伐，已使不少地方退化为光山土岭草坡，人为干扰造成的植物群落逆向演替和生境条件的恶化，直接破坏了领春木赖以生存的环境和植物群落（杨得坡和张晋豫，1999）。

扩散限制是领春木面临的另外一个威胁。山地河岸沟谷地区干扰强烈，经常产生林窗，领春木进化出了阳生喜光、偏好湿润生境和萌蘖繁殖等一系列适应这种生境的策略，但同时这也在很大程度上限制了其适应山地河岸带以外的生境条件（Wei et al.，2010a，2010b）。领春木的萌蘖率较高，在林缘或湿润沟谷中可发现有大小不同的领春木幼苗，挖掘更新苗观察其根系，可以发现领春木更新小苗多为根蘖苗，占 90%以上（贺超锋等，2009），由于较大程度地依赖于萌蘖更新，使其很难扩大分布区，这也正是领春木集中分布于河岸带的一个重要原因（魏新增等，2008）。

领春木野生分布区中幼苗较少，造成这种现象的原因主要有两个：一是林冠层郁闭度较高，缺乏领春木种子萌发所需的光照条件，致使其萌发率较低；二是林冠下光照不足，且作为群落交错带的河岸带中物种丰富，种间竞争激烈，导致幼苗死亡率较高。如果群落中不出现重大干扰或者林窗，领春木的幼苗很难出现。没有幼苗的补充，随着演替的进行，领春木的个体不断死亡，数量逐渐减少，最终势必会被更新能力更强的物种替代（蔡晟等，2000）。因此，幼苗的补充对领春木种群的发展起着决定性的作用。

作为山地植物，领春木在低海拔城市中存在存活和繁殖困难的问题，这很可能是由于其难以应对夏季的高温。例如，中国科学院武汉植物园2007年通过实生苗移栽对领春木实施迁地保护，移栽时特意模拟野外生境特征营造了人工河岸带群落，移栽个体存活了大概3个自然年，可以开花，但未见果实，且之后全部死亡。更早时候，杭州植物园在1956年曾对该物种进行种子繁殖和露天栽培，但未获成功（卢炯林和王磐基，1990）。

以上这些问题都是领春木更新的影响因素。领春木分布区域在缩小，种群数量也在减少，如果这种情况继续下去，领春木将成为真正的濒危种。因此，研究领春木的繁殖特性是对其进行全面保护和恢复的基础。

二、领春木保护建议

领春木喜生于湿润避风的山谷沟壑河岸带、阴湿林缘或坡地，在土层深厚、富含有机质的土壤上生长发育良好，在干旱贫瘠之地则发育不良，在迎风干旱的山坡则不能生长，表明领春木是一种喜肥沃湿润土壤的树种，并具有耐寒、怕旱的特性，对生存环境的依赖性较高。领春木野生幼苗的建立较为困难，作为小乔木在亚热带森林激烈的物种竞争中处于劣势，并且人为干扰直接破坏了领春木赖以生存的环境。鉴于以上原因，应加强对现有领春木种群的保护，严禁砍伐植株、破坏其生境，此外还需要采取一定的措施促进其种群的延续与发展。

首先，领春木种群集中分布于河岸带，个体平均高度仅有7m，达不到亚热带森林的林冠层，吸收不到充足的阳光，种子萌发和个体发育过程中受到高大乔木的遮阴影响。因此，在就地保护过程中，应对群落进行适度的干扰，开辟适当的林窗，促使其在自然状况下正常顺利地生长、发育、繁殖和扩散；或者采取必要的人工促进更新措施，如对天然更新的幼树和萌芽幼苗进行人工抚育等，扩大其种群数量。

其次，萌蘖也是领春木的主要更新方式之一，但较大程度地依赖于萌蘖更新，会导致种群的遗传多样性下降，再加上地理隔离，使其很难扩大分布区，进而导致种群的进一步衰退。因此，对领春木的就地保护不但要注重数量，更要注重种群间的迁移，维护并建立种群间扩散的廊道是十分必要的。

再次，在迁地保护过程中要提供类似于河岸带的环境条件，在种子萌发和幼苗培育过程中要保证有充足的光照。幼苗不能经受高温，要注意使其处于适宜的温度条件下，同时，要根据领春木的生物学特性在不同的发育阶段采取诸如分散和移栽等有利于种群发展的措施，在整个生命周期中，不宜处于郁闭度较高的林下。

另外，领春木花果成簇，红艳夺目，观赏价值较高，可作为乡土观赏树种在园林绿化中进行推广种植；各有关植物园、苗圃也可进行引种驯化领春木的研究工作，实现其种质资源的有效保护。

执笔人：王世彤　魏新增　江明喜

（中国科学院武汉植物园）

参 考 文 献

蔡晟, 刘学全, 张家来, 等. 2000. 鄂西三峡库区大老岭珍稀树木群落特征研究. 应用生态学报, 11(2): 165-168.

傅立国, 金鉴明. 1992. 中国植物红皮书: 珍稀濒危植物(第一册). 北京: 科学出版社.

关克俭. 1979. 领春木科.中国植物志 (第 27 卷). 北京: 科学出版社.

何东, 江明喜. 2012. 从空间分布特征认识珍稀植物领春木的种群动态. 植物科学学报, (3): 213-222.

何东, 魏新增, 李连发, 等. 2009. 神农架地区河岸带连香树的种群结构与动态. 植物生态学报, 33(3): 469-481.

贺超锋, 段生君, 翟运力. 2009. 领春木的生长发育规律. 安徽农学通报, 15(22): 90-92.

卢炯林, 王磐基. 1990 河南珍稀濒危保护植物. 开封: 河南大学出版社.

冉佳鑫, 王玉宇, 宋丹, 等. 2012. 领春木体细胞胚胎发生及植株再生. 植物生理学报, 48(10): 993-996.

魏新增, 何东, 江明喜, 等. 2009. 神农架山地河岸带中珍稀植物群落特征. 植物科学学报, 27(6): 607-616.

魏新增, 黄汉东, 江明喜, 等. 2008. 神农架地区河岸带中领春木种群数量特征与空间分布格局. 植物生态学报, 32(4): 825-837.

辛露娟. 2018. 珍稀濒危植物领春木种子繁育技术. 甘肃林业, 169(4): 44-46.

邢世海, 陈娜. 2005. 珍稀濒危植物领春木愈伤组织的培养. 安徽农业科学, 33(1): 69-69.

杨得坡, 张晋豫. 1999. 珍稀濒危保护植物领春木的生态调查研究. 河南科学, 17(2): 174-177.

周佑勋. 2009. 领春木种子休眠与萌发特性. 中南林业科技大学学报, 29(1): 56-59.

Amaral da Silva E A, Toorop P E, Nijsse J, et al. 2005. Exogenous gibberellins inhibit coffee (*Coffea arabica* cv. Rubi) seed germination and cause cell death in the embryo. Journal of Experimental Botany, 56(413): 1029-1038.

Bungard R A, Mcneil D, Morton J D. 1997. Effects of chilling, light and nitrogen-containing compounds on germination, rate of germination and seed imbibition of *Clematis vitalba* L. Annals of Botany, 79(6): 643-650.

Cao Y N, Comes H P, Sakaguchi S, et al. 2016. Evolution of East Asia's Arcto-tertiary relict *Euptelea* (Eupteleaceae) shaped by late Neogene vicariance and quaternary climate change. BMC Evolutionary Biology, 16(1): 66.

Dar A R, Reshi Z, Dar G H. 2009. Germination studies on three critically endangered endemic angiosperm species of the Kashmir Himalaya, India. Plant Ecology, 200(1): 105-115.

Donohue K, Rubio de Casas R, Burghardt L, et al. 2010. Germination, postgermination adaptation, and species ecological ranges. Annual Review of Ecology, Evolution, and Systematics, 41(1): 293-319.

Giménez‐Benavides L, Escudero A, Pérez‐García F. 2005. Seed germination of high mountain Mediterranean species: altitudinal, interpopulation and interannual variability. Ecological Research, 20(4): 433-444.

Gomes P B, Válio I F M, Martins F R. 2006. Germination of *Geonoma brevispatha* (Arecaceae) in laboratory and its relation to the palm spatial distribution in a swamp forest. Aquatic Botany, 85(1): 16-20.

He D, Wang Q G, Franklin S B, et al. 2013. Transient and asymptotic demographics of the riparian species *Euptelea pleiospermum* in the Shennongjia area, central China. Biological Conservation, 161: 193-202.

Lord J, Egan J, Clifford T, et al. 1997. Larger seeds in tropical floras: consistent patterns independent of growth form and dispersal mode. Journal of Biogeography, 24(2): 205-211.

Milbau A, Graae B J, Shevtsova A, et al. 2009. Effects of a warmer climate on seed germination in the subarctic. Annals of Botany, 104(2): 287-296.

Mimura M, Mishima M, Lascoux M, et al. 2014. Range shift and introgression of the rear and leading populations in two ecologically distinct *Rubus* species. BMC Evolutionary Biology, 14(1): 209.

Montesinos‐Navarro A, Wig J, Xavier Pico F, et al. 2011. *Arabidopsis thaliana* populations show clinal variation in a climatic gradient associated with altitude. New Phytologist, 189(1): 282-294.

Murray B R, Brown A H D, Dickman C R, et al. 2004. Geographical gradients in seed mass in relation to climate. Journal of Biogeography, 31(3): 379-388.

Murray B R, Brown A H D, Grace J P. 2003. Geographic gradients in seed size among and within perennial Australian Glycine species. Australian Journal of Botany, 51(1): 47-56.

Nurse R E, Cavers P B. 2008. The germination characteristics of *Scrophularia marilandica* L. (Scrophulariaceae) seeds. Plant Ecology, 196(2): 185-196.

Oliva S R, Leidi E O, Valdés B. 2009. Germination responses of *Erica andevalensis* to different chemical and physical treatments. Ecological Research, 24(3): 655-661.

Ooi M K J, Auld T D, Denham A J. 2009. Climate change and bet‐hedging: interactions between increased soil temperatures and seed bank persistence. Global Change Biology, 15(10): 2375-2386.

Pons T L. 1992. Seed responses to light. In: Fenner M. The Ecology of Regeneration in Plant Communities, CAB International, UK: 259-284.

Qu X X, Huang Z Y, Baskin J M, et al. 2008. Effect of temperature, light and salinity on seed germination and radicle growth of the geographically widespread halophyte shrub *Halocnemum strobilaceum*. Annals of Botany, 101(2): 293-299.

Sakai A, Ohsawa T, Ohsawa M. 1995. Adaptive significance of sprouting of *Euptelea polyandra*, a deciduous tree growing on steep slopes with shallow soil. Journal of Plant Research, 108: 377-386.

Seal C E, Daws M I, Flores J, et al. 2017. Thermal buffering capacity of the germination phenotype across the environmental envelope of the Cactaceae. Global Change Biology, 23(12): 5309-5317.

Shimono Y, Kudo G. 2005. Comparisons of germination traits of alpine plants between fellfield and snowbed habitats. Ecological Research, 20(2): 189-197.

Tang C Q, Ohsawa M. 2002. Tertiary relic deciduous forests on a humid subtropical mountain, Mt. Emei, Sichuan, China. Folia Geobotanica, 37: 93-106.

Thomas C D, Bodsworth E J, Wilson R J, et al. 2001. Ecological and evolutionary processes at

expanding range margins. Nature, 411(6837): 577.
Thomas C D, Cameron A, Green R E, et al. 2004. Extinction risk from climate change. Nature, 427(6970): 145.
Vitasse Y, Hoch G, Randin C F, et al. 2013. Elevational adaptation and plasticity in seedling phenology of temperate deciduous tree species. Oecologia, 171(3): 663-678.
Wang L M, Qin J. 2011. Diameter class structure and sprouting characteristics of a northernmost *Euptelea pleiospermum* population in China: Implications for conservation. Acta Ecologia Sinica, 31: 103-107.
Wei X Z, Jiang M X, Huang H D, et al. 2010a. Relationships between environment and mountain riparian plant communities associated with two rare tertiary-relict tree species, *Euptelea pleiospermum* (Eupteleaceae) and *Cercidiphyllum japonicum* (Cercidiphyllaceae). Flora-Morphology, Distribution, Functional Ecology of Plants, 205(12): 841-852.
Wei X Z, Liao J X, Jiang M X. 2010b. Effects of pericarp, storage conditions, seed weight, substrate moisture content, light, GA_3 and KNO_3 on germination of *Euptelea pleiospermum*. Seed Science and Technology, 38(1): 1-13.
Wei X, Wu H, Meng H, et al. 2015. Regeneration dynamics of *Euptelea pleiospermum* along latitudinal and altitudinal gradients: trade-offs between seedling and sprout. Forest Ecology and Management, 353: 232-239.
Weng J H, Hsu F H. 2006. Variation of germination response to temperature in formosan lily (*Lilium formosanum* Wall.) collected from different latitudes and elevations in Taiwan. Plant Production Science, 9(3): 281-286.
Wu H, Meng H, Wang S, et al. 2018. Geographic patterns and environmental drivers of seed traits of a relict tree species. Forest Ecology and Management, 422: 59-68.
Wu H, Wang S, Wei X, et al. 2019. Sensitivity of seed germination to temperature of a relict tree species from different origins along latitudinal and altitudinal gradients: implications for response to climate change. Trees, 36(2): 1-11.

第七章 崖柏人工繁殖关键技术

崖柏（*Thuja sutchuenensis*）隶属柏科（Cupressaceae）崖柏属（*Thuja*），常绿乔木。1892年4月，法国传教士保罗·纪尧姆·法吉斯（Paul Guillaume Farges）在我国重庆市城口县石灰岩山地首次发现崖柏，此后其"消失"了100多年，1999年10月被重新发现（Xiang et al., 2002；刘正宇等, 2000；傅立国和金鉴明, 1992）。在此期间，世界自然保护联盟（IUCN）曾将其定为野外已灭绝（EW）物种（Farjon and Page, 1999）。2003年，IUCN将其定为极危物种（CR）；2013年 IUCN根据崖柏种群恢复程度，将其定为濒危种（EN）（IUCN, 2013）。目前，崖柏被列为国家一级濒危保护植物（国家林业和草原局和农业农村部, 2021）。

崖柏的重新发现，得到了国家和地方政府及植物学界广大科技工作者的高度关注，并对崖柏的资源状况、拯救繁育、濒危机制等方面进行了广泛的调查和研究。现已查明，崖柏仅分布在我国重庆市城口县、开州区，以及四川省宣汉县石灰岩山地狭域范围内，野生成年崖柏约1万株。从植株数量上看虽然并不是很少，但其濒危状况却不容乐观。突出表现是崖柏种群的年龄结构不完整，老龄植株占的比例较大，幼龄植株占的比例小（刘建锋等, 2004），幼苗缺乏等。在自然环境中，崖柏主要靠种子更新，但现存崖柏的结实能力低，败育率高，种子细小，种皮近革质，对外界环境变化的抵御能力低（朱莉等, 2014a）；另外，崖柏的结实间隔期长（郭泉水等, 2015）。据观察，自崖柏重新发现近20年间，仅出现过1次结实丰年，至于何年再结实、还能不能结实，目前还无法预测。随着树龄增大，崖柏会逐渐衰老死亡，这是一种不可抗拒的自然规律。而老龄崖柏死亡后，幼龄崖柏又不能及时补充，崖柏种群必将存在随时灭绝的风险。因此，必须通过采用人工繁殖，培育幼苗、幼树，而后回归到原生地的方法，才能解决幼龄植株较少、崖柏种群年龄结构不完整的问题。

种子繁殖、扦插繁殖和组织培养是当前人工繁殖的主要方法。受树种生物学和生态学特性的影响，不同树种的种子繁殖、扦插繁殖和组织培养的环境需求有所不同，限制因素各异。找到其繁殖瓶颈并施以最佳处理措施，就可获得理想的繁殖效果。由于崖柏绝迹年代久远，在重新被发现之前，有关崖柏的研究几近空白。受繁殖材料缺乏的影响，崖柏的人工繁殖研究尚未开展。崖柏重新发现后，在无可借鉴经验的基础上，我们对崖柏的种子繁殖、扦插繁殖和组织培养进行了试验研究。本章简要介绍了通过试验获得的崖柏人工繁殖环境需求及最佳处理方法，旨在为崖柏扩繁技术的深入研究提供参考。

第一节　崖柏种子萌发的环境条件

种子是植物生活史中的一个重要环节，是新生命开始的幼小植物体（赖江山等，2003）。种子萌发是指有活力的种子，吸水后开始进行呼吸、物质合成及其代谢活动，经过一定时期种胚突破种皮，露出胚根的过程。幼苗的存活能力（Gross and Smith，1991）、个体适合度（Donohue et al., 2005；Miller，1987）和植物生活史的表达（Venable，1985），以及未来种群的命运、群落的形成、演替以及特定结构的维持（Mills and Schwartz，2005；Manfred et al., 2004）等都与种子萌发有关。种子对种群（居群）的实际贡献，完全取决于进一步的萌发状况，以及萌发后的幼苗成活率。在自然界，种子萌发受许多环境因素（光照、温度、水分、风、火、植物、动物和微生物）的影响，许多植物在从种子向幼苗的转化阶段常常会遇到这样或那样的问题。低水平的种子萌发率和过少的幼苗成活机会，往往会成为制约种群更新和发展的瓶颈，并成为导致该物种走向灭绝的直接原因。研究不同植物的种子萌发特性，找出影响种子萌发的关键因素，一直是植物繁殖生态学研究的重要内容。

由于崖柏"绝迹"年代久远，有关崖柏种子特性的研究还仅限于对崖柏种子的形状、大小、生活力、萌发率、千粒质量的初步了解（朱莉等，2014a；王祥福等，2007），而对崖柏种子萌发特性，特别是影响崖柏种子萌发的关键因素还缺乏深入了解。为此，本研究采用控制实验方法，选取温度、光照、水分等对植物种子萌发起主要影响作用的环境因子进行种子萌发试验研究，旨在了解崖柏种子萌发的环境需求及关键的影响因素，为崖柏人工播种育苗提供理论和实践依据。

一、材料与方法

崖柏球果采自重庆市开州区雪宝山国家级自然保护区白泉乡林区（31°35′53.8″N，108°50′36.6″E，海拔 1661m）的崖柏野生种群，采集时间为 2017 年 11 月。将采集的球果置于室内自然风干，待种鳞开裂后，脱出种子装入通气的布袋中备用。试验起始时间为 2017 年 12 月 30 日。试验前采用水选法对参试种子进行净种，用 0.5%的高锰酸钾溶液对种子消毒。

温度处理试验在 3 个植物光照培养箱（日本三洋公司生产的 MLR-350H 植物光照培养箱）中同时进行。设置 20℃、25℃和 30℃等 3 种处理。培养器具为内径 9cm、铺有两层滤纸的培养皿。每皿播种 100 粒，每种处理设 3 次重复。培养箱设置的光照时间 8h/d，光照强度 250μmol/（m²·s）。

光照试验设置了光照[光照时间为 8h/d、光照强度 250μmol/（m²·s）]和持续黑暗 2 种处理。在 2 个植物光照培养箱中同时进行。各培养箱设定温度均为 25℃。每个培养皿播种 100 粒，每种处理设 3 次重复。

水浸试验设置了浸种 72h、96h 和 120h 等 3 种处理。试验在同一植物光照培养箱中进行。培养箱设定的温度均为 25℃，光照时间为 8h/d，光照强度为 250μmol/（m²·s）。每培养皿播种 100 粒，每种处理设 3 次重复。

观测指标主要是萌发和霉烂的种子粒数。自播种之日起，每天上午 10：00 观测。种子萌发以胚根达到种子长度的 1/2 为标志。在萌发末期，当连续 5 天的萌发粒数平均不足参试种子总粒数的 1%时，视为萌发结束（金铁山，1992）。统计内容包括不同处理的种子萌发开始时间（d）、萌发持续时间（d）、萌发率（%）、霉变率（%）、萌发指数、萌发势（%）等（田琳琳等，2018；赖江山等，2003；孙时轩，1992）。

二、温度对崖柏种子萌发的影响

从不同温度处理下崖柏种子的萌发率（表 7-1）可以看出，随着温度升高，种子萌发率呈先升高后降低的变化趋势。25℃下的种子萌发率最高（88%），20℃下的次之（77%），30℃下的最低（33%）。萌发指数和萌发势的变化与萌发率的变化趋势一致，但种子霉变率与萌发率、萌发指数、萌发势的变化趋势相反，即随着温度的升高先降低后升高。以 25℃下的种子霉变率最低（3%），20℃下的次之（6%），30℃下的最高（40%）。差异显著性检验的结果表明，20℃和 25℃条件下的崖柏种子萌发率及霉变率的差异不显著，但二者在 30℃下的差异显著；不同温度下的萌发指数均存在显著差异（$0.01<P<0.05$），25℃下的萌发势与 20℃和 30℃下的差异显著（$0.01<P<0.05$）。

表 7-1　不同温度条件对崖柏种子萌发的影响

温度/℃	萌发率/%	萌发指数	萌发势/%	霉变率/%
20	71±5a	5.58±0.57b	26±3b	6±3b
25	88±5a	9.26±1.05a	53±7a	3±1b
30	33±3b	2.64±0.26c	15±3b	40±10a

不同温度下种子萌发的开始时间和萌发持续时间不同（图 7-1）。在 25℃下，种子萌发的开始时间为播后第 6 天，萌发持续时间为 23 天；在 20℃下，种子萌发的开始时间为播后第 8 天，持续萌发时间为 32 天；在 30℃下，种子萌发的开始时间与 20℃下的种子萌发时间相同，持续萌发时间为 27 天。三者相比较，以 25℃条件下种子萌发开始的时间最早，结束萌发的时间也早。结果表明，崖柏

种子萌发对温度条件的要求比较苛刻。低于或高于25℃，种子萌发会受到抑制；达到30℃时，种子萌发率显著降低，而种子霉变率显著升高。

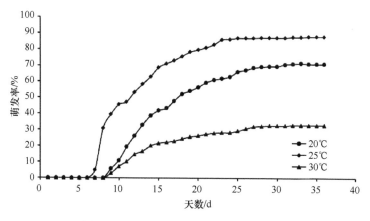

图 7-1　不同温度下崖柏的种子萌发进程

三、光照对崖柏种子萌发的影响

在崖柏的种子萌发过程中，种子萌发率、萌发指数和萌发势在光照条件下较持续黑暗条件下稍有提高，但不同处理间的种子萌发率、萌发指数、萌发势的差异均不显著。

在光照条件下，崖柏种子的霉变率有所降低，但不同处理间的差异也不显著（$F=6.000$，$P=0.07>0.05$）（表 7-2）。

表 7-2　不同光照条件对崖柏种子萌发的影响

处理	萌发率/%	萌发指数	萌发势/%	霉变率/%
光照	88±6	9.26±1.13	53±7	3±2
黑暗	75±9	7.78±1.04	46±7	7±1

光照和持续黑暗条件下的种子萌发开始的时间相同（图 7-2），但在有光照条件下的种子萌发时间提前了 2 天。结果表明，光照并不是崖柏种子萌发的必要条件，在持续黑暗条件下种子仍能萌发，只在光照条件下的种子持续萌发的时间比持续黑暗条件下有所缩短。

四、浸种时间对崖柏种子萌发的影响

试验发现，随着浸种时间（72h、96h 和 120h）的增加，种子呈现萌发率逐渐降低、萌发指数逐渐升高、萌发势先升高后降低的变化趋势，但不同处理间种子萌发率、萌发指数、萌发势和霉变率均不存在显著差异（表 7-3）。

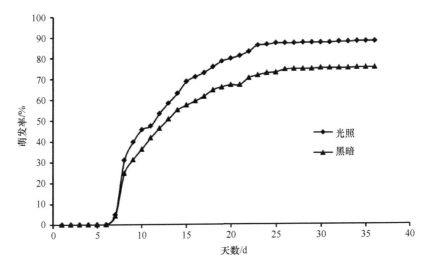

图 7-2　光照和持续黑暗条件下崖柏的种子萌发进程

表 7-3　不同浸种时间对崖柏种子萌发的影响

浸种时间/h	萌发率/%	萌发指数	萌发势/%	霉变率/%
72	88±5a	9.26±0.99a	53±7a	3±1a
96	86±2a	9.37±0.46a	60±5a	3±1a
120	82±2a	9.58±0.62a	46±3a	5±1a

不同浸种时间下种子萌发开始的时间略有不同（图 7-3）。浸种 120h 和 96h 的种子萌发开始时间为播后第 5 天，浸种 72h 的在播后第 6 天，浸种 120h 和 96h 的比浸种 72h 的提前了 1 天。浸种 120h 的种子萌发结束时间（22 天）比浸种 72h（24 天）和 96h（24 天）的提前了 2 天。结果表明，种子在被浸泡 72～120h 的时

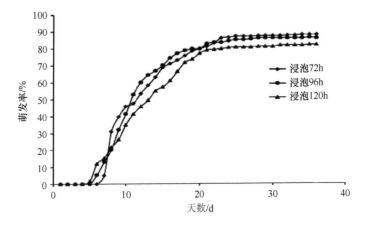

图 7-3　不同浸种时间下崖柏的种子萌发进程

间范围内，浸泡时间的长短对种子萌发率没有产生较大影响，只是浸种时间长的种子萌发开始的时间较早，萌发结束的时间略有提前，浸泡时间较长会使种子的霉变率有所提高。

五、技术要点

（1）崖柏种子萌发的最适温度为25℃。低于或高于25℃，种子萌发受到抑制。30℃高温会显著降低种子萌发率，且种子霉变率会显著提高。25℃下萌发指数和萌发势高，种子萌发开始的时间早，持续萌发的时间短，出苗快，出苗整齐。

（2）光照不是崖柏种子萌发的必要条件。在持续黑暗条件下种子仍可萌发，且光照和持续黑暗下的种子萌发率、萌发指数、萌发势、霉变率等种子萌发指标间差异不显著。但在光照条件下，种子持续萌发的时间比持续黑暗下的短，且霉变率低。

（3）浸种72h、96h和120h对崖柏的种子萌发率、萌发指数、萌发势、种子霉变的影响不显著。但浸种72h的萌发率高，霉变率低，浸种96h和120h的萌发率有所降低，浸种120h的霉变率有所提高。因此，浸种72h基本上就可以满足崖柏种子萌发对水分的需求。

第二节 崖柏嫩枝扦插繁殖的环境需求及最佳处理

大多数濒危树种的结实周期较长、结实量小、种子发育不良，用种子繁殖存在困难（郭泉水等，2015；何政坤等，2000；Owens，1995；Owens et al.，1990）。崖柏也存在同样的问题。扦插繁殖不受种子产量和质量的影响，还可保持母树的优良性状（Mehri et al.，2013），对濒危树种的扩繁具有重要的现实意义。硬枝扦插和嫩枝扦插是扦插繁殖的两种方式。与硬枝相比，嫩枝的细胞分生组织更为活跃，光合作用旺盛，合成的生长素较多，阻碍生根的物质较少（史玉群，2001）。因此，采用嫩枝扦插更有利于提高难生根树种插穗的生根率和根系质量（张华等，2006；高登选等，2005；孟冬梅等，2003）。本节重点对崖柏嫩枝扦插进行研究，以期揭示适合崖柏嫩枝扦插生根的环境条件，筛选最佳处理组合。

一、材料与方法

试验在中国林业科学研究院（39°56′N，116°16′E）半自动科研温室进行。插穗取自中国林业科学研究院院内的崖柏繁育圃。母树年龄分别为3年生、6年生和8年生。插穗从母树树冠中上部的侧枝顶端半木质化的枝条中选取，插穗长度为10～15cm。插穗采集和扦插时间为2016年8月2日。扦插基质由草炭土、珍珠岩、蛭石按体积比配制而成（表 7-4）；生长调节剂选用 GGR_6 和 IBA，配制浓度分别为 1000mg/L、2000mg/L（朱莉等，2014b）；扦插容器为口径 8cm、高 10cm 的黑色软塑料营养杯、白色硬塑料营养杯和无纺布育苗袋。扦插处理和扦插苗管理参照有关文献（朱莉等，2014b）。

表 7-4　崖柏嫩枝扦插试验方案和插后插穗的平均生根率

试验号	试验因素				试验结果	
	母树年龄（A）	生长调节剂（B）	扦插容器（C）	扦插基质（D）	插后70天生根率/%	插后260天生根率/%
1	1	1	1	1	42	87
2	1	2	2	2	65	95
3	1	3	3	3	43	98
4	2	1	2	3	3	98
5	2	2	3	1	32	63
6	2	3	1	2	29	100
7	3	1	3	2	3	85
8	3	2	1	3	11	87
9	3	3	2	1	0	53

选用正交表 $L_9(3^4)$ 进行试验设计（袁志发和周静芋，2000）。以母树年龄（A）、生长调节剂（B）、扦插容器（C）和扦插基质（D）为试验因素，每个因素下设 3 个水平（表 7-4）。共设 9 个处理，每个处理的插穗数量为 45 根。插后 70 天调查插穗生根率。生根标准参照有关文献（Paes et al., 2003）。插后 260 天，在调查生根率的同时，调查根系发育状况和单株根系干质量。统计分析包括对不同调查时期、不同处理水平下的生根率、根系发育指标的极差和方差分析，以及对有显著差异的指标进行多重比较，同时对根系发育指标进行隶属函数值计算（尚秀华等，2012；Zadeh, 1965）。

二、不同试验因素和水平下的生根率

对不同调查时间各处理的插穗生根率进行调查的结果（表 7-4）显示，插后 70 天，除 9 号处理未见生根外，其他各处理的插穗上都有不定根生成。最低生根率 3%，最高 65%，平均 25%；插后 260 天，所有处理的插穗均有不定根生成，最低生根率 53%，最高 100%，平均 85%。极差分析结果表明，插后 70 天，以母树年龄 R 值最大（45），其次为生长调节剂（20），再次为扦插基质（13），以扦插容器的 R 值最小（5）；插后 260 天，以扦插基质的 R 值最大（27），其次是母树年龄（18），再次为扦插容器（9），以生长调节剂的 R 值最小（8）。

在插后 70 天和 260 天，母树年龄的各水平影响作用大小相同，均为 3 年生（A_1）>6 年生（A_2）>8 年生（A_3），即母树年龄越小，生根率越高。插后 70 天，生长调节剂、扦插容器、扦插基质中各水平的影响作用大小分别为 $B_2>B_3>B_1$、$C_1>C_3>C_2$、$D_2>D_1>D_3$；插后 260 天，为 $B_1>B_3>B_2$、$C_1>C_3=C_2$、$D_3>D_2>D_1$。结果表明，随着插后时间的延长，其他各处理水平的影响作用大小都有一些变化，但母树年龄各水平的影响作用大小没有改变。

插后 70 天和 260 天，根据各因素每个水平试验结果的平均值大小可以确定最佳处理水平组合（罗鸣福，1984）。插后 70 天和 260 天的最佳处理水平组合分别是：从 3 年生母树上采集插穗，IBA 速蘸处理，无纺布育苗袋，基质为草炭土：珍珠岩：蛭石（1：1：1）（$A_1B_2C_1D_2$）；从 3 年生母树上采集插穗，GGR_6 速蘸处理，无纺布育苗袋，基质为草炭土：珍珠岩：蛭石（1：2：1）（$A_1B_1C_1D_3$）。

三、不同试验因素和水平下的根系发育状况

发达的根系是苗木生长健壮的基础。一级不定根数量、一级不定根最长根长和单株根系干质量是反映扦插苗木根系发育状况的重要指标。对插后 260 天的根系发育指标进行极差分析，结果如图 7-4 所示。一级不定根数量和单株根系干质量均是以母树年龄的 R 值最大（16.03 和 0.44），一级不定根最长根长以扦插容器的 R 值最大（11.05）。母树年龄各水平对一级不定根最长根长和单株根系干质量影响作用大小相同，均为 $A_1>A_2>A_3$，对一级不定根数量的影响为 $A_2>A_1>A_3$；生长调节剂对一级不定根最长根长和单株根系干质量的影响为 $B_2>B_3>B_1$，对一级不定根数量的影响为 $B_2>B_1>B_3$；扦插容器对一级不定根最长根长的影响为 $C_2>C_1>C_3$，对一级不定根数量的影响为 $C_3>C_2>C_1$，对单株根系干质量的影响为 $C_2>C_3>C_1$；基质对一级不定根最长根长的影响为 $D_2>D_3>D_1$，对一级不定根数量的影响为 $D_3>D_1>D_2$，对单株根系干质量的影响为 $D_2>D_3>D_1$。

对一级不定根最长根长和单株根系干质量的最佳处理组合均为 $A_1B_2C_2D_2$，即从 3 年生母树采集插穗、IBA 速蘸处理、黑色软塑料营养杯、草炭土：珍珠岩：蛭石（1：1：1）；对一级不定根数量的最佳处理组合为 $A_2B_2C_3D_3$，即从 6 年生母树上采集插穗、IBA 速蘸处理、白色硬塑料营养杯、草炭土：珍珠岩：蛭石（1：2：1）。

四、不同处理组合根系发育指标的隶属函数及分析

从以上分析结果不难发现，同一处理组合、不同根系发育指标间的优劣表现不尽相同，说明仅凭单个指标难以准确、全面地反映各处理组合的根系发育状况。为此，采用模糊数学中的隶属函数分析法，对 9 个处理组合、3 个根系发育指标进行综合评价，结果显示（表 7-5）：以 2 号处理，即 3 年生母树、IBA、黑色软塑料营养杯、草炭土：珍珠岩：蛭石（1：1：1）处理组合的隶属值最大（1.47），表明该处理组合为根系发育的最佳组合。

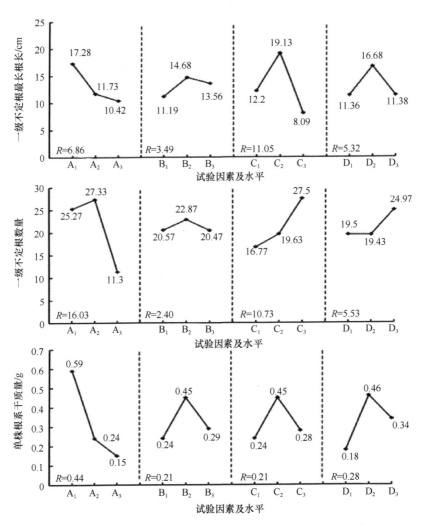

图 7-4 对崖柏嫩枝插 260 天后的根系发育指标的极差分析

表 7-5 不同处理组合对根系发育指标的隶属函数值及综合评价

试验号	一级不定根最长根长/cm	一级不定根数量	单株根系干质量/g	隶属函数值	评价
1	0.49	0.43	0.24	1.16	5
2	0.63	0.53	0.31	1.47	1
3	0.42	0.40	0.44	1.26	3
4	0.41	0.59	0.33	1.33	2
5	0.35	0.28	0.46	1.09	8
6	0.22	0.49	0.55	1.26	3
7	0.45	0.38	0.37	1.20	4
8	0.48	0.39	0.27	1.14	6
9	0.42	0.40	0.28	1.10	7

五、技术要点

（1）崖柏嫩枝扦插存在明显的年龄效应。母树年龄越小，插穗生根率越高，根系发育越好。

（2）扦插基质和生长调节剂的影响作用与插后时间长短有关。随着插后时间的延长，生长调节剂的作用逐渐减小，而扦插基质类型的影响作用逐渐加大。扦插容器类型对插穗生根率无显著影响，只是对一级不定根最长根长有较大影响。

（3）对崖柏嫩枝插穗生根率的最佳处理组合为：从3年生母树上采集插穗、用GGR_6速蘸处理、无纺布育苗袋、草炭土∶珍珠岩∶蛭石（1∶2∶1）；对根系发育的最佳处理组合为：从3年生母树上采集插穗、用IBA速蘸处理、黑色软塑料营养杯、草炭土∶珍珠岩∶蛭石（1∶1∶1）。该处理组合的生根率可达95%。从根系发育和生根率两个方面考虑，该处理组合在崖柏嫩枝扦插实践中具有较高的应用价值。

第三节 适宜崖柏生根培养和移栽的组培条件及最佳处理

组织培养对于种子获取困难、适宜扦插的插穗缺乏而导致种子繁殖和扦插繁殖难以持续的崖柏而言，具有较高的应用价值。近年来，我们在进行崖柏种子繁殖、扦插繁殖技术研究的同时，也相继展开了对崖柏组织培养的研究，并取得了显著成果（Jin et al., 2018）。但从崖柏组织培养研究的系统性和植株再生技术体系建立的完整性方面考虑，还存在以下不足：一是在生根培养中，还缺乏对多种植物生长调节剂和不同配比培养基配合使用的研究；二是缺少移栽研究环节。柏科植物生根困难，因此在生根培养中，常常是将多种植物生长调节剂配合使用，以诱导不定芽生根；然而，也有单独使用一种生长调节剂，而且生根效果也较好的报道（金江群等，2012）。但对崖柏而言，究竟采用哪种处理更好，目前还知之甚少。组培苗移栽是植物组织培养中的一个重要环节，缺少这个环节，则无法了解组培苗对移栽环境的需求，建立的植株再生体系则不具完整性。为此，本节以通过增殖培养获得的崖柏不定芽为试验材料，按照正交试验设计，对不同浓度的两种植物生长调节剂和不同配比的培养基混合使用的生根效果进行研究；同时，对已诱导生根的组培苗开展移栽试验，以期探讨崖柏组培生根培养的最佳处理组合，为崖柏组织培养在崖柏扩繁中的应用提供参考。

一、材料与方法

以在中国林业科学研究院林业研究所组培室继代培养5次的不定芽（Jin et al.,

2018）作为崖柏生根培养的供试材料；从生根率较高的处理组合中，选择生长健壮的植株作为移栽的供试材料。生根培养基和植物生长调节剂选用目前在植物组织培养中应用较为广泛，且在崖柏继代培养中表现良好的 DCR（Jin et al., 2018）为基本培养基，配比方案为 DCR、1/2DCR、1/4DCR。配制过程中，添加 20.0g/L 蔗糖、0.2g/L 肌醇和 6.5g/L 琼脂，pH 调至 6.0。选用 IBA（吲哚丁酸）和 NAA（萘乙酸）为诱导生根的植物生长调节剂，配比方案为 IBA 1.0mg/L、1.5mg/L、2.0mg/L，NAA 0mg/L、0.5mg/L、1.0mg/L。

生根培养试验设计采用 $L_9(3^4)$ 正交表。试验因素为 DCR、NAA 和 IBA。每个因素下设 3 个水平，共 9 种处理（表 7-6）。每瓶接种 3 株。每种处理接种 15 株。

表 7-6　生根培养正交试验因素和水平

水平	因素		
	基本培养基	IBA/（mg/L）	NAA/（mg/L）
1	DCR	1.0	0
2	1/2DCR	1.5	0.5
3	1/4DCR	2.0	1.0

培养条件：以日光灯（飞利浦，28W）为光源，每天连续光照 16h，室温控制在（25±3）℃，相对湿度 75%~80%。培养 3 个月后调查生根率。

炼苗和移栽在中国林业科学研究院科研温室进行。温室的日平均温度为 25~31℃，6~9 月晴天 9:00~11:00 的光合有效辐射（PAR）约 800μmol/(m²·s)，CO_2 浓度约 380μmol/mol（朱莉等，2014b）。移栽基质选用草炭土和珍珠岩，按体积比 2∶1 配制。配制过程中，掺入 1∶500 倍的 50%多菌灵粉剂。移栽容器为口径 8 cm、高 10 cm、底部有渗水孔的黑色塑料杯。移栽前，先将培养瓶从组培室移至温室闭口放置 1 周，而后开口炼苗。1 周后，用清水洗净黏附在根部的培养基，并统计不定根数量、测量根系长度和根系基部的粗度。然后，移栽到容器内，并摆放在育苗托盘上，同时，用塑料薄膜和粗铁丝搭建小拱棚。棚内温度和湿度采用揭棚调控。空气温度保持在 22℃左右，相对湿度保持在 80%左右。用细眼喷壶喷水，使基质处于湿润状态。移栽 1 周后，拆除小拱棚。30 天后调查移栽成活率。

统计指标包括生根率和成活率。生根率=生根的株数/用于生根培养的总株数×100%；成活率=移栽成活的株数/移栽的总株数×100%。数据处理采用 SPSS 19.0 软件中单因素方差分析（one-way ANOVA）模块下的 Duncan 法，对不同处理的生根指标和移栽成活率进行差异显著性检验和多重比较，采用模糊数学中的隶属函数分析法（尚秀华等，2012）计算不同处理组合的隶属函数值。

二、不同处理下的生根率

对不同处理的生根率进行统计的结果（表7-7）显示，生根率较高且排在前3位的是处理3、4、2和5，即DCR+2.0mg/L IBA+1.0mg/L NAA、1/2DCR+1.0mg/L IBA+0.5mg/L NAA、DCR+1.5mg/L IBA+0.5mg/L NAA 和 1/2DCR+1.5mg/L IBA+1.0mg/L NAA，其生根率分别为46.67%、40.00%、26.67%。处理7、8、9次之，分别为13.33%、6.67%、20.00%。处理1和6未见生根。

表7-7 $L_9(3^4)$ 正交试验结果

处理	基本培养基	IBA/（mg/L）	NAA/（mg/L）	生根率/%
1	DCR	1.0	0	0.00
2	DCR	1.5	0.5	26.67
3	DCR	2.0	1.0	46.67
4	1/2DCR	1.0	0.5	40.00
5	1/2DCR	1.5	1.0	26.67
6	1/2DCR	2.0	0	0.00
7	1/4DCR	1.0	1.0	13.33
8	1/4DCR	1.5	0	6.67
9	1/4DCR	2.0	0.5	20.00
K1	73.34	53.33	6.67	
K2	66.67	60.01	86.67	
K3	40.00	66.67	86.67	
k1=K1/3	24.45	17.78	2.22	
k2=K2/3	22.22	20.00	28.89	
k3=K3/3	13.33	22.22	28.89	
极差	11.12	4.45	26.67	

注：K1、K2、K3分别为各因素第1、第2、第3水平生根率的总和，k1、k2、k3分别为各因素第1、第2、第3水平生根率的平均值。

极差大小可反映因素对指标的影响程度和作用大小。一般认为，极差越大，说明该因素对指标的影响越大，作用越重要（续九如等，1995）。从各试验因素的极差（表7-7）大小可知，以植物生长调节剂NAA的极差最大（26.67），其次为不同配比的培养基（11.12），植物生长调节剂IBA的极差最小（4.45）。差异显著性检验的结果表明（表7-8），添加NAA对崖柏不定芽生根的影响达到显著水平，不同配比的培养基以及添加IBA的影响均不显著。

从各因素各水平的平均生根率（表 7-8）可知，在基本培养基中，以第 1 处理水平（DCR）最高，为 24.44%；在添加 IBA 的处理中，以第 3 处理水平（2.0mg/L IBA）最高，为 22.22%；在添加 NAA 的处理中，第 2 处理水平（0.5mg/L NAA）和第 3 水平（1.0mg/L NAA）的平均生根率相等，均为 28.89%。由此得出，崖柏生根率最佳处理组合为：DCR+2.0mg/L IBA+0.5mg/L NAA（或+1.0mg/L NAA）。

表 7-8　不同因素对生根率的影响

因素	处理水平	培养株数/株	生根苗数/株	生根率/%
DCR	1	45	11	24.44±23.41a
	1/2	45	10	22.22±20.37a
	1/4	45	6	13.33±6.67a
IBA	1.0	45	8	17.78±20.37a
	1.5	45	9	20.00±11.55a
	2.0	45	10	22.22±23.41a
NAA	0	45	1	2.22±3.85a
	0.5	45	13	28.89±10.18b
	1.0	45	13	28.89±16.78b

注：表中生根率数值为均值±标准差；同列小写字母表示在 0.05 水平下的显著性。

三、不同处理下的根系数量、质量及综合评价

对生根率较高（处理 2、3、4）的处理组合中植株生根数量和根系质量指标的统计结果（表 7-9）表明，不同处理的生根数量、最长根长、最粗根直径表现一致，均为处理 2>处理 4>处理 3；只有最长根直径表现为处理 4>处理 2>处理 3。差异显著性检验结果表明，各处理间生根数量的差异不显著；处理 2 与处理 4 间的最长根长、最长根直径和最粗根直径差异不显著，但显著高于处理 3；处理 4 与处理 3 的最长根长、最粗根直径差异不显著，但最长根直径显著高于处理 3。

表 7-9　不同处理组合对根系发育指标的隶属函数值及综合评价

处理	调查株数/株	生根数量	最长根长/cm	最长根直径/mm	最粗根直径/mm	隶属函数值	评价
2	16	2.8±2.0a	5.3±2.9a	0.76±0.27a	0.92±0.26a	1.64	1
3	10	2.0±1.2a	2.4±1.8b	0.52±0.32b	0.66±0.33b	1.44	3
4	33	2.5±1.5a	3.7±2.4ab	0.78±0.23a	0.83±0.23ab	1.54	2

注：表中根系指标为均值±标准差；同列小写字母表示在 0.05 水平下的显著性。

采用模糊数学中的隶属函数分析法，计算不同处理的根系质量指标的隶属函数值，并以此为基础，对不同处理进行综合评价（表 7-9），结果显示：以处理 2 的隶属函数值最大（1.64），其次是处理 4（1.54），再次为处理 3（1.44），表明不同处理组合的根系质量优劣排序为：处理 2>处理 4>处理 3。

四、不同处理的移栽成活率

对生根率较高的处理组合（处理 2、3、4）的组培苗进行移栽。移栽 30 天后的调查结果（表 7-10）显示，移栽成活率的高低与对不同处理的生根数量、根系发育指标的综合评价结果（表 7-9）一致，仍为处理 2>处理 4>处理 3。移栽成活率分别为 62.50%、57.58%、10.00%。

表 7-10 生根组培苗移栽成活率

处理	移栽数量/株	成活株数/株	成活率/%	生长状况
2	16	10	62.50	长势良好
3	10	1	10.00	长势较差
4	33	19	57.58	长势较好

五、技术要点

（1）崖柏不定芽生根率较高的处理组合为：DCR+2.0mg/L IBA+0.5mg/L NAA 或 DCR+2.0mg/L IBA+1.0mg/L NAA。该处理组合下的崖柏不定芽平均生根率为 28.89%，最高生根率 46.67%；崖柏组培苗根系质量最佳的处理组合为：DCR+1.5mg/L IBA+0.5mg/L NAA。

（2）崖柏组培苗的移栽成活率高低与其根系发育状况有关。组培苗根系质量越好，移栽成活率越高。在草炭土和珍珠岩（2∶1）混合基质上，移栽成活率可达 62.50%，且长势良好。

（3）在 DCR 培养基中混合使用 IBA 和 NAA 的生根率，高于单独使用 IBA 的生根率。

执笔人：秦爱丽 郭泉水 简尊吉 马凡强
（中国林业科学研究院森林生态环境与自然保护研究所）

参 考 文 献

傅立国, 金鉴明. 1992. 中国植物红皮书: 珍稀濒危植物(第一册). 北京: 科学出版社.

高登选, 郭建和, 梁磊, 等. 2005. 桂花嫩枝扦插繁殖与生根特性试验研究. 山东林业科技, (1): 14-15.
郭泉水, 秦爱丽, 马凡强, 等. 2015. 世界极度濒危物种崖柏研究进展. 世界林业研究, 28(6): 18-22.
国家林业和草原局, 农业农村部. 2021. 国家重点保护野生植物名录.
何政坤, 张淑华, 蔡锦荧. 2000. 台湾油杉空粒种子形成原因的探讨. 台湾林业科学, 15(2): 209-227.
金江群, 韩素英, 郭泉水. 2012. 柏科植物组织培养研究现状与展望. 世界林业研究, 25(2): 34-40.
金铁山. 1992. 树木苗圃学. 哈尔滨: 黑龙江科学技术出版社.
赖江山, 李庆梅, 谢宗强. 2003. 濒危植物秦岭冷杉种子萌发特性的研究, 植物生态学报, 27: 661-666.
刘建锋, 肖文发, 郭志华, 等. 2004. 珍稀濒危植物——崖柏种群结构与动态初步研究. 江西农业大学学报, 26: 377-380.
刘正宇, 杨明宏, 易思荣, 等. 2000. 崖柏没有绝灭. 植物杂志, (3): 8.
罗鸣福. 1984. 林业试验设计方法. 北京: 中国林业出版社.
孟冬梅, 何爱喜, 温要礼. 2003. 猫儿刺嫩枝扦插繁殖. 甘肃林业科技, 28 (2): 35-38.
尚秀华, 谢耀坚, 杨小红, 等. 2012. 不同配比的腐熟基质对桉树育苗效果影响的研究. 热带作物学报, 33 (12): 2150-2155.
史玉群. 2001. 全光照喷雾嫩枝扦插育苗技术. 北京: 中国林业出版社.
孙时轩. 1992. 森林学. 北京: 林业出版社.
田琳琳, 刘佳, 李彦慧. 2018. 不同处理对雾灵香花芥种子萌发特性的影响. 种子, 37: 30-35.
王祥福, 郭泉水, 郝建玺, 等. 2007. 世界级极危物种——崖柏球果特征与出种量的研究. 林业科学研究, 20: 673-677.
续九如, 王丽君, 陈一山, 等. 1995. 金丝小枣优树选择与优系对比试验园的建立. 北京林业大学学报, 17(3): 30-35.
袁志发, 周静芋. 2000. 试验设计与分析. 北京: 高等教育出版社.
张华, 车小凤, 逯向东, 等. 2006. 杜仲温室营养袋育苗技术. 林业实用技术, (11): 22.
朱莉, 郭泉水, 秦爱丽, 等. 2014b. 世界极危物种——崖柏幼树硬枝扦插繁殖研究. 河北林果研究, 29(1): 5-11.
朱莉, 郭泉水, 朱妮妮, 等. 2014a. 世界级极危物种——崖柏的球果和种子性状研究. 种子, 33: 56-63.
Donohue K, Dom L, Griffith C, et al. 2005. The evolutionary ecology of seed germination of *Arabidopsis thaliana*: variable natural selection on germination timing. Evolution, 59: 758-770.
Farjon A, Page C N. 1999. Conifers: Status Survey and Conservation Action Plan. IUCN-SSC Conifer Specialist Group, Gland, Switzerland and Cambridge, UK: IUCN.
Gross K L, Smith A D. 1991. Seed mass and emergence time effects on performance of *Panicum dichotomiflorum* Michx. across environments. Oecologia, 87: 270-278.
Internal Union for Conservation of Nature (IUCN). 2013. Red list threatened species - *Thuja sutchuensis*. http//www.oldredlist.iucnredlist.org/details/32378/0.
Jin J Q, Guo Q S, Han S Y, et al. 2018. In vitro propagation of "Lazarus" species *Thuja sutchuenensis* Franch. Propagation of Ornamental Plants, 18(3): 77-86.
Manfred J, Lesley P, Birgitte S. 2004. Habitat specificity, seed germination and experimental tran-

slocation of the endangered herb *Brachycome muelleri* (Asteraceae). Biological Conservation, 116: 251-267.

Mehri H, Mhanna K, Soltane A, et al. 2013. Performance of olive cuttings (*Olea europaea* L.) of different cultivars growing in the agro-climatic conditions of Al-Jouf (Saudi Arabia). American Journal of Plant Physiology, 8(1): 41-49.

Miller T. 1987. Effects of emergence time on survival and growth in an early old-field plant community. Oecologia, 72: 272-278.

Mills M H, Schwartz M W. 2005. Rare plants at the extremes of distribution: Broadly and narrowly distributed rare species. Biodiversity and Conservation, 14: 1401-1420.

Owens J N, Colangeli A M, Morris J. 1990. The effect of self-, cross-, and no pollination on ovule, embryo, seed, and cone development in western red cedar (*Thuja plicata*). Canadian Journal of Forest Research, 20 (1): 66-75.

Owens J N. 1995. Constraints to seed production: temperate and tropical forest trees. Tree Physiology, 15(7-8): 477-484.

Paes de Carvalho, Maia R, Ferreira G A. 2003. Adenosine regulates the survival of avian retinal neurons and photoreceptors in culture. Neurochemical Research, 28(10): 1583-1590.

Venable D L. 1985. The evolutionary ecology of seed heteromorphism. The American Naturalist, 126: 577-595.

Xiang Q P, Farjon A, Li Z Y, et al. 2002. *Thuja sutchuenensis*: A rediscovered species of the Cupressaceae. Botanical Journal of the Linnean Society, 140: 93.

Zadeh L A.1965. Fuzzy sets. Information and Control, 8 (3): 338-353.

第八章　水杉核心种质资源圃建设

水杉（*Metasequoia glyptostroboides*）是我国著名的杉科（Taxodiaceae）孑遗植物（根据最新的 APG 系统分类），为 1999 年国务院正式公布的 I 级保护树种（第一批），在《中国植物红皮书》中被列为一级保护植物，为珍稀物种（Raizada，1953），在世界自然保护联盟（International Union for Conservation of Nature，IUCN）的《世界自然保护联盟濒危物种红色名录》中被列为极危植物（IUCN，2012），同时列为《全国极小种群野生植物拯救保护工程规划（2011—2015 年）》优先保护的 120 种极小种群之一。过去生物学界认为已无水杉的存在，只能从古老的地层中找到水杉化石，直到 20 世纪 40 年代才在湖北利川境内首次发现。水杉的发现被公认为是 20 世纪我国乃至世界植物界的重大事件（郑万钧，1984）。水杉原生母树的存在，对研究古植物学、演化生物学、古气候学、古地理学、地质学及裸子植物系统发育等具有重要价值。

目前水杉原生种群仅局限于鄂西（湖北利川）、渝东（重庆石柱）、湘西（湖南龙山）所形成的极狭窄的三角形分布区内，地理坐标为 29°44′～30°39′N，108°21′～109°18′E。气候类型属亚热带季风湿润性山地气候，年均降水量 1500mm，集中在 5～9 月，占全年降水量的 70% 以上。夏季极端高温为 35℃，冬季极端低温约为 –5℃，年平均气温为 22℃左右，分布区海拔为 800～1500m。通过湖北民族大学与湖北利川水杉母树管理站联合进行的三次系统资源普查（1997～1998 年、2006～2007 年、2017～2018 年）表明，现存水杉原生母树仅 5696 株（湖北利川 5663 株、湖南龙山 5 株、重庆石柱 28 株）（图 8-1、图 8-2）。在湖北利川分布的水杉原生母树，有 80% 集中在以利川忠路镇小河工作站为中心的山谷地带，南北长约 30km，东西宽约 20km，地形为一南向倾斜的马蹄形盆地，区域内溪流密布，土壤多为黄壤和黄棕壤。

对水杉原生种群的保护一直受到国内的重视和世界的关注（王希群等，2004；Fulling，1976；Chaney，1948）。调查发现，在现存水杉原生母树周边及林下，极少发现有天然更新的水杉幼苗及幼树存在，湖北民族大学课题组在进行水杉原生母树天然更新障碍机制研究的同时，就水杉原生母树核心种质资源的繁殖和资源圃的建立开展了系列工作。

本章通过对水杉原生种群的调查，采集种子进行室内实验，分析温度和水分对水杉种子萌发的影响；进行大田播种，分析水杉原生母树核心种质资源的繁殖特性；采集母树枝条进行扦插实验，分析不同基质、不同生根剂及浓度对水杉插条存活率的影响，从而探寻水杉繁殖和培育的优良途径，为水杉种群的更新复壮提供理论与实践指导。

图 8-1　湖北利川的水杉原生种群

图 8-2　水杉母树个体

第一节　水杉种子繁殖技术

一、种子室内萌发技术

（一）材料

试验种子采自湖北省利川市忠路镇拱桥村原生水杉母树 1091 号，树龄 155 年，树高 37m，胸径 94.6cm，生长地理位置为 30°07′9.9″N，108°35′37.5″E，海拔 1110m。种子千粒重为 3.52g。试验试剂为聚乙二醇（PEG-6000），化学药品为分析纯。试验仪器主要有超净工作台、JY3002 电子天平、YGZ-300F 恒温光照培养箱、冰箱等。

（二）方法

1. 种子采集与处理

2017 年 10 月进行采种，采集球果后及时带回实验室阴干，等到球果完全裂开、种子掉落后，将种子收集起来清理干净，用密封袋封存，放入 4℃ 冰箱冷藏备用（景丹龙等，2011）。

2. 温度设置

水杉原生地春季温度变化范围为 12～24℃，本实验将变温设置为 12h/12℃和 12h/24℃，24h 交替，采用恒温箱设置恒温温度为 15℃、20℃、25℃。

3. 溶液配制

配制 5g/ml 浓度的聚乙二醇（PEG-6000）溶液时，使用电子天平称量聚乙二醇 5g，放入烧杯中，加入纯水用玻璃棒搅拌直至试剂完全溶解，再次加入纯水定容至 100ml。其他浓度溶液配制方法一致，共配制 5g/ml、10g/ml、15g/ml、20g/ml 4 种浓度溶液。

4. 实验方法

采用四分法选取均一、有代表性的种子，90mm 透明塑料培养皿在使用前用 1‰ 的高锰酸钾消毒，纯水冲洗干净，放入 2 张 90mm 滤纸，将种子均匀地放置其中，按照实验设计加入纯水和不同浓度的 PEG-6000 溶液，放置在设置为变温（12℃/12h 和 24℃/12h），以及恒温 15℃、20℃、25℃的温度箱中，设置 12h 光照。共 20 个处理，每处理 50 粒种子，3 个重复。

5. 测定指标

从种子放入温度箱开始，每隔 24h 对各培养皿中的种子进行观察记录，以肉眼看到的白色幼根为标准来判断种子是否萌发，持续观察 1 个月，记录每天的萌发种子数量（图 8-3）。

 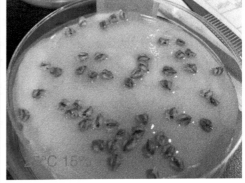

图 8-3 不同处理下水杉种子开始萌发

6. 数据处理与分析

通过记录的数据，对每种处理种子的萌发率、萌发势和萌发指数进行计算，计算公式如下：

萌发率

$$G = \frac{G_a}{G_n} \times 100\%$$

式中，G_a 为萌发种子数；G_n 为供试种子数。

萌发势

$$G_e = \frac{G_{max}}{G_n} \times 100\%$$

式中，G_{max} 为萌发数量最多日的萌发种子数；G_n 为供试种子数。

萌发指数

$$G_i = \sum \frac{G_t}{D_t}$$

式中，G_t 为与 D_t 相对应的每天萌发种子数；D_t 为萌发天数。

采用 Excel 软件记录转换数据，SPSS 22.0 软件进行数据统计分析，对不同温度和水分影响水杉种子萌发指标的结果进行方差分析和 Duncan 法多重比较，Origin 2018 绘制统计图。

二、种子萌发的影响因素分析

（一）不同温度与不同 PEG-6000 溶液浓度下水杉种子的萌发指数

由表 8-1 和图 8-3 可见，水杉种子萌发指标在变温与其他温度处理下没有显著差异（$P>0.05$），在不同 PEG-6000 溶液浓度下差异显著（$P<0.05$），水杉种子萌发率和萌发指数在不同温度与不同 PEG-6000 溶液浓度的交互作用下差异极显著（$P<0.001$），萌发势差异显著（$P<0.05$）。

表 8-1 不同温度与不同 PEG-6000 溶液浓度对水杉种子萌发的方差分析

因素	萌发率	萌发势	萌发指数
温度	0.433	0.925	0.441
PEG-6000 溶液浓度	0.043	0.043	0.014
温度×PEG-6000 溶液浓度	0.000	0.009	0.001

（二）不同温度对水杉种子萌发的影响

由图 8-4 可见，在相同的 PEG-6000 溶液浓度下，不同温度下水杉种子萌发率没有显著差异（$P>0.05$）；萌发势在 5g/ml 和 15g/ml 时差异不显著（$P>0.05$），在 0g/ml 和 10g/ml 时差异显著（$P<0.05$）；萌发指数在 15g/ml 时无显著差异（$P>0.05$），在 0g/ml、5g/ml 和 10g/ml 时差异显著（$P<0.05$）。变温条件下水杉种子的平均萌发率最高，显著高于温度为 15℃时的 34.75%。平均萌发势最高的为变温条件和 20℃温度条件下，显著高于 15℃温度条件下的 11%，25℃条件下的平均萌发势与其他温度条件下的平均萌发势没有显著差异（$P>0.05$）。15℃温度条件下的平均萌发指数为最低（3.54），与变温和 20℃温度条件下的平均萌发指数差异显著（$P<0.05$）。平均萌发指数最高的是 20℃温度条件下的水杉种子（12.75），是 15℃温度条件下水杉种子平均萌发指数的 3.6 倍。

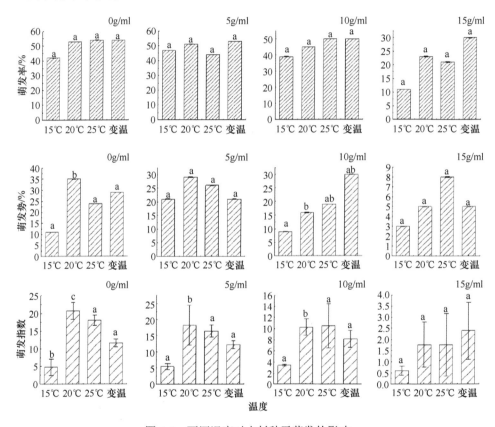

图 8-4　不同温度对水杉种子萌发的影响

（三）不同 PEG-6000 溶液浓度对水杉种子萌发的影响

研究发现，PEG-6000 溶液配制为 20g/ml 时，水杉种子不萌发。由图 8-4 和图 8-5 可见，水杉种子的萌发率、萌发势和萌发指数在不同 PEG-6000 溶液浓度处理下差异显著（$P<0.05$），且均随 PEG-6000 溶液浓度的增高而呈现出下降的趋势，下降趋势由缓变快，说明 PEG-6000 模拟的干旱胁迫在总体上对水杉种子的萌发有抑制作用，过度的干旱胁迫导致水杉种子活力丧失。随着 PEG-6000 溶液浓度上升，

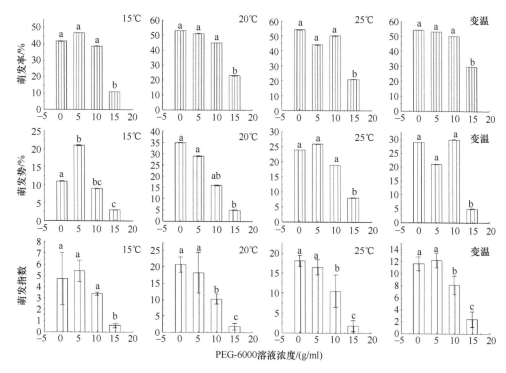

图 8-5 不同 PEG-6000 溶液浓度对水杉种子萌发的影响

萌发指数的变化幅度最大,说明使用 PEG-6000 模拟干旱胁迫对萌发指数的影响程度最高,表明干旱胁迫越严重,水杉种子的活力指数下降越多。

(四)不同温度与不同 PEG-6000 溶液浓度交互作用对水杉种子萌发的影响

由图 8-6 可见,不同温度与不同 PEG-6000 溶液浓度的交互作用对水杉种子萌发有极显著的影响($P<0.001$)。萌发率最高的是变温条件和 25℃温度条件下纯水对照组的水杉种子(为 54%),萌发率最低的是 15℃温度条件下 PEG-6000 溶液浓度为 15% 的水杉种子(为 11%)。在变温条件和 25℃温度条件下,水杉种子的萌发率随着 PEG-6000 溶液浓度梯度的增大而下降。而在 15℃温度条件下,5g/ml 的 PEG-6000 溶液浓度的萌发率显著高于其他组(为 47%)。在 25℃温度条件下,萌发率最高的是纯水对照组(为 54%),PEG-6000 溶液浓度为 10g/ml 处理(50%)高于 5g/ml 浓度处理(44%)。萌发势最高的是 20℃温度条件下纯水对照组的水杉种子(为 35%)。在 20℃温度条件下,水杉种子萌发势随着 PEG-6000 溶液浓度的增高而下降。在 15℃和 25℃温度条件下,水杉种子最高萌发势都是在 5g/ml 的 PEG-6000 溶液浓度处理下(分别为 21% 和 26%),而在变温条件下,萌发势最高的是 10g/ml 的 PEG-6000 溶液浓度处理下。萌发指数最高的是 20℃温度条件下纯

水对照组的水杉种子，为 20.7，在 20℃和 25℃温度条件下，萌发指数随着 PEG-6000 溶液浓度的增高而下降，而在变温条件和 15℃温度条件下，萌发指数最高的为 5g/ml 的 PEG-6000 溶液浓度处理。以上研究结果说明，在水杉种子能够萌发的温度范围内，当温度偏低或是偏高的时候，适当地进行干旱胁迫有利于激发水杉种子活力，促进萌发。

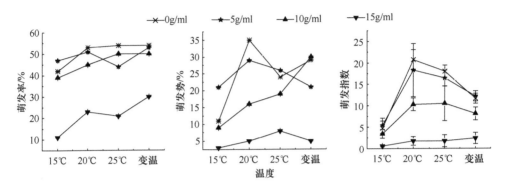

图 8-6　温度与 PEG-6000 溶液浓度对水杉种子萌发的交互作用

（五）总结

本研究发现水杉种子平均萌发率最高的是在变温条件下，说明水杉原生地春季低温并不是造成水杉种子难以萌发的因素。在 15℃的温度条件下，萌发率、萌发势和萌发指数均呈最低，说明低温抑制了水杉种子的萌发。

研究发现，PEG-6000 模拟的干旱胁迫对水杉种子的萌发率有抑制作用，当浓度>20g/ml 时，水杉种子不再萌发。在 15℃时，5g/ml 的 PEG-6000 溶液浓度对水杉种子的萌发率和萌发势有促进作用。在变温条件下，10g/ml 的 PEG-6000 溶液浓度处理的水杉种子的萌发势和 5g/ml 浓度下的萌发指数显著高于其他处理。在 25℃时，5g/ml 的 PEG-6000 溶液能够促进水杉种子的萌发势。低浓度的 PEG-6000 溶液对水杉种子萌发有一定的促进作用，萌发势可以评价种子的萌发速度和萌发整齐度，萌发指数是种子的活力指标，因此可以认为 PEG-6000 模拟的干旱胁迫在温度偏高或是偏低时，可以增强萌发速度和萌发整齐度。

水杉原生种群产种量低且不稳定、自然状态下种子萌发率低、幼苗生长环境不良等问题严重限制了水杉天然更新。因此，采用人工技术提高水杉种子萌发率对于水杉种群更新具有重要作用。本研究在实践调查的基础上，发现水杉原生种群缺少实生幼苗和幼树，因此，要促进水杉种群的更新复壮，就需要用到人工技术来辅助水杉繁殖，利用有限的种子，提高其萌发率，从而为水杉种群壮大幼苗库，辅助其自然更新。本研究所得出的结论结合其他学者的研究结果，能够为水杉原生种群的天然更新困难的障碍因素进行一些论证，对水杉人工繁殖技术具有一定的实践指导意义。但本研究结果是在一定的实验条件下得出的,有一定的局限性,水杉原生种群天然更新困难的障碍因素需要更进一步的探究。

第二节 水杉种子室外萌发技术研究

为了探究不同水杉原生母树个体的繁殖特性,探讨其自然更新困难的原因,以水杉原生母树为研究对象,尝试从水杉原生种群繁殖特性的角度,分析和阐明其从产种、萌发到幼苗生长与存活这一段生活史的规律,为进一步获取水杉原生种群自然更新困难和致危机制提供参考与借鉴。在人工可控的条件下对幼苗进行不同光照强度处理,探究不同光照强度下水杉幼苗的苗高、基径及叶片的响应差异,以期初步阐明其生长发育过程中对光照强度的适应对策,为水杉的推广栽培提供理论参考。

一、研究材料

研究对象为40株水杉核心种质资源个体。2017年11月采集水杉种子,其中,仅发现有7株母树产种,母树个体编号分别为0723、1011、4534、4541、5685、5705、5741。母树信息如表8-2所示。

表8-2 2018年播种种子来源母树信息

原始编号	分布特点	年龄	树高/m	胸径/cm	东西冠幅/m	南北冠幅/m	经度	纬度	海拔/m
0723	散生	105	37.0	78.0	7.0	11.0	108°35′55.80″	30°06′54.50″	1120
1011	散生	155	39.0	76.1	8.0	9.0	108°35′50.70″	30°07′43.90″	1170
4534	群状	85	30.0	76.3	8.0	7.0	108°39′13.84″	30°07′27.18″	1103
4541	群状	85	30.0	105.6	7.0	9.0	108°38′52.86″	30°07′19.78″	1153
5685	群状	85	36.0	78.5	12.0	12.0	108°40′33.44″	30°08′49.90″	1073
5705	群状	75	29.0	42.2	5.0	4.0	108°40′56.17″	30°09′03.23″	1043
5741	群状	160	32.0	72.5	8.0	8.0	108°40′21.17″	30°09′07.70″	1213

二、研究方法

(一)球果及种子样本采集与性状测定

采集新鲜球果后,及时测定新鲜球果产量和千粒重,然后将其放置于阳台上阴干,直至种子完全从球果中脱离出来,收集种子,测定种子产量和千粒重。

球果千粒重和种子千粒重采用精度为万分之一的电子天平测定,每组数据 3 个重复。

(二)田间播种及幼苗性状的测量

2018 年 4 月初,在利川市林业科学研究所基地(108°5′12″E,30°16′1″N)开展田间播种试验,基地土壤为山地黄壤,海拔 1120m。在大田中选取地面平缓的区域,依次进行除草、整地和杀菌。按不同母树个体分开播种,将种子均匀撒播在地表,播种密度为 3 粒/cm^2,然后在种子上面铺一层细土,厚度约为 2mm,再在上面均匀地覆盖一层稻草,厚度约为 5mm,遮盖率需达到 80%以上。完成后,浇水使土壤和稻草湿透(图 8-7、图 8-8)。

图 8-7　播种　　　　　　图 8-8　播种后覆盖稻草、立标识牌

种子出苗后,在田垄中随机设置 3 个 30cm×30cm 的样框,将嵌入框内的种苗计数,计算萌发率。之后,每 15 天调查 1 次,根据存活的幼苗数量计算其存活率;在每个样框中随机抽取 10 株幼苗进行苗高和基径测定,获得幼苗生长指标(图 8-9~图 8-14)。

图 8-9　水杉种子开始萌发(彩图请扫封底二维码)

图 8-10　水杉种子长出真叶

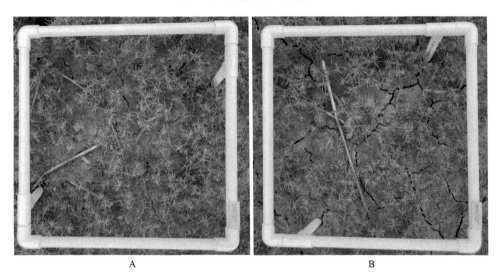

图 8-11　水杉幼苗早期生长状况

图 8-12　水杉幼苗早中期生长状况

图 8-13　水杉幼苗中后期生长状况

图 8-14　秋季水杉幼苗叶片枯黄即将凋落

三、母树个体及其繁殖性状特征

调查的 40 株母树个体主要分布在海拔 1000～1300m 范围内,大部分沿河流、水沟分布,基本处于中下部或山谷地带,且有人为活动的干扰。其中,仅有 7 株产种,产种率仅为 18%;这 7 株个体年龄范围为 75～160 年,平均年龄 107 年,变异系数为 33.19%；种子萌发率均值为 19.73%，变异系数为 25.95%；幼苗平均存活率均值为 73.42%（表 8-3）。

表 8-3　7 株核心种质资源原生母树个体性状特征及繁殖特性

性状	均值±标准差	极大值	极小值	变异系数/%	F
年龄/年	107.14±35.57	160.00	75.00	33.19	—
树高/m	33.29±3.99	39.00	29.00	11.99	—
胸径/cm	75.61±18.44	105.59	42.18	24.39	—
平均冠幅/m	8.21±2.21	12.00	4.50	26.92	—
鲜果千粒重/g	2592.58±617.62	2592.58±617.62	2592.58±617.62	23.82	—
种子千粒重/g	2.01±0.41	2.56	1.47	20.40	22.402***
萌发率/%	19.73±5.12	26.67	10.56	25.95	19.144***
存活率/%	73.42±19.30	100.00	44.11	26.29	4.539*
基径/mm	1.51±0.27	1.88	1.16	17.88	10.333***
苗高/mm	130.27±18.80	168.60	112.43	14.13	2.645

* $P<0.05$；** $P<0.01$；*** $P<0.001$。

四、母树个体与繁殖特性的关系

母树树高与幼苗存活率呈显著正相关（$P<0.05$），母树树高与幼苗基径生长呈极显著正相关（$P<0.01$），母树胸径与种子萌发率呈显著负相关（$P<0.05$）（表 8-4）。母树树高对幼苗的存活率和基径有显著影响，树高为正效应，树高增加，幼苗的存活率和基径也随之增加；母树胸径对种子萌发率有显著影响，表现胸径增大，萌发率随之下降（表 8-5）。

表 8-4　母树性状与繁殖特性之间的相关性

	年龄	树高	胸径	平均冠幅	鲜果千粒重	种子千粒重	萌发率	存活率	基径	苗高
年龄/年	1									
树高/m	0.494	1								
胸径/cm	0.047	0.149	1							
平均冠幅/m	0.120	0.643	0.534	1						
鲜果千粒重/g	−0.245	0.150	−0.221	0.543	1					
种子千粒重/g	−0.159	0.225	−0.732	0.001	0.677	1				
萌发率/%	−0.468	−0.533	−0.843*	−0.607	0.305	0.659	1			
存活率/%	0.403	0.852*	0.541	0.588	−0.213	−0.230	−0.786*	1		
基径/mm	0.449	0.878**	0.146	0.308	−0.186	0.148	−0.459	0.866*	1	
苗高/mm	0.236	0.718	0.012	0.232	0.041	0.396	−0.238	0.562	0.818*	1

* $P<0.05$；** $P<0.01$。

表 8-5　母树性状对种子萌发和幼苗生长的影响

生长指标	年龄			树高			胸径			平均冠幅		
	回归系数	决定系数	显著性 P	回归系数	决定系数	显著性 P	回归系数	决定系数	显著性 P	回归系数	决定系数	显著性 P
萌发率/%	−0.14	0.06	$P>0.05$	−0.82	−1.41	$P>0.05$	−0.48	0.65	$P<0.05$	−2.89	0.24	$P>0.05$
存活率/%	0.31	0.20	$P>0.05$	3.94	0.60	$P<0.05$	0.61	0.21	$P>0.05$	5.00	0.19	$P>0.05$
基径/mm	0.002	−0.15	$P>0.05$	0.05	0.50	$P<0.05$	0.003	−0.15	$P>0.05$	0.03	−0.11	$P>0.05$
苗高/mm	0.02	−0.20	$P>0.05$	1.41	−0.09	$P>0.05$	−0.37	−0.05	$P>0.05$	−1.45	−0.16	$P>0.05$

五、幼苗生长节律参数

由表 8-6 可以看出，不同母树个体苗高逻辑斯谛（Logistic）拟合方程的决定系数为 0.928～0.993，表明 Logistic 模型拟合的苗高与实测值符合程度较高，说明利用 Logistic 方程拟合水杉苗高生长节律是可行的。7 个不同母树个体水杉幼苗的物候期参数存在差异（表 8-7）。不同母树个体间苗高的线性生长始期存在差异，不同母树个体苗高的速生期起止时间和持续时间存在明显差异。7 个不同母树个体水杉幼苗的苗高生长参数也有差异，各母树个体间线性生长量占总生长量百分比的差异小于 MGR、LGR 的差异。

表 8-6　不同水杉母树种源幼苗苗高生长曲线方程的拟合参数

母树编号	拟合方程参数					
	生长极限（k）	待定系数（a）	待定系数（b）	决定系数（R^2）	检验值（F）	显著水平（P）
0723	481.375	4.633	0.037	0.991	1 283.823	0.001
2022	394.882	4.922	0.038	0.981	570.855	0.001
4534	251.838	4.352	0.041	0.928	142.671	0.001
4541	321.098	5.137	0.043	0.976	456.289	0.001
5685	333.246	4.585	0.038	0.953	222.561	0.001
5705	351.429	4.404	0.037	0.993	1 640.055	0.001
5741	318.744	4.126	0.036	0.937	165.176	0.001

表 8-7　不同水杉母树种源幼苗苗高生长的物候期参数和生长参数

母树编号	物候期参数			生长参数			
	ELG/d	FLG/d	LGD/d	MGR/(mm/d)	LGR/(mm/d)	TLG/mm	RTLG/%
0723	89.622	160.811	71.189	4.453	3.958	277.922	59.13
2022	94.868	164.184	69.316	3.751	3.335	227.985	59.37
4534	74.024	138.268	64.244	2.581	2.295	145.399	57.62
4541	88.837	150.093	61.256	3.452	3.068	185.386	58.42
5685	86.000	155.316	69.316	3.166	2.814	192.400	60.06
5705	83.432	154.622	71.189	3.251	2.890	202.898	59.29
5741	78.028	151.194	73.167	2.869	2.550	184.027	55.71

注：ELG，线性生长始期；FLG，线性生长末期；LGD，线性生长期；MGR，最大线性生长速率；LGR，线性生长速率；TLG，线性生长量；RTLG，线性生长量占总生长量的百分比。

由表 8-8 可以看出，各不同母树个体基径 Logistic 拟合方程的决定系数为 0.981~0.993，表明 Logistic 拟合值与实测值间的符合程度较高，说明利用 Logistic 方程拟合水杉基径生长节律是可行的。由表 8-8 可以看出，7 个不同母树个体的基径生长参数均有差异，但差异程度不同，不同母树个体间 LGD、MGR 及 LGR 差异大于 TLG 及线性生长量占总生长量百分比的差异。线性生长期幼苗基径生长量均占全年生长量的 55% 以上，是幼苗生长过程中非常重要的时期，这与苗高生长节律的研究结论相同。而且，从线性生长期持续时间来看，苗高的持续时间均低于基径的持续时间，这表明水杉幼苗的苗高停止生长之后，基径还处于生长状态。

表 8-8 不同水杉母树种源幼苗基径生长曲线方程的拟合参数

母树编号	拟合方程参数					
	生长极限（k）	待定系数（a）	待定系数（b）	决定系数（R^2）	检验值（F）	显著水平（P）
0723	8.454	4.277	0.028	0.983	634.530	0.001
2022	8.097	5.496	0.038	0.993	1 491.536	0.001
4534	5.286	3.280	0.019	0.981	581.010	0.001
4541	5.318	4.152	0.030	0.987	832.258	0.001
5685	4.356	4.672	0.037	0.985	716.288	0.001
5705	3.769	3.739	0.029	0.992	1 343.069	0.001
5741	3.702	3.565	0.029	0.988	915.982	0.001

六、研究总结

调查发现，水杉原生母树核心种质资源 40 株个体，仅有 7 株产种且产种量低。通过田间试验发现，产种的 7 株水杉核心种质资源个体，其种子萌发率低，仅为 19.73%，变异系数为 25.95%。说明水杉种子质量差，不同母树之间繁殖变异明显。水杉原生母树繁殖特性的差异能够体现出水杉种群遗传的差异。

水杉原生母树由于长期自然选择的结果，具有抗性强的优良特性，是重要的遗传资源。原生母树的个体性状对其繁殖特性的影响是探究水杉繁殖特性的重要因素。研究发现，原生母树的个体性状中，树高对幼苗的存活率和基径生长有显著的正效应，树高增加，幼苗的存活率和基径也随之增加，母树胸径对种子萌发率有显著负效应，胸径增大，萌发率随之下降。母树年龄、平均冠幅对种子萌发和幼苗存活与生长没有显著影响。说明水杉母树较高的个体比较低的个体对繁殖更有利，这可能与母树生长活力有关，树高较高的母树可能生活力更旺盛，拥有能接触到更多阳光、更易于授粉等更多有利资源，能够产生更多质量高的种子。本研究调查的 40 株水杉原生母树核心种质资源个体胸径变幅为 27.1~123.3cm，平均胸径为 65.7cm。因此，水杉原生种群母树胸径过大可能是影响水杉种子质量差的重要因素，进一步影响了水杉种群的繁殖更新。水杉母树树高对于幼苗的存活率和基径生长的正效应有利于指导人工培育水杉时进行优树优种选择。研究还发现5741号母树产种量高，但萌发率较低，且幼苗生长较差，1011号母树产种量低，萌发率低，但幼苗存活率高，幼苗生长指标良好。综合考虑，5705号母树产种量高，萌发率高，是栽培育苗的良好选择。

研究发现，水杉幼苗的苗高和基径生长符合"S"型生长曲线。水杉幼苗苗高在一年内线性生长量占总生长量的55.71%~60.06%，基径在一年内线性生长量占总生长量的58.90%~79.07%。水杉线性生长期是幼苗生长的关键时期，建议在此期间重点抓好追肥、锄草、病虫害防治等工作，以促进苗木生长。在幼苗生长后期，应停止施肥，以促进苗木木质化，提高苗木质量，使苗木安全越冬，以便提高育苗、造林成活率。另外，从线性生长期持续的时间来看，苗高生长持续时间均小于基径生长持续时间，故今后开展水杉育苗时，建议将基径作为判断幼苗是否进入休眠的重要指标之一。

第三节　水杉扦插繁殖技术研究

以水杉原生母树核心种质资源（40株）和0001号、0002号原生母树为研究对象，建立温室大棚，设计试验方案采集1~2年生枝条作为抽穗进行扦插繁殖试验，分析水杉原生母树扦插苗在不同基质、生根剂、抗生素及其不同浓度下的存活情况，以期找出一条适宜水杉扦插繁殖的优良途径。

一、研究材料

试验对象为华东师范大学采用微卫星分子标记方法从3000余株水杉原生母树中筛选的第一批水杉原生母树核心种质资源40株、水杉原生母树0001号（模式标本树）和0002号原生母树的1~2年生枝条作为试验材料。40株水杉原生母树核心种质资源个体及0001号、0002号原生母树基本信息见表8-9。

二、研究方法

（一）扦插床设计与建设

在利川市谋道镇水杉公园内选择地势平坦、排水良好的耕作土地一块（地理坐标为30°26′04.7″N，108°41′17.8″E，海拔1390m），将土地整平、压实，修建一座长15m、宽8m、高2.9m，面积为120m^2的温室大棚。在温室大棚内修建扦插床，其设计方案如图8-15所示。

表8-9 水杉原生母树核心种质资源及0001号、0002号原生母树基本信息

原始编号	包含等位基因个数	分布特点	树高/m	胸径/cm	平均冠幅/m	海拔/m	坡位	影响生长环境因素	备注
0628	11	群状	26	85.7	8.5	1110	下部	路边、沟边、三角枫	
0691	12	散生	31	59.6	8.5	1160	中部	荒土、柳杉	断梢
0713	9	散生	25	54.1	5	1100	下部	三角枫、公路边、河边	
0723	12	散生	37	78.0	9	1120	下部	黄连土	
0732	11	散生	20	31.5	4	1120	下部	水边、路边	
0735	10	散生	19	27.1	3.5	1120	下部	水边、路边	
0744	14	群状	39	45.9	10	1170	中部	黄连土边	
0745	11	群状	32	55.1	11	1160	中部	山坡、沟边	
0791	10	散生	24	63.7	12	1190	中部	沟边、油竹林	
0815	10	群状	43	92.4	9	1100	下部	路边	
0859	13	散生	28	61.8	6	1140	下部	苗圃地、屋后	
0861	12	散生	26	46.5	5.5	1140	下部	竹林	
0950	13	群状	38	78.0	7.5	1170	中部	山林路边、荒地	
0956	10	散生	32	54.1	7	1190	中部	水沟、山林下部	
0975	10	散生	24	64.0	6.5	1140	中部	苗圃地角	断梢
0981	15	群状	37	81.8	8.5	1130	中部	黄连土、沟边	
0996	11	群状	37	69.1	8	1140	中部	三角枫、沟边	断梢
1005	13	散生	30	62.7	7	1130	下部	三角枫、金银花藤缠绕、土坎	
1009	11	散生							已死亡
1011	10	散生	39	76.1	8.5	1170	中部	沟边、路边	
2415	10	散生	42	78.7	12	1090	下部	屋侧、竹林	
2416	12	散生	33	78.3	9	1090	下部	公路边、牛圈前	
2421	12	散生	29	84.4	15.5	1120	中部	路边、柳杉	
4534	8	群状	30	76.3	7.5	1103	中部		
4541	12	群状	30	105.6	8	1153	中部		
4546	13	散生	30	123.3	14	1036	下部	路边、河边、农田、蚁害	10 m处分岔为两株，根部外露
4562	14	群状	31	74.8	7	1363	中部	河边	
4566	14	群状	32	72.1	6.25	1323	中部	河边	
5235	14	群状	32	56.5	6.5	998	中部	沟边	
5581	12	群状	31	35.6	6.5	1018	下部	沟边、农田	
5590	13	群状	32	62.1	8.5	1006	中部	房屋、路边、农田	
5614	15	群状	30	41.8	5.5	1039	中部		
5618	16	群状	33	48.5	6.5	1040	中部		
5637	13	群状	31	87.9	8	1019	下部	房屋、路边、农田、蚁害	
5641	14	群状	27	57.2	7.5	1067	中部	沟边	
5685	14	群状	36	78.3	12	1073	山谷	河边	
5702	14	群状	31	52.7	5.5	1040	下部	路边、河边、农田	
5705	13	群状	29	42.2	4.5	1043	下部	路边、河边、农田	

续表

原始编号	包含等位基因个数	分布特点	树高/m	胸径/cm	平均冠幅/m	海拔/m	坡位	影响生长环境因素	备注
5716	12	群状	29	48.9	5	1061	下部	沟边	
5741	15	群状	32	72.5	8	1213	下部	河边	
0001	—	散生	35	240.0	22.0	1370	下部	路边、水边	水杉模式标本树
0002	—	散生	41	165	12.5	1078	下部	路边、水边、住宅旁	树基空洞，水泥填补

注："—"表示没有遗传数据

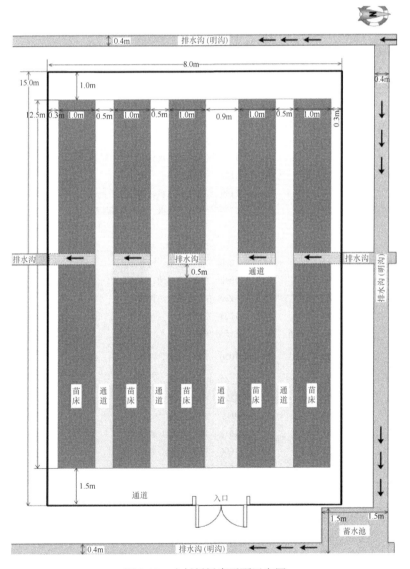

图 8-15 水杉扦插床平面示意图

在平整的地面上开挖深度为 10cm 的箱槽,箱槽四周用空心水泥砖(规格:长 40cm×宽 12cm×高 20cm)砌成扦插床围栏,共 5 箱。扦插床规格大小为长 12.0m×宽 1.0cm×深 30cm,在扦插床内由下向上依次铺设 10cm 碎石、5cm 河沙和 15cm 基质。

(二)插床基质:采用 4 种处理(均需消毒)

  A 号基质:河沙:腐殖土=1:1
  B 号基质:河沙
  C 号基质:红沙土(本地土壤)
  D 号基质:泥炭土

1. 溶剂配制方法

本试验涉及生根剂分为萘乙酸(NAA)、吲哚丁酸(IBA)和两者的混合物,抗生素为兽用青霉素(PG)和兽用头孢霉素(CF)。

(1)生根剂溶液均为现配现用,根据生根剂的浓度不同,使用感量为 0.0001g 的电子天平称取准确的药品质量(NAA 和 IBA 均为分析纯),将药品放入试管,然后缓慢加入适量的溶剂(NAA 为 90%乙醇,IBA 为 36%乙酸),振荡,使药品充分溶解,然后将该溶液转移到 1.0L 的容量瓶中,用纯水润洗试管 3 次,然后定容。

(2)抗生素溶剂均为现配现用,以溶液体积 1.0L 为标准,根据抗生素的不同浓度,使用感量为 0.0001g 的电子天平称取准确的药品质量,将药品放入试管,然后缓慢加入适量纯水,振荡,使药品充分溶解,然后将该溶液转移到 1.0L 的容量瓶中,用纯水润洗试管 3 次,然后定容。

2. 插穗采集与处理

在每株水杉原生母树位点利用 GPS 确定东、南、西、北 4 个方位,同时利用测高仪测定树冠高度,并将树冠划分为上、中、下 3 个层次。然后通过人工攀爬结合使用高枝剪,采集水杉原生母树 4 个方位、3 个层次的 1~2 年生嫩枝枝条与 3~5 年生硬枝枝条,采集过程中尽量降低对水杉原生母树带来的负面影响。采集完成进行混合取样,作为水杉原生母树的扦插样本。将采集的 1~2 年生嫩枝枝条与 3~5 年生硬枝枝条取长 15cm 左右的小段,装入样品保鲜袋,放置在存有冰袋的保鲜箱中暂存,然后及时送回扦插基地进行下一步处理。

3. 修剪枝条与扦插

修剪插条时将插条上端修剪为平口,下端修剪为斜口,上部剪口距顶芽 1cm 左右。插条修剪完成后,将其基部在不同浓度处理的生根剂溶液中浸泡 30s;扦插时先用竹签在基质上打孔,然后将插条插入其中,用土压实。扦插深度为插条的 1/3 左右；扦插株行距为 3cm×3cm。扦插时间为晴天每天上午 10：00 以前、下午 4：00 以后，阴天全天。

本研究于 2018~2019 年共进行了 3 次扦插试验，每次试验的设计与结果如下所示。

4. 2018 年夏季扦插

1）试验材料

嫩枝插条：已筛选的水杉原生母树核心种质资源（40 株）和水杉原生母树 0001 号、0002 号的一年生嫩枝。

2）插床基质

采用 4 种处理（均需消毒）：

A 号基质：河沙：腐殖土=1：1

B 号基质：河沙

C 号基质：红沙土（本地土壤）

D 号基质：泥炭土

3）生根剂

萘乙酸（NAA）和吲哚丁酸（IBA），其浓度（mg/L）配比为：

NAA：0、250、500、750、1000

IBA：0、250、500、750、1000

NAA+IBA：（125+125）、（250+250）、（375+375）、（500+500）、（625+625）

4）试验方案（表 8-10）

表 8-10　2018 年水杉夏季扦插试验设计表（共 56 个处理）（单位：根）

生根剂	生根剂浓度/（mg/L）	基质			
		河沙+腐殖土	河沙	红沙土	泥炭土
对照	0	120	120	120	120
NAA	250	120	120	120	120
NAA	500	120	120	120	120
NAA	750	120	120	120	120
NAA	1000	120	120	120	120
IBA	250	120	120	120	120
IBA	500	120	120	120	120
IBA	750	120	120	120	120
IBA	1000	120	120	120	120
NAA+IBA	250	120	120	120	120
NAA+IBA	500	120	120	120	120

续表

生根剂	生根剂浓度/(mg/L)	基质			
		河沙+腐殖土	河沙	红沙土	泥炭土
NAA+IBA	750	120	120	120	120
NAA+IBA	1000	120	120	120	120
NAA+IBA	1250	120	120	120	120

注：水杉核心种质资源母树 40 株，模式标本母树 0001 号、0002 号 2 株，每株取嫩枝插条 160 根，每处理重复数为 120 根，共 6720 根。

5. 2019 年春季扦插

1）试验材料

嫩枝插条：已筛选的 8 株水杉核心种质资源（0628、0815、0859、4534、4541、4546、5581、5641）和水杉原生母树 0001 号、0002 号的 1~2 年生枝条。

2）插床基质

采用 3 种处理（均需消毒）：

A 号基质：河沙∶腐殖土=1∶1

B 号基质：河沙

C 号基质：红沙土（本地土壤）

3）生根剂

萘乙酸（NAA）、吲哚丁酸（IBA）和两者的混合物。其浓度（mg/L）配比为：

NAA：0、50、150、250

IBA：0、50、150、250

NAA+IBA：（25+25）、（75+75）、（125+125）

4）试验方案（表 8-11）

表 8-11　2019 年水杉春季扦插试验设计表（共 30 个处理）（单位：根）

生根剂	生根剂浓度/(mg/L)	基质		
		河沙+腐殖土	河沙	红沙土
对照	0	150	150	150
NAA	50	150	150	150
NAA	150	150	150	150
NAA	250	150	150	150
IBA	50	150	150	150
IBA	150	150	150	150
IBA	250	150	150	150
NAA+IBA	50	150	150	150

续表

生根剂	生根剂浓度/ （mg/L）	基质		
		河沙+腐殖土	河沙	红沙土
NAA+IBA	150	150	150	150
NAA+IBA	250	150	150	150

注：水杉核心种质资源母树 8 株，模式标本母树 0001 号、0002 号 2 株，每株取硬枝插条 180 根（每处理 15 根），每处理重复数为 150 根，共 4500 根。

6. 2019 年夏季扦插

1）试验材料

硬枝插条：已筛选的 11 株水杉核心种质资源（1005、0996、2421、0744、0981、0735、0971、0861、0745、2415、0691）和水杉原生母树 0002 号的 1～2 年生嫩枝枝条与 3～5 年生硬枝枝条。

2）插床基质

采用 3 种处理（均需消毒）：

A 号基质：河沙∶腐殖土=1∶1

B 号基质：河沙

C 号基质：泥炭土

3）生根剂

生根剂分为萘乙酸（NAA）、吲哚丁酸（IBA）、NAA 和 IBA 混合物、兽用青霉素（PG）、兽用头孢霉素（CF），其浓度（mg/L）配比为：

萘乙酸（NAA）：0、100、300、500

吲哚丁酸（IBA）：0、100、300、500

萘乙酸（NAA）+吲哚丁酸（IBA）：（50+50）、（150+150）、（250+250）

兽用青霉素（PG）：0、100、300、500

兽用头孢霉素（CF）：0、100、300、500

4）试验方案（表 8-12）

表 8-12　2019 年水杉夏季扦插试验设计表（共 48 个处理）（单位：根）

生根剂	生根剂浓度/ （mg/L）	基质		
		河沙	河沙+腐殖土	泥炭土
对照	0	120	120	120
NAA	100	120	120	120
NAA	300	120	120	120
NAA	500	120	120	120

续表

生根剂	生根剂浓度/(mg/L)	基质		
		河沙	河沙+腐殖土	泥炭土
IBA	100	120	120	120
IBA	300	120	120	120
IBA	500	120	120	120
PG	100	120	120	120
PG	300	120	120	120
PG	500	120	120	120
NAA+IBA	100	120	120	120
NAA+IBA	300	120	120	120
NAA+IBA	500	120	120	120
CF	100	120	120	120
CF	300	120	120	120
CF	500	120	120	120

注：水杉核心种质资源母树 11 株，模式标本母树 0002 号，每株取硬枝插条 480 根（每处理 10 根），每处理重复数为 120 根，共 5760 根。

7. 扦插后管理

扦插完成后，及时用喷壶浇透水，同时每天及时检查插床的湿度和温度，保证空气和基质的温湿度在合适范围内。在插床上方，使用塑料薄膜和竹条制作拱棚，保持插床湿度和拱棚内的空气湿度（80%以上），降低插条的蒸腾作用，减少水分丧失。同时在插床的拱棚之上铺设 2 层遮阳网进行遮阴，降低插床和插床上方的温度（40℃以下），避免插条因高温而失水死亡。

三、扦插情况分析

（一）2018 年夏季扦插苗存活率分析

水杉原生母树夏季嫩枝扦插的扦插数、存活数和存活率情况如表 8-13、图 8-16～图 8-20 所示。水杉原生母树核心种质资源夏季嫩枝扦插共计存活 2570 株，全部扦插苗整体存活率为 36.28%。

1. 不同基质

在 4 种不同的基质处理中，泥炭土扦插苗的存活率最高（42.65%），其次为河沙（41.39%）和红沙土（34.25%），存活率最低的为河沙+腐殖土混合基质（26.89%）。

表 8-13 2018年夏季水杉嫩枝扦插的扦插数、存活数和存活率

不同处理	基质									不同浓度总计		
	泥炭土			河沙			河沙+腐殖土			红沙土		
	扦插数	存活数	存活率/%	扦插数	存活数	存活率/%	扦插数	存活数	存活率/%	扦插数	存活数	存活率/%	扦插数	存活数	存活率/%

不同处理	扦插数	存活数	存活率/%	扦插数	存活数	存活率/%	扦插数	存活数	存活率/%	扦插数	存活数	存活率/%	扦插数	存活数	存活率/%
对照-0	111	104	93.69	119	117	98.32	116	87	75.00	108	86	79.63	454	394	86.78
NAA-250	120	39	32.50	120	22	18.33	120	17	14.17	120	14	11.67	480	92	19.17
NAA-500	120	106	88.33	120	104	86.67	120	79	65.83	113	97	85.84	473	386	81.61
NAA-750	121	94	77.69	123	51	41.46	122	25	20.49	117	50	42.74	483	220	45.55
NAA-1000	118	32	27.12	121	25	20.66	124	21	16.94	103	21	20.39	466	99	21.24
NAA 总计	479	271	56.58	484	202	41.74	486	142	29.22	453	182	40.18	1902	797	41.90
IBA-250	120	68	56.67	120	103	85.83	121	51	42.15	119	61	51.26	480	283	58.96
IBA-500	121	19	15.70	123	69	56.10	123	31	25.20	123	102	82.93	490	221	45.10
IBA-750	123	52	42.28	123	57	46.34	121	80	66.12	120	37	30.83	487	226	46.41
IBA-1000	120	27	22.50	121	51	42.15	120	23	19.17	119	23	19.33	480	124	25.83
IBA 总计	484	166	34.30	487	280	57.49	485	185	38.14	481	223	46.36	1937	854	44.09
(NAA+IBA)-250	153	59	38.56	154	102	66.23	154	33	21.43	156	52	33.33	617	246	39.87
(NAA+IBA)-500	154	30	19.48	154	8	5.19	154	6	3.90	151	15	9.93	613	59	9.62
(NAA+IBA)-750	154	63	40.91	154	12	7.79	154	12	7.79	154	20	12.99	616	107	17.37
(NAA+IBA)-1000	120	49	40.83	124	11	8.87	120	15	12.50	120	15	12.50	484	90	18.60
(NAA+IBA)-1250	120	25	20.83	120	3	2.50	120	1	0.83	120	4	3.33	480	33	6.88
(NAA+IBA) 总计	701	226	32.24	706	136	19.26	702	67	9.54	701	106	15.12	2810	535	19.04
不同基质总计	1775	757	42.65	1776	735	41.39	1789	481	26.89	1743	597	34.25	7083	2570	36.28

注：1009号水杉原生母树个体死亡，未能取样；4535号、4541号、4546号、5581号和5641号由于道路封闭，未能取样；在扦插过程中，0628号、0815号和0859号水杉母树插条由于当天天气温异常，样本出现异常，为保证试验数据准确和扦插苗存活率，便将此3株母树样本全部去除。不同处理列的连接符前面为生根剂种类，后面为生根剂浓度（mg/L），后同。

图 8-16　红沙土中的扦插苗

图 8-17　河沙中的扦插苗

图 8-18　河沙+腐殖土中的扦插苗

图 8-19　泥炭土中的扦插苗

A　　　　　　　　　　　　　　　　　　　B

图 8-20　存活后长叶的扦插苗

2. 不同生根剂种类及其不同浓度梯度

不同种类生根剂处理后的插条存活率结果显示（表 8-13），萘乙酸（NAA）处理下的插条平均存活率为 41.90%，吲哚乙酸（IBA）处理下的插条平均存活率略高于萘乙酸（NAA），为 44.09%，混合生根剂处理（NAA+IBA）的平均存活率最低，仅为 19.04%。同时，三种生根剂处理下的插条平均存活率均低于用蒸馏水浸蘸的对照处理（86.78%）。

在不同浓度生根剂处理下，插条存活率变化情况如图 8-21～图 8-23 所示。随着萘乙酸（NAA）浓度的增加，插条存活率先上升后下降；在吲哚乙酸（IBA）处理中，除河沙基质中插条存活率随着浓度的增加逐渐下降外，其余 3 种基质处理随着浓度的增加插条存活率呈现出一定的波动；在不同浓度的混合生根剂（NAA+IBA）处理中，除（NAA+IBA）-250 相对其他浓度存活率明显较高外，其他浓度的存活率均呈先上升后下降的趋势，相比对照处理，高浓度的生根剂抑制了扦插苗的存活。

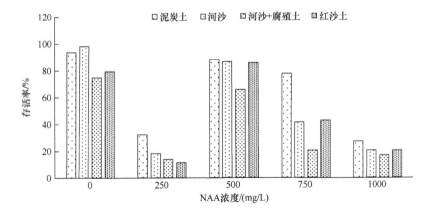

图 8-21 萘乙酸（NAA）处理下的插条存活率

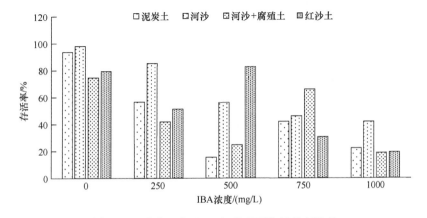

图 8-22 吲哚乙酸（IBA）处理下的插条存活率

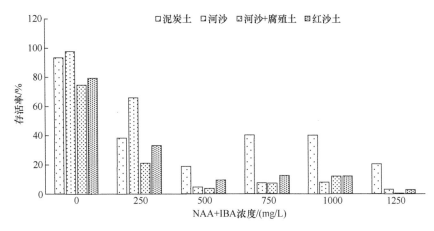

图 8-23　萘乙酸（NAA）和吲哚乙酸（IBA）处理下的插条存活率

（二）不同基质春季扦插苗存活率分析

水杉原生母树 2019 年春季嫩枝扦插的扦插数、存活数和存活率情况如表 8-14、图 8-24～图 8-28 所示。水杉原生母树核心种质资源夏季嫩枝扦插共计存活 973 株，全部扦插苗整体存活率为 24.02%。

图 8-24　红沙土中的扦插苗

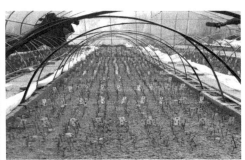

图 8-25　河沙中的扦插苗

图 8-26　河沙+腐殖土中的扦插苗

图 8-27　泥炭土中的扦插苗

　　　　　　A　　　　　　　　　　　　　　B

图 8-28　存活后开始长叶的扦插苗

1. 不同基质

在 3 种不同的基质处理中，河沙插条的存活率最高（41.70%），其次为河沙+腐殖土混合基质（17.33%），存活率最低的为红沙土（13.04%）。

2. 不同生根剂种类及其不同浓度梯度

不同种类生根剂处理后的插条存活率结果显示（表 8-14）：萘乙酸（NAA）处理下的插条平均存活率为 23.87%；吲哚乙酸（IBA）处理下的插条平均存活率略高于萘乙酸（NAA），为 24.86%；混合生根剂处理（NAA+IBA）的存活率略高于其他两种，为 25.10%。同时，三种生根剂处理下的插条存活率均高于用蒸馏水浸蘸的对照处理（18.77%）。

在不同浓度生根剂处理下，插条存活率变化情况如图 8-29～图 8-31 所示。在河沙+腐殖质的基质中，存活率随着萘乙酸（NAA）浓度的增加，先降低后上升，在其他两种基质中，均是先上升后下降；在吲哚乙酸（IBA）处理中，除河沙基质中随着浓度的增加插条存活率先上升、后下降、再上升，其余 2 种基质处理随着浓度的增加插条存活率先上升后下降，上升或下降的幅度均较小；在不同浓度的混合生根剂（NAA+IBA）处理中，除河沙基质中随着浓度的增加插条存活率一直上升，其余 2 种基质处理随着浓度的增加，插条存活率先下降后上升。

（三）2019 年夏季扦插苗存活率分析

水杉原生母树夏季嫩枝扦插的扦插数、存活数和存活率情况如表 8-15、图 8-32～图 8-35 所示。水杉原生母树核心种质资源夏季嫩枝扦插共计存活 2661 株，全部扦插苗整体存活率为 46.20%。

表 8-14 2019 年春季水杉嫩枝扦插的扦插数、存活数和存活率

不同处理	基质									不同浓度总计		
	河沙+腐殖质			河沙			红沙土					
	扦插数	存活数	存活率/%	扦插数	存活数	存活率/%	扦插数	存活数	存活率/%	扦插数	存活数	存活率/%
CK-0	135	23	17.04	135	39	28.89	135	14	10.37	405	76	18.77
NAA-50	135	26	19.26	135	49	36.30	135	10	7.41	405	85	20.99
NAA-150	135	19	14.07	135	70	51.85	135	27	20.00	405	116	28.64
NAA-250	135	26	19.26	135	46	34.07	135	17	12.59	405	89	21.98
NAA 总计	405	71	17.53	405	165	40.74	405	54	13.33	1215	290	23.87
IBA-50	135	23	17.04	135	63	46.67	135	18	13.33	405	104	25.68
IBA-150	135	25	18.52	135	50	37.04	135	22	16.30	405	97	23.95
IBA-250	135	24	17.78	135	59	43.70	135	18	13.33	405	101	24.94
IBA 总计	405	72	17.78	405	172	42.47	405	58	14.32	1215	302	24.86
(NAA+IBA) -50	135	25	18.52	135	58	42.96	135	17	12.59	405	100	24.69
(NAA+IBA) -150	135	17	12.59	135	63	46.67	135	14	10.37	405	94	23.21
(NAA+IBA) -250	135	26	19.26	135	66	48.89	135	19	14.07	405	111	27.41
(NAA+IBA) 总计	405	68	16.79	405	187	46.17	405	50	12.35	1215	305	25.10
不同基质总计	1350	234	17.33	1350	563	41.70	1350	176	13.04	4050	973	24.02

注：由于 4541 号母树枝下高太高未能取样。

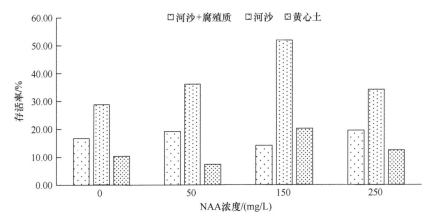

图 8-29 萘乙酸（NAA）处理下的插条存活率

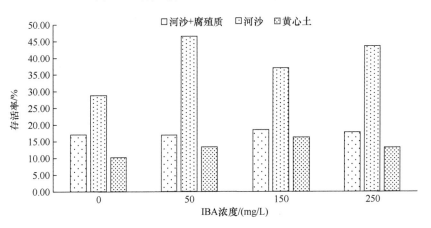

图 8-30 吲哚乙酸（IBA）处理下的插条存活率

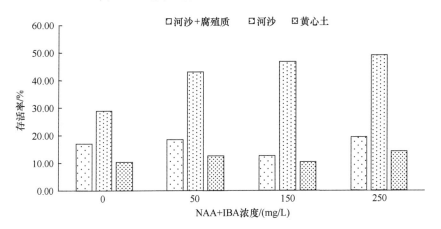

图 8-31 萘乙酸（NAA）和吲哚乙酸（IBA）处理下的插条存活率

表 8-15　2019 年夏季水杉嫩枝扦插的扦插数、存活数和存活率

不同处理	基质 河沙			基质 河沙+腐殖土			基质 泥炭土			不同浓度总计		
	扦插数	存活数	存活率/%	扦插数	存活数	存活率/%	扦插数	存活数	存活率/%	扦插数	存活数	存活率/%
CK-0	120	36	30.00	120	64	53.33	120	58	48.33	360	158	43.89
NAA-100	120	43	35.83	120	69	57.50	120	76	63.33	360	188	52.22
NAA-300	120	48	40.00	120	58	48.33	120	65	54.17	360	171	47.50
NAA-500	120	40	33.33	120	56	46.67	120	65	54.17	360	161	44.72
NAA 总计	360	131	36.39	360	183	50.83	360	206	57.22	1080	520	48.15
IBA-100	120	43	35.83	120	64	53.33	120	79	65.83	360	186	51.67
IBA-300	120	48	40.00	120	70	58.33	120	67	55.83	360	185	51.39
IBA-500	120	52	43.33	120	63	52.50	120	68	56.67	360	183	50.83
IBA 总计	360	143	39.72	360	197	54.72	360	214	59.44	1080	554	51.30
(NAA+IBA) -100	120	53	44.17	120	51	42.50	120	69	57.50	360	173	48.06
(NAA+IBA) -300	120	55	45.83	120	61	50.83	120	74	61.67	360	190	52.78
(NAA+IBA) -500	120	54	45.00	120	65	54.17	120	68	56.67	360	187	51.94
(NAA+IBA) 总计	360	162	45.00	360	177	49.17	360	211	58.61	1080	550	50.93
PG-100	120	57	47.50	120	65	54.17	120	77	64.17	360	199	55.28
PG-300	120	55	45.83	120	69	57.50	120	61	50.83	360	185	51.39
PG-500	120	38	31.67	120	51	42.50	120	54	58.15	360	143	39.72
PG 总计	360	150	41.67	360	185	51.39	360	192	57.72	1080	527	48.80
CF-100	120	27	22.50	120	53	44.17	120	56	46.67	360	136	37.78
CF-300	120	31	25.83	120	44	36.67	120	47	39.17	360	122	33.89
CF-500	120	24	20.00	120	38	31.67	120	32	26.67	360	94	26.11
CF 总计	360	82	22.78	360	135	37.50	360	135	37.50	1080	352	32.59
不同基质总计	1920	704	36.67	1920	941	49.01	1920	1016	52.92	5760	2661	46.20

图 8-32　泥炭土中的扦插苗　　　　　图 8-33　河沙+腐殖土中的扦插苗

图 8-34　河沙中的扦插苗　　　　　　图 8-35　存活的扦插苗

1. 不同基质

在 3 种不同的基质处理中，泥炭土中插条的存活率最高（52.92%），其次为河沙+腐殖土混合基质（49.01%），存活率最低的为河沙基质（36.67%）。

2. 不同生根剂种类及其不同浓度梯度

不同种类生根剂处理后的插条存活率结果显示（表 8-15），用蒸馏水浸蘸的对照处理的插条存活率为 43.89%，3 种不同生根剂处理下的插条平均存活率分别为：萘乙酸（NAA）48.15%，吲哚乙酸（IBA）51.30%，混合生根剂处理（NAA+IBA）50.93%，均高于纯水对照组；2 种抗生素处理下的插条存活率分别为：青霉素（PG）为 48.80%，头孢霉素（CF）为 32.59%，均低于纯水对照组。

在不同浓度生根剂处理下，插条存活率变化情况如图 8-36～图 8-38 所示。随着萘乙酸（NAA）浓度的增加，插条存活率除了在河沙基质中先上升后下降之外，在其余基质中均是先下降后上升；在吲哚乙酸（IBA）处理中，插条存活率在河沙基质中随着浓度的增加逐渐上升，在河沙+腐殖土基质中先上升后下降，在泥炭土基质中则先下降后上升；在不同浓度的混合生根剂（NAA+IBA）处理中，在河沙基质中变化不明显，在河沙+腐殖土基质和泥炭土基质中均是先上升后下降。在不同抗生素中，插条存活率的变化情况如图 8-39、图 8-40 所示。青霉素（PG）处理的插条存活率在河沙基质和河沙+腐殖土基质中先上升后下降，在泥炭土基质中随着浓度的增加而下降；头孢霉素（CF）处理的插条存活率在河沙基质中先上升后下降，在河沙+腐殖土基质和泥炭土基质中随着浓度的增加而下降。

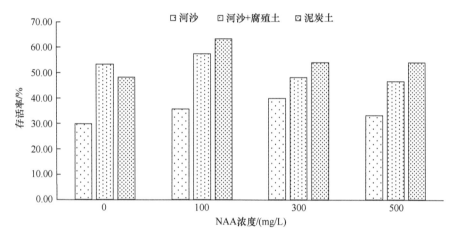

图 8-36　萘乙酸（NAA）处理下的插条存活率

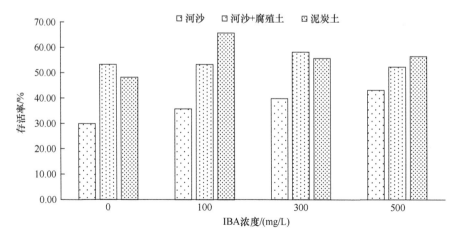

图 8-37　吲哚乙酸（IBA）处理下的插条存活率

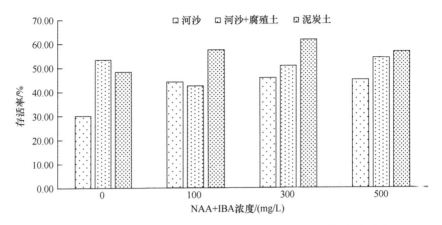

图 8-38 萘乙酸（NAA）和吲哚乙酸（IBA）处理下的插条存活率

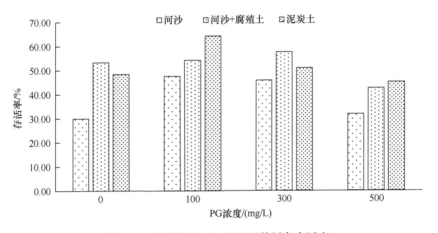

图 8-39 青霉素（PG）处理下的插条存活率

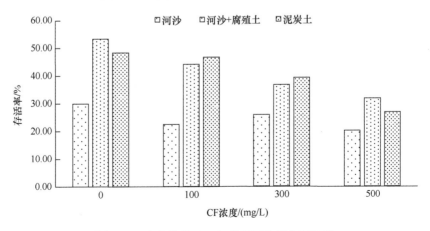

图 8-40 头孢霉素（CF）处理下的插条存活率

四、研究总结

在 2018 年夏季嫩枝扦插繁殖中，水杉原生母树夏季嫩枝扦插苗存活率在 56 种不同基质、生根剂和浓度处理下，呈现出较大的差异，不同处理作用明显。4 种不同扦插基质的插条存活率差异并不明显，以泥炭土和纯河沙作为扦插基质具有较好的效果，结合本地实际情况，泥炭土需要单独购置和运输，成本较高，而本地河沙资源丰富，可以就地取材，也能达到与泥炭土相近的效果。因此，以河沙作为水杉夏季嫩枝扦插的基质更为适宜。就生根剂的选择而言，建议选用萘乙酸（NAA-500）进行水杉夏季嫩枝扦插处理。

然而，在扦插试验开始时的样本异常不能被忽视，控制扦插床的空气温度和湿度在合适范围内是其中的关键环节。从试验措施来看，采用温室大棚进行整体温度和湿度维持，采用薄膜拱棚进行空气湿度控制，采用遮阳网进行遮阴和空气温度控制，三种措施共用具有良好的效果，能维持水杉扦插条的存活与生长。在扦插试验过程中，需控制空气温度在 30～40℃，控制空气湿度在 80%以上。在扦插时间上，8 月正值盛夏，植物已经处于生长最为旺盛的时刻，随着时间的推移，植物生长速率即将转入衰退期，植物体内生长激素浓度降低，而抑制激素浓度增加，加上气温和土壤温度逐渐下降，可能不利于扦插苗的愈伤组织形成和根系生长。因此，水杉夏季嫩枝扦插时间可能需适当提前，以 6 月下旬和 7 月上旬为宜。

在 2019 年春季扦插中，水杉原生母树核心种质资源夏季嫩枝扦插共计存活 973 株，全部扦插苗整体存活率为 24.02%。在 3 种不同的基质处理中，河沙中插条的存活率最高（41.70%），其次为河沙+腐殖土混合基质（17.33%），存活率最低的为红沙土（13.04%）。不同种类生根剂处理后的插条存活率结果显示（表 8-14），萘乙酸（NAA）处理下的插条平均存活率为 23.87%；吲哚乙酸（IBA）处理下的插条平均存活率略高于萘乙酸（NAA），为 24.86%；混合生根剂处理（NAA+IBA）的存活率略高于其他两种，为 25.10%。同时，三种生根剂处理下的插条存活率均高于用蒸馏水浸蘸的对照处理（18.77%）。在不同浓度生根剂处理下，插条存活率变化情况如图 8-29～图 8-31 所示。在河沙+腐殖质的基质中，存活率随着萘乙酸（NAA）浓度的增加先下降后上升，在其他两种基质中，均是先上升后下降；在吲哚乙酸（IBA）处理中，除河沙基质中随着浓度的增加插条存活率先上升后下降再上升外，其余 2 种基质处理随着浓度的增加插条存活率先上升后下降，上升或下降的幅度均较小；在不同浓度的混合生根剂（NAA+IBA）处理中，除河沙基质中插条存活率随着浓度的增加一直上升，其余 2 种基质处理随着浓度的增加插条存活率先下降后上升。

在 2019 年夏季扦插中，水杉原生母树核心种质资源夏季嫩枝扦插共计存活 2661 株，全部扦插苗整体存活率为 46.19%。在 3 种不同的基质处理中，泥炭土中扦插条的存活率最高（52.92%），其次为河沙+腐殖土混合基质（49.01%），存活率最低的为河沙基质（36.67%）。不同种类生根剂处理，用蒸馏水浸蘸的对照处理的插条存活率为 43.89%，3 种不同生根剂处理下的插条存活率分别为：萘乙酸（NAA）48.15%，吲哚乙酸（IBA）51.30%，混合生根剂处理（NAA+IBA）50.93%，均高于纯水对照组；2 种抗生素处理下的插条存活率分别为：青霉素（PG）48.80%，头孢霉素（CF）32.59%，均低于纯水对照组，说明抗生素可能对插条存活有抑制作用。在不同浓度生根剂处理下，随着萘乙酸（NAA）浓度的增加，插条存活率除了在河沙基质中先上升后下降之外，在其余基质中均是先下降后上升；在吲哚乙酸（IBA）处理中，在河沙基质中，随着浓度的增加插条存活率逐渐上升，在河沙+腐殖土基质中先上升后下降，在泥炭土基质中先下降后上升；在不同浓度的混合生根剂（NAA+IBA）处理中，在河沙基质中变化不明显，在河沙+腐殖土基质和泥炭土基质中均是先上升后下降。在不同抗生素中，青霉素（PG）插条存活率在河沙基质和河沙+腐殖土基质中先上升后下降，在泥炭土基质中随着浓度的增加而下降；头孢霉素（CF）插条存活率在河沙基质中先上升后下降，在河沙+腐殖土基质和泥炭土基质中随着浓度的增加而下降。

第四节　水杉核心种质资源圃的建设

在利川小河水杉原生种群生长地，对每株现存水杉原生母树进行母树个体性状（树高、胸径、冠幅）及周围 30 m 范围内的生境（群落、道路、房屋、地形因子）调查，通过微卫星分子标记等位基因的方法从 3000 多株样本中得到第一批核心种质资源母树 40 株，加上模式标本 0001 号、0002 号母树，共 42 株。

一、资源圃的建设区位及环境

如图 8-41、图 8-42 所示，水杉核心种质资源圃位于利川市谋道镇水杉公园内，地理坐标为 30°26′04.7″N，108°41′17.8″E，海拔 1390m，占地面积 5hm^2，处于山谷之中的缓波地段。

资源圃的所在地——利川谋道水杉公园，拥有世界上现存最大的水杉原生母树 0001 号模式标本树。该地距离水杉原生种群分布区——利川市忠路镇小河工作站 60km 左右，平均海拔 1360m；年平均降水量 1470mm，集中在夏、秋两季，5～9 月降水量占全年降水量的 71%；雨热同期明显，年平均气温在 22℃左右，极端最高气温和极端最低气温分别为 35℃和-11.5℃，冬季有积雪现象，年日照时数为 1160～1600h，太阳辐射年总量在 100kcal/cm^2 以下。选址区域内土层深厚，光照与水分充足，拥有适宜水杉生长的环境。

图 8-41　水杉核心种质资源圃

图 8-42　水杉核心种质资源圃的标识牌

二、资源圃的建设规范与流程

资源圃的建设流程如图 8-43 所示，种质资源来自利川市忠路镇小河工作站的水杉原生母树种群。

三、资源圃规模及种质保存

（一）实生苗

水杉核心种质资源圃内共有 7 株母树的核心种质资源实生苗，这些实生苗种子于 2018 年 4 月初播在利川市林业科学研究所，2019 年初移栽至资源圃，目前为二年生幼苗，编号分别为 0723、1011、4534、4541、5685、5705、5741。另有非核心种质资源母树 2392 号的一年生实生苗。

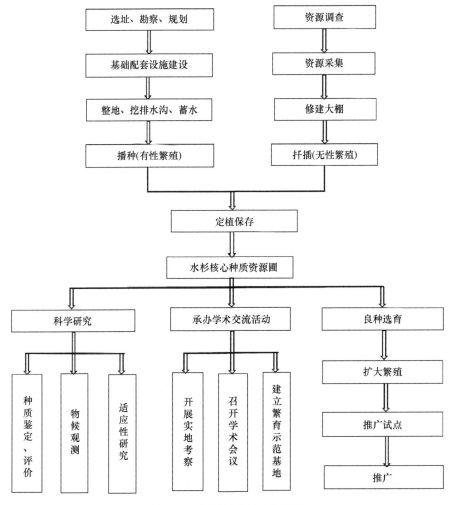

图 8-43 资源圃建立技术流程

（二）扦插苗

水杉核心种质资源圃内共有 38 株核心种质资源母树（1009 号母树死亡，4541 号母树未能采样）的扦插苗。2018 年夏季扦插的存活苗已于 2019 年 7 月采用育苗盆移栽，2019 年春季、夏季扦插在扦插基质苗床中。

（三）建设成效

资源圃建设以来，接待了中国林业科学研究院及各高校专家、学者前来考察学习，华东师范大学、中国科学院武汉植物园先后前来采集样本。依托该资源圃的建立，共完成学术论文 2 篇、科学研究项目 3 项。

第五节 水杉种质资源保护技术

一、种子萌发

通过基础调查和试验研究,结果显示在 24h 内 12℃和 24℃交替进行的变温条件下,水杉种子的平均萌发率和平均萌发势均为最高,分别为 46.75%和 21.25%,研究表明水杉母树原生地春季低温并未对水杉种子萌发造成抑制作用。同时,在原生地野外环境下进行水杉种子萌发和幼苗生长特性探究,发现 3 个月内水杉幼苗平均存活率达到 70%以上,其中存在霉害作用和密度效应,因此也可以认为原生地春季低温未对水杉幼苗的生长造成严重的负面影响。研究还发现,PEG-6000 溶液模拟干旱胁迫过程中,当温度偏低或是偏高时,低浓度的 PEG-6000 溶液(5~10g/ml)对水杉种子萌发势和萌发指数有促进作用。因此,在进行水杉栽培繁殖过程中,可以采用适当浓度的 PEG-6000 溶液来促进种子萌发和出苗整齐,浓度一般为 5~10g/ml 为宜。

二、幼苗生长

水杉原生种群自然更新困难的障碍因素及人工繁殖关键技术一直是探究水杉种群更新复壮的重点和难点。本研究通过分析不同母树产种与种子萌发和幼苗生长特性,验证了不同母树个体限制是影响自然更新的重要因素。研究发现,水杉母树产种率低,且产种量少,不同水杉母树个体之间产种量、种子质量、幼苗生长之间存在显著差异。母树个体性状对种子性状和幼苗生长存在显著影响,具体表现为树高对幼苗存活率有显著正效应、胸径对种子萌发率有显著负效应。不同母树个体种子萌发率均值为 19.73%,幼苗存活率均值为 73.42%,苗高、基径 Logistic 拟合方程的决定系数为 0.928 以上,符合"S"型生长曲线。

三、扦插繁殖

通过 3 次扦插实验,发现不同基质、生根剂和浓度处理下,插条存活率呈现出显著的差异,不同处理作用明显。不同基质中,红沙土(即本地土壤)土壤易板结,且难以彻底消毒,易发生霉害等,因而导致插条存活率低,河沙、河沙+腐殖质因其透气性好、质地易消毒等原因,插条存活率相对较高。不同生根剂中,2018 年夏季扦插结果显示萘乙酸(NAA-500)为水杉夏季嫩枝扦插的适宜生根剂浓度;在 2019 年春季扦插中,混合生根剂处理(NAA+IBA)的存活率略高于其他两种;在 2019 年夏季扦插中,吲哚乙酸(IBA)的存活率略高于其他两种,原因可能在于不同季节、不同插条对生根剂的感应能力不一致,某些插条更适应于某一类生根剂及其浓度。在2019年的夏季扦插实验中，使用抗生素的插条存活率低于浸蘸纯水的对照组，说明抗生素可能对插条存活有抑制作用。

结合本地实际情况，泥炭土需要单独购置和运输，成本较高，而本地河沙资源丰富，可以就地取材，也能达到与泥炭土相近的效果。因此，以河沙作为水杉夏季嫩枝扦插的基质更为适宜。同时，在扦插试验开始时的样本异常不能被忽视，控制扦插床内的空气温度和湿度在合适范围内是一个关键环节。从试验措施来看，采用温室大棚进行整体温度和湿度维持、采用薄膜拱棚进行空气湿度控制、采用遮阳网进行遮阴和空气温度控制这三种措施共用具有良好的效果，能维持水杉扦插条的存活与生长。在扦插试验过程中，需控制空气温度在30～40℃，控制空气湿度在80%以上。在扦插时间上，选择6月下旬至7月上旬扦插效果较为合宜，该阶段正是植物生长旺盛阶段，插条易形成愈伤组织从而生根。在插条的选择上，选择1～2年生嫩枝扦插为宜，嫩枝生长旺盛，富有活力，扦插更易存活。

四、核心种质资源圃的建设

种质资源是国家战略资源和基础资源，世界各国纷纷采取措施加强种质资源的保存。水杉核心种质资源圃的建设很好地保存了水杉核心种质，主要开展现存水杉母树核心种质及其非核心种质资源的繁殖实验，目前已经进行了种子繁殖和扦插繁殖，种子繁殖产生的实生苗生长状况良好，扦插苗较差，总体上繁殖效果良好，这壮大了水杉种群的幼苗库，有利于其种群更新复壮，同时也为后期开展水杉繁殖试验、生境适宜性探究等科学研究提供了良好的科研基地。

执笔人：艾训儒　吴漫玲　黄　小

（湖北民族大学）

参 考 文 献

景丹龙, 梁宏伟, 王玉兵, 等. 2011. 不同光照及储藏温度对水杉种子萌发及酶活性的影响. 湖北农业科学, 50(19): 3980-3983.
王希群, 马履一, 郭保香, 等. 2004. 水杉保护历程和存在的问题.生物多样性, 12(3): 377-385.
郑万钧. 1984. 水杉——六千万年以前遗存之活化石. 植物杂志, (1): 42-43.
Chaney R W. 1948. The bearing of living Metasequoiaceae on problems of Tertiary paleobotany. Proc Nat Acad U.S.A., 34: 415-503.
Fulling E H. 1976. Metasequoia--fossil and living--an initial thirty year (1941-1970) annotated and indexed bibliography with an historical introduction. Botanical Review, 42(3): 215-315.
IUCN. 2012. IUCN Red List. Categories & Criteria: Version 3.1. https://www.iucn.org/[2018-12-12].
Raizada M B. 1953. The Redwood of China (*Metasequoia glyptostroboides* Hu et Cheng). Indian Forester, 79(3): 159-162.

第九章　东北红豆杉种群保护技术

东北红豆杉（*Taxus cuspidata*）又名赤柏松、紫杉，为红豆杉科红豆杉属的一种常绿乔木或灌木，已被中国列为"珍稀濒危灭绝保护植物"和"国家一级保护植物"。

第一节　东北红豆杉生存现状

一、东北红豆杉的生境

东北红豆杉耐阴，密林下亦能生长，在其自然分布区域内呈散生状态，且分布范围较广，垂直分布介于海拔 250～1200m。周志强等（2007）通过研究发现，东北红豆杉在阴坡受到的种间竞争压力是阳坡的 3.27 倍，主要物种的竞争强度显著高于阳坡；随着坡位的改变，东北红豆杉受到的种间竞争压力明显增加；坡度增加，种间竞争强度增加，主要竞争物种排序发生变化；海拔对种间竞争的影响不明显。

东北红豆杉幼苗期幼嫩枝叶极易被日光灼伤，必须进行遮阴，树龄在 3 年以上苗木抗日灼的能力明显加强，7～8 年后开始喜光，对光照的适应幅度变化较大。在保证水肥及空气湿度的条件下可全光下陆地栽培。辽宁大连等地将东北红豆杉作为绿化树种，在光下直接陆地栽培，并未发现不良反应。人工栽培 10 余年时开始开花、结果，正常结实期在 20 年以后，结实有大、小年之分（王志新和陈建军，2005）。

东北红豆杉适生于半阴坡林冠下的偏酸（pH4.5～6）土壤环境，喜欢阴冷、湿润的环境条件，对大气湿度要求严格，以湿润度 0.7 以上为宜，在空气湿度大的环境下生长良好，抗性强；在空气干燥的环境下，生长缓慢，抗性也明显减弱，甚至在生长过程中出现空心的情况。研究表明（徐博超等，2012），东北红豆杉幼苗在不同土壤水分条件下的光合和生理特性反映出，不同土壤含水量对东北红豆杉幼苗的影响不大，但是长期干旱会使东北红豆杉幼苗的叶绿素发生降解，降低东北红豆杉幼苗叶片叶肉细胞利用 CO_2 的能力，使叶片利用光能效率降低，限制了能量的转换和有机物的积累，所以东北红豆杉适宜生长于湿润土壤条件下。东北红豆杉具有较好的耐寒性，在-45℃的低温地区未见冻害（李冬兰等，1998；吴榜华，1983）。

二、东北红豆杉濒危评价

东北红豆杉作为我国重要的药用植物，其茎、枝、叶、根含紫杉醇、紫杉碱、双萜类化合物。紫杉醇以其独特的治癌机理和显著的疗效而风靡全球，已成为国际市场上最热门、最畅销、最紧缺、最昂贵的新型抗癌药物，其价格是黄金的几十倍，素有"植物黄金"之称。除具有抗癌功能外，其还有抑制糖尿病及治疗心脏病的功效。据资料介绍，全世界的紫杉醇年需求量至少在1920~4800kg，而目前全世界的紫杉醇年产量仅有250kg，供求关系严重失衡。生产1kg紫杉醇，需要30t红豆杉枝叶，目前，全世界的野生红豆杉仅有1000万株左右（乔艺和郑春雨，2008），红豆杉资源严重缺乏。

东北红豆杉自然条件下雄树多、雌树少，天然结实率低，且种子具有深度休眠性（周志强等，2007）。种子外层有假种皮包被，成熟时一起脱落，果径和质量大，不能由风力传播（尹雪等，2016），自然条件下需要两冬一夏才能萌发，大量的种子在漫长的休眠期间丧失生命力（刘彤等，2009；程广有等，2004）。由于东北红豆杉花粉无气囊，所以其传播距离短，基本上断绝了与其他近缘种的基因交流。由于以上原因，导致东北红豆杉种群天然更新困难的问题突出。

1981年，Rabinowitz曾经为物种的稀有性找到了许多生态学上的原因，并且在定义稀有性的不同类别时，主要依据以下3个方面。

（1）地理分布：稀有物种的地理分布虽然非常狭窄，但在其出现的地方，有时分布相对较多的个体。东北红豆杉常生于湿润肥沃的河岸、谷地、漫岗，成群或散生于针阔混交林内，表现出明显的分布间断性和星散性特征，由于地质构造和地势地形的变化，使其在特殊的环境中得以保留，形成明显的地理种群隔离。该种分布区狭窄，种群面积一般较小。

（2）生境特殊性：稀有物种虽然仅见于非常特殊的生境，但其地理分布可以是很广的。东北红豆杉分布区面积狭小且破碎化严重，表明该物种对于生长环境的要求较为苛刻，应对现有的东北红豆杉生境适宜性高、生长范围大且集中分布的地区予以重点保护（陈杰等，2019）。

（3）种群数量：稀有物种无论出现在哪里，可能都永远只是个小种群。在整个东北红豆杉自然分布区内调查发现，由于长期无限制的砍伐破坏，自然分布的范围越来越小，已成为濒危的物种，数量大概在3万株以内。目前留存的百年以上的老树，仅在黑龙江的穆棱、绥阳，以及吉林的汪清、敦化、和龙、安图等地可见。目前吉林省汪清县东北红豆杉种群最为集中，种群数量最大、林龄较长、保存较为完整的东北红豆杉天然群落是进行东北红豆杉生物学、生态学、种群发生和发展规律、天然更新、优良个体选择、遗传资源收集的重要基地。

第二节 东北红豆杉保护技术

一、就地保护技术

所谓就地保护,就是在野外保护完整的自然群落和种群,这种方式是长期保护生物多样性的最佳策略。就地保护主要通过保护物种生存的栖息地来实现,实际包括生态系统的就地保护和野生生物的就地保护这两个紧密结合的方面,通常后者是通过前者来实现的。建立保护区,包括对已遭到破坏的生境中的植物群落的恢复以及在保护区外采取附加保护措施。建立保护区可以保护自然环境和自然资源,维护自然生态的动态平衡,是保护生物群落过程中的最重要的步骤。自然保护区在科学的管理下保持自然状态,一方面维持有益于人类的良性的生态平衡,另一方面创造最佳的人工群落模式和进行区域开发的自然参照体系,为考证历史、评估现状、预测未来提供研究基地。

二、回归技术

(一)回归的原则

1. 地域性原则

不同区域具有不同的生态环境条件、气候条件、地貌和水文条件等,这种地域的差异性和特殊性要求人们在回归种群的时候要因地制宜,在长期定位观测、试验的基础上总结经验,获取优化与成功模式,然后示范推广。

2. 生态学原则

生态学原则包括生态演替原则、食物链网、生态位原则等,要求人们根据东北红豆杉种群自身的生长规律分步骤、分阶段进行,循序渐进,不能急于求成。另一方面,在回归种群时,要从生态系统的层次上展开,要有整体系统思想。根据生物间及其与环境间的共生、互惠和竞争关系,以及生态位和生物多样性原理,构建生态系统结构和生物群落,使物质循环和能量转化处于最大利用和最优循环状态,力求达到土壤、植被、生物同步和谐演进,确保回归后的种群稳步、持续地维持与发展。

3. 最小风险与最大效益原则

由于生态系统的复杂性及环境要素的不确定性,加之人们对生态系统及其内在运行机制认识的局限性,往往不可能对回归的后果以及生态最终演替方向进行准确估计和把握，因此，在某种意义上，濒危种群的回归具有一定的风险性。这就要求人们要认真、透彻地研究被回归对象，经过综合分析进行评价与论证，将其风险降到最低限度。同时，种群回归往往又是一个高成本投入工程，因此，在考虑当前经济承受能力的同时，也要考虑种群回归的经济效益和收益周期，这是种群回归工作中十分现实而又为人们所关心的问题（李洪远和鞠美庭，2005）。

要实施回归计划，首先需要了解回归以前的生境情况，缺乏基础数据会妨碍具体回归目标的确定，但即便有综合数据，也不一定满足回归计划的要求。回归的最高目标是恢复到原始状态，这就需要引进丢失的物种，在维护方面投入更多。但是，这种"真正"的野生林地的观点忽略了森林状态的不可逆变化，包括分化、气候变化、外来种入侵等。

在设计东北红豆杉种群回归方案时，要充分考虑目标的可行性，如目前天然林的状态、实现目标的技术难度等。可考虑现有的东北红豆杉种群分布地区，这类地区拥有良好的生境条件，以补充东北红豆杉种群数量、恢复种群年龄结构或平衡性别比等为目的，用近自然的栽植方式，对东北红豆杉进行野外回归（陈杰等，2019）。

（二）回归地的选择

1. 指示性生物类群的选择

挑选最熟悉和最容易调查的生物作为指示性类群，这常常是个最简单的方法。鸟类、兽类及开花植物一般最容易开展评估，因为有关其分布的大量数据库已经存在，因而可以迅速、廉价地得出结论。Pearson 和 Mansfield（1994）提倡要非常客观地选择指示性生物类群，并提出了选择指示性生物类群时可以使用的以下 7 条标准：

（1）熟知且稳定的类群；
（2）生态和生活史已了解得很清楚的类群；
（3）易于调查的类群；
（4）出现在广阔的生境和地理范围内的类群；
（5）能出现在每个类型生境中的某些物种；
（6）指示性生物类群明确的分布模式，必须能反映出其他类群的情况；
（7）具有潜在经济重要性的类群。

但是这些标准在现实应用中很难得到精准的测量和全部满足。此外，使用这些标准选出指示性生物类群之后，其生物的分布模式究竟能不能代表其他类群的分布模式，也是一个很大的问题。

2. 林地的选择和适合性

如果附近地区有残留东北红豆杉生存群落并且有准确的历史记录,就可以比较容易地确定东北红豆杉将要回归的森林类型。任何单独的造林系统都不能准确地模拟自然干扰的规模和性质,不过,有些人工干扰系统和自然状态的系统在结构及年龄组成上比较相近。另外,优先需要回归的林地可以通过自然保护政策确定,再结合范围大小、天然性、代表性和历史记载等准则,可以选择优先回归区域。对于非指定地点的选择,除了考虑回归潜力外,还有以下的几个标准:

(1)具有成熟林特征,如有成熟的大树、有枯木积累;
(2)多样的树冠层组成(可能的话,用以前的花粉资料确定);
(3)存在入侵能力较差的"指示物种";
(4)大的密集区,能满足核心物种的最小动态平衡面积的需求并保持自然干扰的动态变化;
(5)具有良好历史记录的地方,人类影响的范围能够确定;
(6)远离人类居住的地方;
(7)很少或没有外来种;
(8)与周围林地联系密切,并且具有很好的整体性。

(三)回归地的营造技术

1. 透光抚育

东北红豆杉更新较多的林分中,对一些东北红豆杉幼苗进行透光抚育,或择伐一些先锋树种以促进东北红豆杉个体的生长,尽早地恢复原生境的植被。

2. 先造后抚,开展林冠下造林

该方法按照不同的用途伐除上层较大径级林木,是合理利用资源的一种措施。所保留的较小径级健壮林木,由于生态环境的改善可以加速其生长,同时也可庇护林地,引进东北红豆杉及部分其他针叶树种,保证未来林分形成针阔混交林。该方法在有综合利用资源的林区可以考虑使用。确定被伐木的原则就是采大留小、采坏留好、间密留匀,把林分的郁闭度降至 0.4~0.5,抚育后人工引种东北红豆杉,可采用植生组造林法,每公顷 400 穴,每穴定植 5 株苗木,达到东北红豆杉种群回归的目的。

通过抚育管理可以解决群落对有限降水的蓄水、保水和用水能力,即对林地适时进行翻耕、松土、除草和必要的修枝综合抚育,抑制土壤表面水分蒸发,加速培育森林资源的进程。还可以结合幼林抚育进行压绿肥试验,观测其效果。当林分达到透光抚育年限时，适时进行透光抚育，调整林分密度，清除影响林木生长的非目的树种及灌木等，以便保证林木在不同时期都有充足的营养空间，提高林分生长量。

建立完善、固定的观测样地，以及一套比较科学的技术档案，定期观测林分的生长情况，积累资料，为进一步探索东北红豆杉种群的回归技术、生产情况等提供可靠依据。

3. 生境及东北红豆杉所在生态系统的管理

合理的管理手段是东北红豆杉种群回归中必不可少的措施，如禁止乱砍滥伐林木，将所有风倒木、枯朽木都留在原地，让其腐烂在林地以增加林地有机质等。应该把森林的生态作用结合起来，在充分发挥森林防护作用的同时实现对森林的利用，以实现森林生态功能的完美结合和统一。在欧洲，许多森林保护措施是在严格的、没有人类的干预下操作的，称之为"没有人类影响下的自由发展的森林"。如果保护区仍具有非天然特征，就需要积极的管理，进行适度的干预。这主要是通过移除非本地物种、重新引进消失的物种，从而恢复生态系统的自然活力（表9-1）。

表9-1 东北红豆杉种群回归中最小干预策略（李洪远和鞠美庭，2005）

干扰类型	非干预	最小干预
伐木和收获	不伐木	只沿进入路径安全性伐木
公众进入	严禁公众进入	选择路径限制性进入
外来物种	不采取行动	必要时人工控制
重新引进本地种	不积极引进但鼓励引进	引进半野生放牧动物
控制放牧	不采取行动	控制食草动物数量到天然水平

（四）扩大现存的种群面积

仅仅将现存的东北红豆杉种群保护起来任其发展是不够的，尤其是当影响东北红豆杉种群生存的关键因素是由于森林面积太小或错过生长阶段而受到限制时，除了长期处理小的恢复区域策略外，扩大现存东北红豆杉种群面积也是一种可选择的方法。通常的方法是通过建立缓冲区将几块小的生境连接起来，以避免在隔离区域内生物多样性减少。该方法包括在周围农田或草地中种植人工林地以保护核心区域，但是需满足以下条件：

（1）有种植区；

（2）新建林地应该能迅速发展其自身的动态结构，同时能够为关键种的生长提供完整的生境；

（3）目标物种能在新建林地很快定居；

（4）新林地的组成与原始林地相似。

增加面积有很多办法，两个关键的方法就是扩大后森林面积和林地的分布模式。小的林地可以单个扩大，也可连成一个大林地。每一种布局都或多或少对一些物种有益，最终选择的关键要看东北红豆杉个体在该地区的保护地位。在生境严重破碎化的地方，在成熟林碎片附近增加森林面积，不仅可以减少分散程度，而且可以为东北红豆杉建立新的生境和种群。

回归区域面积应该足以承受干扰，有关自然干扰动力学的研究已经提供了一些结论。例如，在湿润的落叶林中，每年1%的干扰率意味着每年干扰$1hm^2$的森林，如受火烧、洪水灾害影响严重的林地，就需要相对较大的面积以承受严重的干扰。这种情况下，基于"平均"或正常事件所确定的最小面积就不准确。林业管理者可以用风险分析的办法来预测指定区域内自然干扰发生的可能性。如果回归区域的面积太小而不能承受自然干扰，就需要采取积极的措施，这些措施包括扩大林地面积以增加抗干扰能力，或进行原位管理将干扰率降低到一个可以接受的水平（李洪远和鞠美庭，2005）。

三、迁地保护技术和方法

对于许多稀有种，在人类破坏日趋加剧的情况下，可能因为遗传漂变和近亲繁殖、种群统计特征和环境的变化，或者外来种的竞争、病害、过度开发而衰减或趋于灭绝。如果一个种群的个体太少，或者所保留的个体都出现在保护区外，那么就地保护就可能失效。

根据东北红豆杉的生态学特性，其更新造林的造林地适宜选择郁闭度在0.4左右的针阔混交林、阔叶树林地或灌丛，要求造林地土层较厚、肥沃且排水良好。近年来东北红豆杉在湖北、山东、辽宁、北京等地进行栽培试验，发现其生长情况与幼苗种源有关，只要提前做好产地幼苗筛选试验，东北红豆杉可以在南方进行栽培（吴世雄等，2018）。

（一）植物园与种质库的建立

目前，濒危植物保护已成为植物园的主要目的之一。通过采取建立东北红豆杉植物园、采穗园、种子园等措施。有利于将其遗传基因保存在植物园，同时定期转移到野外以维持东北红豆杉自然种群的数量和遗传多样性，也为进一步扩大资源的开发利用提供了条件，还为充分掌握该物种的生物学特性、制定新的保护策略提供了可行的依据（臧润国等，2005）。

(二）母树林的建立

对于分布零散、稀少的濒危树种，为扩大繁殖推广和保存基因资源，可采集各地优势木种子，营建母树林。在优良天然林或种源优良人工林的基础上，以采集林木种子为目的的林分，是通过留优去劣的疏伐选建或用优良种苗以造林方式营建的。母树林是林木良种繁育的重要形式之一。

与其他几种林木育种生产形式相比，建立母树林有如下优点（甄世武，1995）：

（1）建成时间短，见效快，投资少；
（2）种子产量高，种子的遗传品质有一定程度的改良；
（3）种子能从查明的地理种源取得；
（4）便于经营管理、产量预测、种子采集及病虫害防治等工作。

据报道，母树林所产种子的遗传增益约为 5%，尤其在林木生产的一致性、树形及抗性等方面，改良的效果比较明显。

1. 母树林的抚育

母树林经过卫生伐和疏伐，郁闭度下降，林地裸露，容易滋生杂草灌木，因此，每年都要进行除草松土工作。为了保持水土，疏伐初期，在林地间种有改良土壤作用的绿肥植物，通过埋青等办法，提高土壤的肥力。

为了提高母树林的种子产量和质量，必须进行施肥，改善母树林的营养条件。一般情况下，氮、磷、钾可按 2:1:2 的比例，在林地全面施肥；如母树分散，可在每株母树的树冠投影半径的 1.5 倍范围内进行施肥。综合肥一般在早春开花前施用。氮、钾肥在春季施用，磷肥在秋季施用，为了保持种子稳产高产，施肥应多次进行。水分供应不足时，灌溉也很重要。

子代测定不仅可以了解遗传增益情况，而且对保持种质资源有重要价值。要在选定的各株优良母树上直接采集种子，单采单收，然后在同样的条件下育苗，按田间试验设计要求造林，长期观察种子品质、苗期生长和造林效果，通过调查、记载、鉴定，就可以了解遗传增益情况，进一步选出更优良的母树（甄世武，1995）。

2. 母树林的管理

经营母树林的主要任务是年年都能连续不断地生产数量多、质量好、遗传品质好的种子。所以，采取促进结实的各项措施是经营母树林重要的工作。应当根据优良林分的标准，给母树林进行一次清查，划分优良母树林、一般母树林和不合格母树林，对合格的母树林进行登记。除了天然母树林之外，尚有一些由人工林改建的母树林，通过清查，了解这些人工母树林的种源、面积、隔离、优良木比例等是否合乎要求，对符合要求的予以登记。

为充分发挥母树林的作用，必须做好保护工作，积极开展护林教育，建立健全护林组织和制度，加强母树林的管理。禁止乱砍滥伐和影响母树正常结实的其他活动，预防森林火灾和防治病虫害，加强预测报工作，增加道路网密度，合理采种，严防破坏母树，及时伐除生长衰弱的母树和病腐木，以减少不良花粉的污染。

不同树种的个体和群体的生长，在生态生理学方面存在着差异，不同树种的繁殖系统不同，在生殖生理上也会有不同的特性。为保证母树林的稳定、旺盛、高产，进行科研实验，研究母树林经营方法和经营措施，不断提高母树林经营水平。

（三）离体保护技术

通过建立一批种子库、花粉库、基因库，对生物多样性中的物种和遗传物质进行保护，称为离体保护。

1. 种子库的建立

东北红豆杉种子脱离母株时，并未达到真正意义上的生理成熟，在自然条件下，需要经过2~3年完成生理后熟才能萌发。在休眠期内，大量种子丧失生活力，无法萌发。对东北红豆杉土壤种子库的研究报道中指出，种子在休眠期丧失活力的首要原因是被昆虫和啮齿类动物啃食，占损失量的52%；其次是腐烂，占29%。当年下落的完好种子中，仅有3%补充到土壤种子库中（刘彤等，2009）。由于天然东北红豆杉土壤种子库的利用率低，所以东北红豆杉种子银行的建立显得尤为重要。

东北红豆杉果实成熟后易遭鸟食，应及时采收。当假种皮呈红色时，摇动树枝或用木棍轻轻敲击，在地面捡拾，忌剪断树枝，以免影响次年结实。果实采收后浸水3~5h，搓擦并洗去假种皮，洗净晾干获得洁净种子，出种率一般为80%~95%。得到的种子最好不要裸露存放，应混拌湿沙后储藏或运输。混沙储藏时间一般为8个月至一年半。若需干藏，可将种子置于低温冷凉处，最长保存时间为3年。由于东北红豆杉的个体繁殖量低，且存在大小年的现象，一年内采集大量的种子会对种群产生影响，所以建议东北红豆杉种子的采集工作在数年内完成，在采集种子的同时记录收集地点和原生长条件，并聘请专业的采种技术员，以免对母树造成破坏。由于东北红豆杉种子具有深度休眠习性，播种前需要层积处理（王志新和陈建军，2005）。

马小军等（1996）的研究表明，东北红豆杉种胚的形态发育集中在一个月内完成，室温沙藏裂口率达80%，裂口种子在20℃下萌发率最高，为89%。东北红豆杉种子在常温、-20℃、-25℃、-30℃和-96℃环境中保存3个月后，发现-20℃、

–25℃、–30℃和–96℃这几个温度条件对种子生活力的影响差异并不显著,但却都明显好于常温环境,说明温度较低的环境比常温环境更利于东北红豆杉种子的长期保存。其中,在–25℃环境中保存的东北红豆杉种子的生活力略高于其他低温条件(韩雪等,2010)。此外,经历多次自然越冬的红豆杉幼苗对低温的耐受力要远高于初次室外经历越冬的幼苗,因此,在人工繁育东北红豆杉幼苗时,务必在初次室外越冬前做好防寒保暖措施(张继武,2013)。

2. 花粉的保存

东北红豆杉花粉在不同温度下保存时,其保存期限不同。研究表明(程广有等,1998),低温可以延长东北红豆杉花粉的寿命,在–10℃的冰柜中保存时,有效期为4个月。

3. 组织培养材料的快繁

将植物的部分细胞、组织和器官放在培养基上离体培养,使其分离、增殖,产生出完整小植株,这是一个相当复杂的培养过程。有很多因素和条件影响着外植体的形态发生过程。离体细胞转化为具有分裂能力细胞的基础是基因的差别表达,但基因的差别表达需要一定的内外条件的控制,其中外植体、外部环境条件、培养基等起决定性的作用。

东北红豆杉的组织培养可取茎段,剪取一年生枝条去掉叶片,或采8月的嫩枝摘取腋芽。种胚法是将刚裂口种子剥开,取种胚轴,随后对外植体进行消毒。研究发现,东北红豆杉组培,无论是外植体还是诱导分化出的丛生芽,最大的问题是褐变问题。光与其褐变有一定的相关性,但长期暗培养中,组织也会发生褐变;另外,如果无光,光合作用也不能进行,影响组织分化和生长,因此,外植体的分化需要采用暗培养后再明培养的方式(王志新和陈建军,2005)。

影响东北红豆杉生根的主要因子是温度(地温)、空气湿度及土壤水分状况。清水浸泡及生根粉1号浸根有利于插穗愈伤组织的形成和生根。东北红豆杉育苗和幼苗生长需要蔽荫;幼树生长逐渐增加光照强度,有利于提高其生物量。

第三节 东北红豆杉保护建议

目前,东北红豆杉天然种群处于濒危状态。因此,如何保护好天然红豆杉,有效地发展人工原料基地林,实现红豆杉资源的可持续利用就显得尤为重要,已成为当前迫切需要解决的问题。据调查,东北红豆杉当年下落的种子仅有3%补充到土壤种子库中,且主要存在于凋落物层。凋落物层在种子的传播与散布过程中拦截了大量种子,成为种子进入土壤中进而萌发的一大障碍,而且凋落物层中的种子又容易受到动物及病虫的危害，造成种子的大量损失（刘彤等，2009）。因此，在东北红豆杉种子成熟下落后，在其母树周围，及时而适当地扰动枯枝落叶层，增加种子与土壤的接触机会，是减少种子损失、促进自然更新的有效方式。

资源保护的目的是为了今后能够更加充分、合理地利用，单纯被动保护不符合自然发展规律。对东北红豆杉的保护也是如此，我们不能因为目前的资源贫乏而放弃其广泛的开发前景，而应在野生资源有效保护的前提下，充分、合理地利用其资源，为人类社会的发展服务。因此，各地在清查东北红豆杉资源的情况下，划出保护区、回归基地和种源基地，对划出的保护区，在不破坏野生资源的基础上有组织地采种，严禁保护区其他林木的采伐，实行封禁，以保护其生存环境；对未划入保护区的东北红豆杉，采取挂牌经营，认真保护管理。在不破坏自然资源的基础上，进行人工促进和天然更新，扩大种群数量。在不影响树木生长的情况下，合理采条、采种，作为人工繁育的种源基地。

目前，我国东北红豆杉在已有人工繁殖栽培有限的情况下，利用扦插扩大栽培资源和组培快繁技术提高紫杉醇产量是解决东北红豆杉现存资源与开发利用矛盾的有效办法。与此同时，对东北红豆杉种群的生态学及生物学特性进行定位监测，亦可为积极保护和扩大东北红豆杉野生资源、引种及人工快繁研究提供理论依据。此外，随着分子生物学应用，分子标记辅助育种及紫杉醇生物合成关键酶基因克隆也将为今后东北红豆杉分子育种研究提供新的技术支持。

执笔人：郭忠玲
（北华大学）

参 考 文 献

陈杰, 龙婷, 杨蓝, 等. 2019. 东北红豆杉生境适宜性评价. 北京林业大学学报, 41(04): 51-59.
程广有, 唐晓杰, 高红兵, 等. 2004. 东北红豆杉种子休眠机理与解除技术探讨. 北京林业大学学报, 26(1): 5-9.
程广有, 唐晓杰, 杨振国, 等. 1998. 不同贮藏温度对东北红豆杉花粉寿命的影响. 吉林林学院学报, (4): 12-14.
韩雪, 代俊杰, 杨波. 2010. 不同温度对东北红豆杉种子活力的影响. 吉林农业科技学院学报, 19(4): 11-12.
李冬兰, 孙广安, 许峰, 等. 1998. 紫杉资源扩繁及栽培技术的研究. 吉林林业科技, (2): 19-21.
李洪远, 鞠美庭. 2005. 生态恢复的原理与实践. 北京：化学工业出版社: 20-84.
刘彤, 胡林林, 郑红, 等. 2009. 天然东北红豆杉土壤种子库研究. 生态学报, 29(4): 1869-1876.
马小军, 丁万隆, 陈震. 1996. 温度对东北红豆杉种子萌发的影响. 中国中药杂志, 21(1): 20-22.
乔艺, 郑春雨. 2008. 濒危物种：东北红豆杉. 吉林农业, (1): 34-35.

王志新, 陈建军. 2005. 长白山珍贵药用植物林下栽培技术. 吉林: 吉林科学技术出版社: 36-48.
吴榜华. 1983. 紫杉生物学特性及其营林技术的研究. 吉林林业科技, (6): 7-10.
吴世雄, 刘艳红, 张利民, 等. 2018. 不同产地东北红豆杉幼苗迁地保护的生长稳定性分析. 北京林业大学学报, 40(12): 27-37.
徐博超, 周志强, 李威, 等. 2012. 东北红豆杉幼苗对不同水分条件的光合和生理响应. 北京林业大学学报, 34(4): 73-78.
尹雪, 穆立蔷, 李中跃, 等. 2016. 3种鸟类对东北红豆杉的取食方式及传播. 东北林业大学学报, 44(1): 81-84, 89.
臧润国, 成克武, 李俊清, 等. 2005. 天然林生物多样性保育与恢复. 北京: 中国科学技术出版社: 464-476.
张继武. 2013. 东北红豆杉幼苗越冬过程中理化特性研究. 黑龙江科技信息 (12): 261.
甄世武. 1995. 母树林营建技术. 吉林: 吉林科学技术出版社: 116-230.
周志强, 胡丹, 刘彤. 2009. 天然东北红豆杉种群生殖力与开花结实特性. 林业科学, 45(5): 80-86.
周志强, 刘彤, 李云灵. 2007. 立地条件差异对天然东北红豆杉(*Taxus cuspidata*)种间竞争的影响. 生态学报, 6: 2223-2229.
Pearson M, Mansfield T A. 1994. Effects of exposure to ozone and water stress on the following season's growth of beech (*Fagus sylvatica* L.). New Phytologist, 126(3): 511-515.

第十章 东北红豆杉同质园建设与评价

在当前全球气候变化背景下,植物对极端气候事件干扰的响应与适应成为当前全球变化生态学研究的热点(黎磊和陈家宽,2014)。尤其是珍稀濒危植物,大多对生境条件有特殊要求。近年来,由于人类活动范围的不断扩大,加之近代地球环境的急剧变化,即使在自然保护区里,很多濒危植物因极端气候或生态系统的严重破坏而难以避免灭绝的厄运(马永鹏和孙卫邦,2015)。

东北红豆杉(*Taxus cuspidata*)隶属于红豆杉属,是第三纪孑遗乔木物种,也是国家Ⅰ级重点保护濒危植物,被列为《全国极小种群野生植物拯救保护工程规划(2011—2015 年)》的典型极小种群野生植物(臧润国等,2016)。在我国,东北红豆杉主要分布在东北三省,近年来,由于其能够提炼出具有抗癌功效的紫杉醇,受到人类活动不同程度的破坏和干扰,导致种群稳定性不断下降,如今又面临气候变化的威胁,其保护形势十分严峻(周志强等,2010)。万基中等(2014)用 MaxEnt 模型预测东北红豆杉潜在分布区可能会发生变化,所以需要采取更有效的保护措施来应对气候变化对东北红豆杉造成的干扰。廖盼华等(2014)研究南京中山植物园迁地保护的南方红豆杉(*Taxus wallichiana*)时发现,该种群维持着较高水平的遗传多样性,且处于演替早期,证明在人为帮助下可以实现异地回归。

本章通过在我国东北红豆杉主要分布区收集的种质资源开展东北红豆杉迁地保护试验。东北红豆杉迁地保护试验分别在山东烟台、北京海淀、辽宁本溪、吉林汪清四个点进行,由于吉林汪清试验点管理不善,致使试验点内东北红豆杉生长不良,因此本文仅对山东烟台、北京海淀及辽宁本溪 3 个试验点的保护效果进行分析评价,通过交互移植和同质园试验,并结合地理及气象因子综合分析不同产地东北红豆杉的生长变异及其环境差异造成的影响等,揭示不同产地幼苗地理变异规律及其成因,为全球变化背景下东北红豆杉迁地保护提供科学依据和技术支撑,也为东北红豆杉优良种源的选择、评价及物种多样性保护提供理论依据。

第一节 东北红豆杉迁地保护研究

一、同质园试验

将不同生境的物种引种栽培在环境因素相对一致的同一园地内,统一进行栽培管理，保持其生境一致性，称为同质园试验（李爱民等，2018）。同质园试验能将环境因素对表型变异的影响排除而单独考察遗传因素的影响，表现出的形态差异主要来源于遗传分化，从而能从遗传物质方面选择优良性状。

交互移植实验是指将同一生境的物种在多个样地中交互栽培种植，可以在相对自然的条件下比较各种生境条件下同一生境的物种适应情况（周蒙等，2009）。如果该物种仅在本地表现优良而在异地生产表现差，那么说明该物种仅适合在本地附近回归；与之相反，在异地生产表现较好，则说明该物种不仅适合本地回归，还适合异地回归。

二、试验设计

（一）试验地概况

试验点 1：该试验点位于山东省烟台市大季家镇极小种群示范基地（以下简称"山东点"），地理位置 37°39′02″N，121°02′50″E，海拔 51m，属温带季风气候。年平均气温 13.4℃，最高平均气温为 16.8℃，最低平均气温为 9.9℃。年平均日照时数 2656h，年降水量为 627.6mm。降水量年际变化大，雨季在 6~8 月。土壤类型属于沙壤土，全 C 含量为 7.75g/kg，全 N 含量为 0.64g/kg，全 P 含量为 0.25g/kg。

试验点 2：该试验点位于北京市海淀区北京林业大学八家苗圃科研基地（以下简称"北京点"），地理位置 40°00′21″N，116°20′00″E，海拔 49m，属温带大陆性季风气候。年平均气温 11.9℃，最高平均气温为 18.3℃，最低平均气温为 7.9℃。年平均日照时数 2720h，年降水量为 612mm，主要集中在 7 月、8 月、9 月三个月，约占全年降水量的 65%。土壤类型属于黏壤土，全 C 含量为 12.52g/kg，全 N 含量为 0.75g/kg，全 P 含量为 0.37g/kg。

试验点 3：该试验点位于辽宁省本溪市草河口镇森林经营研究所（以下简称"辽宁点"），地理位置 40°51′59″N，123°54′10″E，海拔 239m，属温带大陆性季风气候。年平均气温 8.3℃，最高平均气温为 13.1℃，最低平均气温为 1.4℃。年平均日照时数 2678h，年降水量为 784.4mm。土壤类型属于暗棕壤，全 C 含量为 8.42g/kg，全 N 含量为 1.22g/kg，全 P 含量为 0.56g/kg。

（二）具体方法

1. 试验地设置

2017 年 4 月初，将 5 个产地的东北红豆杉 3 年生幼苗移栽到 3 个试验地点。采用完全随机区组设计布置在 3 个地点，随机划分为 4 个区组，每组种植各产地幼苗40株（共计200株），株间距35cm×35cm，并在试验区四周分别种植2行保护行作为补充。生长期间只进行正常浇水和除草管理。根据各试验点气候特点，浇水情况适宜苗木生长即可，一般夏季2～3天浇水一次。生长期间苗木不进行任何施肥处理，保持一致性。

2. 地上生长性状测定

为保证数据可靠性，各试验地于2017年5月、2017年10月底和2018年10月底分别进行3次调查测定，在各产地的每个组中随机抽取20株幼苗进行固定测量并标注，分别测量幼苗的苗高、冠幅（植株两个相互垂直方向的冠幅直径的平均值）、当年抽梢长（每产地16株，每株选5支当年抽梢进行测量）、侧枝数、最长侧枝长、地径等6个生长性状，精确到0.1cm，测量地径用游标卡尺，精确到0.01mm。栽培当年5月测量其生长性状指标并统计苗木缓苗率，2017年和2018年10月底两次测量并统计苗木保存率，其中，2018年各生长性状生长量为其当年生长季净增加量，即2018年10月底测量值减去2017年10月底测量值。

3. 根系性状测定

2018年10月底，从每个产地选出8株标准株，采取全挖法取样，用流水法冲干净根系后自然晾干，剪取地下部分，装进牛皮纸袋，等回到实验室再用EpsonV700根系扫描仪扫描根系得到形态结构图像，期间要把根系放在冰箱里保鲜；最后用根系分析软件分析根系扫描图，得到根体积、根长、根平均直径、根表面积几项指标。另外，计算比根长，比根长（cm/g）=总根长/地下干重。

4. 生物量测定

在苗木停止生长的时期即2018年10月底，每个产地取8株标准苗，清洗干净晾干后放置于牛皮纸袋内，分批次置于100℃烘箱中杀青0.5h，然后在70℃条件下烘4天至恒重，等待自然冷却后，在电子天平上分别称得地上和地下的干重（精确至0.01g），随时记录，手动计算总生物量、根冠比。其中，根冠比=地下干重/地上干重。

三、评价方法

权衡植物迁地保护成功与否的一个关键因素是对其适应性进行评价（庄平等，2012），珍稀濒危植物在迁地保护中如何适应迁地生态环境尚存在一些问题（许再富等，2008）。当前，对于林木引种的适应性还没有一个系统的评价体系，本文采用的评价方法是主成分分析法（PCA），该法通过降低维度，把多个变量化为少数几个关键变量,这些关键的综合指标基本保留了原始变量的大部分信息因素,因此,我们可以依据主成分值评价各种源综合性状的好坏(舒枭等,2010)。

第二节 东北红豆杉不同产地幼苗生长特性

一、不同产地幼苗的保存率

不同产地的保存率是幼苗对生态环境适应能力的一种体现。对 5 个产地的东北红豆杉幼苗在 3 个试验点平均保存率的两年数据比较表明(图 10-1),山东点和辽宁点的东北红豆杉两年保存率平均值均超过了 50%,北京点 2018 年的保存率低于 50%,这说明东北红豆杉的生态适应性表现中等。其中,2017 年平均保存率由高到低分别为 92.16%(辽宁点)>89.92%(山东点)>85.64%(北京点),2018 年平均保存率由高到低分别为 75.10%(山东点)>68.16%(辽宁点)>43.26%(北京点)。通过比较可知,北京点的保存率下降幅度最大,为 42.38%,山东点的保存率下降幅度最小,为 14.82%,由此表明东北红豆杉在北京点生长表现最差,在山东点生长表现最好。

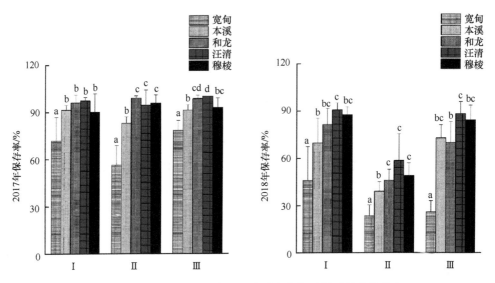

图 10-1 2017 年和 2018 年不同产地东北红豆杉试验点保存率
Ⅰ. 山东;Ⅱ. 北京;Ⅲ. 辽宁

另外,对比两年数据表明,在山东点,宽甸产地的保存率下降幅度最大,汪清产地的保存率下降幅度最小。在北京点,东北红豆杉整体保存率下降幅度比较大,其中和龙产地下降幅度最大,汪清产地下降幅度最小。在辽宁点,宽甸产地保存率下降幅度最大,汪清产地保存率下降幅度最小。综合结果表明,在山东点和辽宁点,汪清产地幼苗表现最好,宽甸产地幼苗表现最差;在北京点,汪清产地幼苗表现最好,和龙产地幼苗表现最差。

二、地上生长性状差异分析

由表10-1可知,山东点在区组间最长侧枝长差异达到极显著水平以上;各性状在产地间,除冠幅和侧枝数差异未达到显著水平以外,其他性状差异都达到显著水平以上,产地间选择潜力较大。北京点的区组间差异性均不显著;各性状在产地间,除冠幅和最长侧枝长差异不显著外,其他性状差异均达到显著水平以上。辽宁点在区组间差异均不显著;在产地间,除地径和冠幅的差异不显著外,其他性状的差异性均达到显著水平以上。综合分析表明,除山东点的最长侧枝长外,其他性状在区组间的差异都不显著,分析可能原因是3个试验点都选择在苗圃地,所以区组间立地条件差异并不大。而在产地间,苗高、地径、当年抽梢长主要性状在3个试验点都表现出显著差异,说明东北红豆杉产地间存在差异较大,为筛选优良产地提供了可能。

表10-1 不同试验点东北红豆杉生长性状的方差分析

变异来源	df	苗高	地径	冠幅	侧枝数	最长侧枝长	当年抽梢长
山东点							
区组	3	8.633	0.89	15.24	4.954	29.778**	3.897
产地	4	108.23**	15.466*	22.29	5.312	59.724**	63.838**
随机误差	12	34.728	2.95	22.651	7.81	18.207	21.078
北京点							
区组	3	1.254	0.237	7.96	2.229	1.686	0.54
产地	4	6.121*	2.416*	4.08	10.312*	6.241	14.136**
随机误差	12	4.761	2.121	11.696	9.467	8.153	7.182
辽宁点							
区组	3	0.012	0.008	28.009	4.718	21.579	14.064**
产地	4	38.788**	1.606	19.752	13.071*	45.588*	36.977**
随机误差	12	5.909	1.928	34.114	9.452	25.908	8.994

* 表示0.05水平上差异显著,** 表示0.01水平上差异极显著。下同。

从5个产地的东北红豆杉在3个试验点的生长性状Duncan结果来看(表10-2),山东点苗高生长量最大的产地为汪清,地径生长量最大的产地为穆棱,冠幅生长量最大的产地为汪清，当年抽梢长生长量最大的产地为汪清，侧枝数生长量最大的产地为穆棱，最长侧枝长生长量最大的产地为汪清；北京点苗高生长量最大的产地为和龙，地径生长量最大的产地为和龙，冠幅生长量最大的产地为汪清，当年抽梢长生长量最大的产地为汪清，侧枝数生长量最大的产地为汪清，最长侧枝长生长量最大的产地为和龙；辽宁点苗高生长量最大的产地为汪清，地径生长量最大的产地为汪清和穆棱，冠幅生长量最大的产地为穆棱，当年抽梢长生长量最大的产地为穆棱，侧枝数生长量最大的产地为穆棱，最长侧枝长生长量最大的产地为汪清。综合分析可知，汪清产地幼苗在山东点表现优异，和龙和汪清产地幼苗在北京点表现优异，穆棱和汪清产地幼苗在辽宁点表现优异，而宽甸产地幼苗在各试验点均表现较差。从目前试验阶段看，汪清产地幼苗适合3个试验点，而宽甸产地幼苗均不适合各试验点。

表10-2 不同试验点东北红豆杉生长性状差异的多重比较（$\bar{x}\pm SD$）

试验点	产地	苗高/cm	地径/mm	冠幅/cm	当年抽梢长/cm	侧枝数/个	最长侧枝长/cm
山东点	KD	5.49±1.65a	4.04±0.62a	8.00±1.56a	6.11±0.89a	2.47±0.52ab	8.54±1.71a
	BX	8.57±1.17b	5.63±0.25b	8.35±1.32a	8.10±0.92ab	1.81±0.84a	8.36±0.74a
	HL	7.48±1.61ab	5.49±0.37b	8.23±0.40a	8.56±1.07bc	2.31±0.94ab	9.30±1.69ab
	WQ	12.53±1.50c	6.43±0.26c	10.60±0.79b	11.18±0.98d	3.08±1.11ab	12.87±1.13c
	ML	9.46±2.35b	6.45±0.80c	10.00±2.77ab	10.39±2.14cd	3.21±1.08b	11.19±2.90bc
	Mean	8.71±2.82B	5.61±1.01C	9.04±1.78AB	8.87±2.16B	2.58±1.00B	10.05±2.39B
北京点	KD	2.49±0.55a	1.86±0.22a	3.80±1.96a	3.69±0.66a	2.00±1.41ab	3.16±0.57a
	BX	3.21±0.54ab	2.11±0.34ab	3.68±0.45a	4.98±0.64bc	1.08±1.21a	3.64±0.63ab
	HL	4.03±0.95b	2.63±0.61b	4.07±1.21a	4.06±0.38ab	0.90±0.36a	4.63±1.03b
	WQ	3.84±0.51b	1.88±0.37a	4.34±0.65a	6.11±0.93c	2.79±0.53ab	3.56±0.74ab
	ML	3.69±0.50b	1.60±0.34a	3.00±0.78a	4.98±0.86bc	2.27±0.21ab	3.04±0.98a
	Mean	3.45±0.80A	2.01±0.50A	3.78±1.12A	4.76±1.07A	1.81±1.11A	3.60±0.92A
辽宁点	KD	6.09±0.98a	3.80±0.27ab	9.78±3.12a	7.31±1.43ab	2.02±0.77ab	9.15±3.17ab
	BX	8.12±0.75b	3.94±0.46ab	11.06±2.88a	8.47±1.35bc	1.77±0.79a	8.30±1.72a
	HL	6.90±0.55a	3.51±0.39a	8.87±0.94a	7.03±0.62a	2.71±0.95abc	7.39±1.32a
	WQ	9.64±0.30c	4.26±0.34b	11.20±0.70a	9.80±1.63cd	3.44±1.08bc	11.27±0.36b
	ML	9.46±0.25c	4.25±0.30b	11.48±1.14a	10.51±0.88d	3.89±1.20c	11.01±0.98b
	Mean	8.04±1.53B	3.95±0.43B	10.48±2.08C	8.63±1.78B	2.77±1.20B	9.42±2.21B

注：KD，宽甸产地；BX，本溪产地；HL，和龙产地；WQ，汪清产地；ML，穆棱产地。同列不同小写字母表示同一试验点不同产地之间差异显著（$P<0.05$），不同大写字母表示不同试验点之间差异显著（$P<0.05$）。

另外，从三个试验点总体平均值可以看出，东北红豆杉幼苗表现出较强的地域性。其中，山东点苗高、地径、当年抽梢长、最长侧枝长均最大。辽宁点冠幅、侧枝数最大。其中，地径在不同试验点的差异表现最大。北京点各项生长性状均最小，表现最差。结果表明，北京点不适宜种植东北红豆杉，山东点适宜种植东北红豆杉。

三、根系性状的差异分析

（一）不同产地间的分析

东北红豆杉是主根不发达而多侧根的浅根系树种，苗木根系发达有利于提高苗木成活率和促进林木生长。从表10-3可以看出，在山东点，东北红豆杉地下根系形态在区组间，除根平均直径和比根长没有显著性差异外，其他性状都存在显著或极显著差异，表明山东点的土壤对东北红豆杉根系生长有影响，而在产地间，除根平均直径没有显著水平差异，其他性状均存在显著以上差异；在北京点，东北红豆杉根系形态性状在区组间都没有显著差异，而在产地间，只有总根长和根表面积有显著以上差异，说明北京点立地条件不影响生长；在辽宁点，东北红豆杉根系形态性状在区组间只有根体积存在显著差异，在产地间只有总根长存在显著差异。综合3个试验点情况可以看出，总根长在3个试验点的产地间都存在显著以上差异，说明5个产地幼苗的东北红豆杉在3个试验点总根长区别很大。

表 10-3 不同试验点东北红豆杉根系性状的方差分析

变异来源	df	总根长	根表面积	根平均直径	根体积	比根长
山东点						
区组	3	48 737 529.85*	682 108.85**	0.06	100.04**	14 345.13
产地	4	72 737 681.38*	1 267 711.74**	0.11	286.31**	286 814.49**
随机误差	12	47 732 811.64	457 995.91	0.40	64.85	128 260.26
北京点						
区组	3	4 300 845.93	111 543.51	0.22	14.21	745 842.95
产地	4	33 934 229.68**	406 656.51*	0.45	56.50	701 443.75
随机误差	12	9 971 423.47	290 124.09	0.68	54.18	2 427 494.93
辽宁点						
区组	3	4 826 318.55	23 952.98	0.03	0.86*	206 619.61
产地	4	74 477 503.86*	814 817.44	0.01	83.03	44 964.07
随机误差	12	57 035 302.88	881 760.73	0.12	123.36	363 472.39

(二)不同产地间的多重比较分析

表10-4列出不同试验点东北红豆杉产地根系形态差异的多重比较,结果表明,在山东点,穆棱产地幼苗的总根长、根表面积和根平均直径的值均高于其产地,其次为汪清产地。本溪、和龙、汪清和穆棱产地的总根长之间无显著差异;5个产地幼苗在根平均直径间也均无显著差异。在北京点,汪清产地幼苗的总根长、根体积、根表面积、根平均直径都高于其他产地,其次是穆棱和本溪产地,比根长最大的是和龙产地幼苗,5个产地幼苗在比根长均无显著性差异,另外除了汪清产地幼苗,其他4个产地间在5个根系形态性状间均无显著差异。在辽宁点,汪清产地的幼苗在总根长、根体积和根表面积均高于其他产地,其次是穆棱产地,比根长最大的是和龙产地幼苗,5个产地幼苗在根平均直径和比根长间均无显著性差异。

表10-4 不同试验点东北红豆杉根系性状差异的多重比较($\bar{x}\pm SD$)

试验点	产地	总根长/cm	根表面积/cm^2	根平均直径/cm	根体积/cm^3	比根长/(cm/g)
山东点	KD	3305.07±3117.14a	351.45±320.54a	0.41±0.16a	3.88±3.31a	619.10±73.02c
	BX	7662.88±3207.02b	820.79±414.16bc	0.28±0.11a	8.48±5.13b	647.81±165.62c
	HL	6337.41±1071.62ab	708.20±75.91b	0.24±0.13a	7.65±0.42b	530.44±78.20bc
	WQ	8118.86±1629.11b	1012.86±185.23bc	0.31±0.17a	13.81±3.50c	352.13±36.61a
	ML	8608.92±2890.13b	1049.44±256.29c	0.42±0.27a	13.61±2.29c	385.46±85.54ab
	Mean	6806.63±2984.24C	788.55±355.99C	0.33±0.17B	9.49±4.87C	506.99±150.34A
北京点	KD	643.04±292.84a	87.51±41.48a	0.17±0.11a	1.17±0.64a	687.54±576.78a
	BX	1197.57±602.70a	185.41±66.49a	0.36±0.19ab	2.95±0.81ab	315.19±117.69a
	HL	795.24±591.98a	107.99±57.27a	0.34±0.25ab	1.76±1.47a	898.18±745.65a
	WQ	4205.15±1721.07b	483.88±272.70b	0.63±0.44b	6.03±3.21b	671.08±316.40a
	ML	1868.37±994.91a	184.70±109.07a	0.45±0.05ab	2.78±2.02ab	647.16±234.83a
	Mean	1741.87±1592.85A	209.90±206.26A	0.29±0.27B	2.94±2.56A	643.83±451.59A
辽宁点	KD	2414.91±998.42a	297.07±108.82a	0.09±0.05a	3.24±1.19a	890.60±247.37a
	BX	4012.94±2230.41a	472.38±274.26ab	0.13±0.12a	5.24±2.93ab	824.86±151.18a
	HL	4672.11±2768.04ab	552.66±339.27ab	0.10±0.83a	6.08±3.76ab	913.43±192.62a
	WQ	8164.05±1814.40b	887.99±173.02b	0.11±0.08a	8.99±2.37b	840.17±131.53a
	ML	5922.30±1922.20ab	708.61±264.20ab	0.14±0.10a	8.03±3.41ab	780.42±227.12a
	Mean	5037.26±2678.76B	583.74±300.92B	0.11±0.09A	6.32±3.30B	849.90±179.92B

注:KD,宽甸产地;BX,本溪产地;HL,和龙产地;WQ,汪清产地;ML,穆棱产地。同列不同小写字母表示同一试验点不同产地之间差异显著($P<0.05$),不同大写字母表示不同试验点之间差异显著($P<0.05$)。

从三个试验点根系形态总体均值可以看出，山东点总根长、根表面积、根平均直径、根体积均最大，而辽宁点的比根长最大。其中，总根长、根表面积和根体积在不同试验点的差异表现最大。北京点各项根系形态值均最小，表现最差。结果表明，北京点不适宜种植东北红豆杉，山东点适宜种植东北红豆杉。

四、苗木生物量的差异分析

（一）不同产地间的方差分析

从表 10-5 可以看出，东北红豆杉幼苗生物量性状在区组间，3 个试验地都不存在显著差异，而在产地间，在山东点，地上干重、地下干重和总干重都存在极显著差异（$P<0.01$）；在北京点，四个生物量性状都存在显著差异（$P<0.05$）；在辽宁点，只有地上干重和地下干重存在极显著差异（$P<0.01$）。综合结果表明，3 个试验点的不同产地的东北红豆杉地上干重和总干重之间存在显著差异。

表 10-5　不同试验点东北红豆杉生物量的方差分析

变异来源	df	地上干重	地下干重	总干重	根冠比
山东点					
区组	3	157.29	150.67	609.90	0.07
产地	4	2864.60**	872.13**	6882.46**	0.09
随机误差	12	507.20	175.48	1071.58	0.11
北京点					
区组	3	106.55	16.82	207.77	0.05
产地	4	243.51*	90.54*	619.81*	0.54*
随机误差	12	1804.95	450.50	3 985.41	5.50
辽宁点					
区组	3	6.06	15.20	31.99	0.03
产地	4	658.12**	137.42	1383.87**	0.03
随机误差	12	238.92	138.81	645.57	0.29

（二）不同产地间的多重比较分析

如表 10-6 所示，在山东点和北京点，汪清产地幼苗的地上干重、地下干重、总干重和根冠比的值均高于其他产地。另外，和龙和本溪产地间的地上干重、地下干重、总干重和根冠比均无显著差异，但是和龙、本溪产地幼苗与其他 3 个产地的 4 个生物量指标有显著差异。在辽宁点，汪清产地幼苗的地下干重、地上干重和总干重的值均高于其他产地。3 个试验点综合表明，宽甸产地各性状的地上干重、地下干重和总干重均较小，汪清产地各性状均最大。

表 10-6 不同试验点东北红豆杉生物量差异的多重比较（$\bar{x} \pm SD$）

试验点	产地	地上干重/g	地下干重/g	总干重/g	根冠比
山东点	KD	12.84±9.08a	5.47±4.98a	18.31±14.01a	0.36±0.14a
	BX	28.20±9.07b	12.86±8.06b	41.06±16.90b	0.43±0.15ab
	HL	22.89±3.10b	11.97±1.17b	34.86±3.95b	0.53±0.06b
	WQ	44.07±6.21c	22.93±2.43c	67.00±4.81c	0.53±0.12b
	ML	43.04±2.95c	22.11±3.41c	65.14±6.31c	0.51±0.05ab
	Mean	30.21±13.63C	15.07±7.94B	45.27±21.23C	0.47±0.12A
北京点	KD	2.69±1.55a	1.39±1.05a	4.08±2.58a	0.46±0.15a
	BX	8.42±2.16ab	3.79±1.14ab	12.20±3.30ab	0.45±0.02ab
	HL	6.65±3.80ab	2.05±1.36a	8.70±6.06a	0.23±0.19ab
	WQ	13.55±8.62b	7.51±3.78b	21.07±11.80b	0.55±0.40b
	ML	7.74±4.25ab	3.60±2.85ab	11.33±7.10ab	0.41±0.13ab
	Mean	7.81±5.55A	3.670±3.09A	11.48±8.43A	0.46±0.26A
辽宁点	KD	7.28±0.89a	2.74±1.19a	10.03±1.64a	0.38±0.16a
	BX	13.16±4.85ab	4.72±2.44ab	17.88±7.14ab	0.35±0.12ab
	HL	11.90±4.09ab	5.48±3.68ab	17.38±7.54ab	0.43±0.16ab
	WQ	24.05±4.06c	10.04±3.62c	34.09±5.84c	0.42±0.15ab
	ML	18.20±4.92bc	8.43±4.16ab	26.63±9.01bc	0.44±0.13ab
	Mean	14.92±6.89B	6.28±3.92C	21.20±10.42B	0.40±0.13A

注：KD，宽甸产地；BX，本溪产地；HL，和龙产地；WQ，汪清产地；ML，穆棱产地。同列不同小写字母表示同一试验点不同产地之间差异显著（$P<0.05$），不同大写字母表示不同试验点之间差异显著（$P<0.05$）。

从三个试验点生物量总体均值可以看出，山东点地上干重、地下干重、总干重、根冠比均最大。北京点的均最小，说明东北红豆杉适应山东点的气候及土壤类型，北京点的土壤和气候类型不适宜其生长。

第三节 东北红豆杉不同产地幼苗地理变异及影响因素

各性状的地理变异规律对林木的遗传改良与选育起到至关重要作用。为更真实地揭示各性状地理变异的特点，本研究利用东北红豆杉产地的各性状均值和主要地理因子进行相关分析。

一、原产地经纬度的影响

（一）地上生长性状与原产地地理因子相关性分析

由表10-7可知，从相关系数可看出，在山东点，原产地纬度与苗高、地径、冠幅、最长侧枝长和当年抽梢长大部分呈极显著正相关，原产地经度与苗高、地径、冠幅、侧枝数、最长侧枝长和当年抽梢长大部分呈极显著正相关。在北京点，纬度仅与苗高和当年抽梢长呈显著正相关，与其他性状无显著相关；经度与苗高、侧枝数和当年抽梢长呈显著正相关。在辽宁点，原产地纬度与苗高、侧枝数和当年抽梢长呈极显著正相关，原产地经度与苗高、当年抽梢长、侧枝数和最长侧枝长大部分呈极显著正相关。3个试验点综合分析表明，东北红豆杉苗高和当年抽梢长与原产地经纬度呈显著正相关，说明苗高和当年抽梢长有地带性地理变异。东北红豆杉侧枝数与原产地经度呈显著正相关，说明侧枝数有经度方向变异。北京点和辽宁点的地上生长指标地理变异规律不是很明显。

表10-7　不同试验点各地上生长性状与原产地地理因子相关性分析

试验点	地上生长性状	纬度	经度
山东点	苗高	0.595**	0.607**
	地径	0.813**	0.698**
	冠幅	0.496*	0.543*
	侧枝数	0.393	0.492*
	最长侧枝长	0.574**	0.682**
	当年抽梢长	0.771**	0.754**
北京点	苗高	0.551*	0.491*
	地径	−0.211	−0.263
	冠幅	−0.136	−0.051
	侧枝数	0.278	0.445*
	最长侧枝长	−0.044	−0.085
	当年抽梢长	0.487*	0.482*
辽宁点	苗高	0.778**	0.711**
	地径	0.401	0.414
	冠幅	0.249	0.205
	侧枝数	0.645**	0.686**
	最长侧枝长	0.421	0.520*
	当年抽梢长	0.629**	0.590**

(二)根系性状与原产地地理因子相关性分析

由表 10-8 可知,在山东点,原产地经纬度与比根长呈极显著负相关,与除根平均直径以外其他 7 个根系性状大部分呈极显著正相关。原产地经纬度与根平均直径无显著相关。在北京点和辽宁点,原产地经纬度与根冠比、根平均直径和比根长无显著相关,却与其他 6 个根系性状呈极显著正相关。3 个试验点综合表明,东北红豆杉地上干重、地下干重、总干重、总根长、根表面积、根体积与原产地经纬度呈极显著正相关,说明东北红豆杉大部分地下性状有明显地理变异规律。

表 10-8 不同试验点各根系性状与原产地地理因子相关性分析

试验点	根系生长性状	纬度	经度
山东点	地上干重	0.806**	0.756**
	地下干重	0.785**	0.753**
	总干重	0.811**	0.767**
	根冠比	0.489*	0.460*
	总根长	0.547*	0.415
	根表面积	0.651**	0.549*
	根平均直径	0.032	0.085
	根体积	0.734**	0.692**
	比根长	−0.716**	−0.808**
北京点	地上干重	0.697**	0.780**
	地下干重	0.728**	0.784**
	总干重	0.712**	0.787**
	根冠比	0.069	0.004
	总根长	0.573**	0.661**
	根表面积	0.666**	0.742**
	根平均直径	0.436	0.447*
	根体积	0.697**	0.770**
	比根长	−0.287	−0.304
辽宁点	地上干重	0.672**	0.698**
	地下干重	0.606**	0.628**
	总干重	0.673**	0.698**
	根冠比	0.221	0.248
	总根长	0.588**	0.629**
	根表面积	0.584**	0.608**
	根平均直径	0.135	0.073
	根体积	0.577**	0.574**
	比根长	−0.170	−0.124

二、原产地气候因子的影响

(一) 地上生长性状与原产地气候因子相关性分析

从表 10-9 可知，在山东点，苗高与年降水量呈极显著负相关，与年均水气压呈显著负相关。地径与年均气温、1 月均温、年均最高气温和年均相对湿度呈显著负相关，与年均水汽压和年降水量有极显著负相关。冠幅仅与年降水量有显著负相关，而侧枝数与气象因子无显著相关。最长侧枝长和年均气温、年均最高气温、7 月均温、年均水气压和年日照时数呈显著负相关，与年降水量有极显著负相关。当年抽梢长除了与年均相对湿度、年日降水量≥0.1mm 日数以及年日照时数三个指标不显著相关外，与其他气象因子都有显著以上的负相关。

在北京点，苗高除了与年均相对湿度、年日降水量≥0.1mm 日数以及年日照时数三个指标不显著相关外，与其他气象因子都有显著负相关，而地径、冠幅、侧枝数、最长侧枝长与气象因子相关不显著。当年抽梢长仅与年均相对湿度呈显著负相关，与年降水量呈极显著负相关。这说明苗高受气象因子影响比较大。

在辽宁点，苗高与年均水气压、年均相对湿度和年降水量有极显著负相关，而地径、冠幅和最长侧枝长与气象因子都没有明显相关。侧枝数与年均气温及年均最低温呈显著负相关，与 1 月均温、年均最高气温、年均水气压和年降水量呈极显著负相关。当年抽梢长与年均相对湿度有显著负相关，与年降水量有极显著负相关，说明侧枝数受气象因子影响比较大。

(二) 根系性状与原产地气候因子相关性分析

从表 10-10 可以看出，山东点的地上干重和总干重分别与年均水气压和年降水量呈极显著负相关，与年均最高气温、1 月均温和年均相对湿度呈显著负相关。地下干重与年均最高气温、年均气温、1 月均温呈显著负相关，与年均水气压和年降水量呈极显著负相关。根冠比与平均最低和最高气温、年均气温、1 月均温、年均水气压和年降水量呈显著负相关。总根长和根表面积分别与年均水气压和年均相对湿度呈显著负相关，与年降水量呈极显著负相关，而根平均直径和气象因子都不显著相关。根体积与 1 月均温有显著负相关，与年均水气压和年降水量有极显著负相关。比根长除了与年均相对湿度没有显著相关外，与其他气象因子大部分呈极显著正相关。这说明，年降水量少、年均最高气温低、1 月均温低和年均水气压低的东北红豆杉种源在山东点上根系生长比较好。

表 10-9 不同试验点各地上生长性状与气候因子相关性分析

试验点	地上生长性状	年均最低气温	年均最高气温	年均气温	1月均温	7月均温	年均水气压	年均相对湿度	年日降水量≥0.1mm日数	年降水量	年日照时数
山东点	苗高	-0.284	-0.301	-0.330	-0.332	-0.322	-0.539*	-0.397	-0.236	-0.743**	-0.335
	地径	-0.406	-0.505*	-0.472*	-0.549*	-0.263	-0.720**	-0.487*	-0.033	-0.889**	-0.168
	冠幅	-0.246	-0.305	-0.298	-0.306	-0.276	-0.413	-0.215	-0.165	-0.523*	-0.276
	侧枝数	-0.295	-0.360	-0.340	-0.336	-0.329	-0.343	0.043	-0.009	-0.316	-0.315
	最长侧枝长	-0.418	-0.446*	-0.465*	-0.442	-0.488*	-0.550*	-0.094	-0.081	-0.601**	-0.493*
	当年抽梢长	-0.480*	-0.544*	-0.538*	-0.570*	-0.422	-0.722**	-0.313	-0.020	-0.831**	-0.363
北京点	苗高	-0.581**	-0.572*	-0.587*	-0.606*	-0.445*	-0.664**	-0.025	-0.279	-0.583**	-0.335
	地径	-0.225	-0.076	-0.146	-0.106	-0.153	-0.056	0.310	0.047	0.152	-0.104
	冠幅	-0.093	0.028	-0.053	0.024	-0.203	-0.005	0.174	-0.046	0.048	-0.259
	侧枝数	-0.087	-0.138	-0.139	-0.105	-0.249	-0.167	-0.057	-0.329	-0.259	-0.322
	最长侧枝长	-0.315	-0.191	-0.254	-0.220	-0.242	-0.195	0.253	-0.048	-0.011	-0.185
	当年抽梢长	-0.111	-0.136	-0.158	-0.167	-0.162	-0.385	-0.485**	-0.143	-0.653**	-0.198
辽宁点	苗高	-0.215	-0.345	-0.303	-0.376	-0.158	-0.582**	-0.612**	-0.331	-0.865**	-0.123
	地径	0.062	-0.054	-0.013	-0.052	0.017	-0.183	-0.434	0.457*	-0.433	-0.015
	冠幅	0.147	0.052	0.093	0.043	0.148	-0.064	-0.419	-0.375	-0.293	0.132
	侧枝数	-0.489**	-0.582**	-0.546**	-0.574**	-0.433**	-0.601**	-0.034	-0.120	-0.564**	-0.358
	最长侧枝长	-0.086	-0.185	-0.157	-0.164	-0.179	-0.252	-0.224	-0.354	-0.403	-0.218
	当年抽梢长	-0.085	-0.246	-0.178	-0.254	-0.044	-0.391	-0.510*	-0.362	-0.636**	-0.020

表 10-10 不同试验点各根系性状与气候因子相关性分析

试验点	根系生长性状	年均最低气温	年均最高气温	年均气温	1月均温	7月均温	年均水气压	年均相对湿度	年日降水量≥0.1mm日数	年降水量	年日照时数
山东点	地上干重	-0.327	-0.446*	-0.409	-0.473*	-0.259	-0.653**	-0.504*	-0.210	-0.868**	-0.208
	地下干重	-0.385	-0.488**	-0.459*	-0.511*	-0.322	-0.669**	-0.407	-0.128	-0.831**	-0.266
	总干重	-0.354	-0.469*	-0.434	-0.495*	-0.286	-0.669**	-0.476*	-0.183	-0.868**	-0.233
	根冠比	-0.476*	-0.481*	-0.490*	-0.504*	-0.385	-0.558*	-0.036	0.255	-0.508*	-0.304
	总根长	-0.185	-0.270	-0.234	-0.310	-0.053	-0.446*	-0.456*	-0.083	-0.618**	0.019
	根表面积	-0.268	-0.363	-0.327	-0.398	-0.152	-0.543*	-0.449*	-0.091	-0.713**	-0.080
	根平均直径	0.109	0.024	0.072	0.056	0.073	0.094	-0.010	-0.175	0.065	0.056
	根体积	-0.342	-0.444	-0.412	-0.467*	-0.273	-0.616**	-0.405	-0.129	-0.778**	-0.218
	比根长	0.557*	0.622**	0.616**	0.615**	0.565**	0.690**	0.050	-0.051	0.684**	0.522*
北京点	地上干重	-0.453*	-0.455*	-0.219	-0.475*	-0.228	-0.679**	-0.297	-0.155	-0.533*	-0.243
	地下干重	-0.474*	-0.498**	-0.157	-0.518*	-0.224	-0.701**	-0.322	-0.303	-0.519*	-0.279
	总干重	-0.463*	-0.472*	-0.202	-0.492*	-0.232	-0.690**	-0.313	-0.213	-0.541*	-0.263
	根冠比	-0.075	-0.127	0.075	-0.128	-0.101	-0.062	-0.206	-0.463*	-0.209	-0.223
	总根长	-0.256	-0.241	-0.295	-0.497*	-0.402	-0.643**	-0.239	-0.297	-0.602**	-0.469*
	根表面积	-0.157	-0.122	-0.180	-0.573**	-0.292	-0.725**	-0.227	-0.282	-0.471*	-0.364
	根平均直径	-0.257	-0.266	-0.287	-0.362	-0.271	-0.443	-0.227	-0.096	-0.525*	-0.268
	根体积	-0.137	-0.115	-0.162	-0.576**	-0.236	-0.723**	-0.280	-0.271	-0.486*	-0.291
	比根长	-0.482*	-0.401	-0.337	-0.424	-0.363	-0.464*	0.373	-0.312	-0.347	-0.329
辽宁点	地上干重	-0.353	-0.394	-0.409	-0.416	-0.379	-0.603**	-0.358	-0.197	-0.778**	-0.376
	地下干重	-0.384	-0.431	-0.432	-0.445*	-0.373	-0.565*	-0.217	-0.051	-0.649**	-0.343
	总干重	-0.378	-0.422	-0.433	-0.443	-0.391	-0.612**	-0.318	-0.149	-0.759**	-0.378
	根冠比	-0.257	-0.273	-0.268	-0.268	-0.230	-0.252	0.094	0.157	-0.175	-0.191
	总根长	-0.417	-0.427	-0.454*	-0.446*	-0.438	-0.587*	-0.195	-0.045	-0.671**	-0.425*
	根表面积	-0.406	-0.431	-0.445*	-0.448*	-0.401	-0.573**	-0.193	-0.018	-0.646**	-0.374
	根平均直径	0.048	-0.003	0.025	-0.015	0.099	-0.056	-0.212	0.104	-0.149	0.119
	根体积	-0.382	-0.426	-0.424	-0.444	-0.344	-0.551*	-0.202	-0.007	-0.616**	-0.299
	比根长	-0.056	0.013	-0.023	0.018	-0.093	0.062	0.229	0.156	0.171	-0.105

北京点，地上干重、地下干重和总干重三个性状分别与年均最低气温、年均最高气温、1月均温和年降水量有显著以上的负相关，与年均水气压有极显著负相关，而根冠比与气象因子无显著相关。总根长与年日照时数和1月均温呈显著负相关，与年降水量和年均水气压呈极显著负相关。根表面积和根体积分别与年降水量有显著负相关，与1月均温和年均水气压有极显著负相关。根平均直径仅与年降水量有显著负相关。比根长与年均最低气温和年均水气压有显著负相关。这说明年降水量少、1月均温低和年均水气压低的东北红豆杉在北京点根系生长比较发达。

辽宁点，地上干重和总干重与年均水气压和年降水量有极显著负相关。地下干重与1月均温有显著负相关，与年均水气压和年降水量也有极显著负相关，而根冠比、根平均直径和比根长三个性状与气象因子都无显著相关。总根长和根表面积分别与年均气温、1月均温有显著负相关，与年均水气压和年降水量分别有极显著负相关。根体积与年均水气压有显著负相关，与年降水量有极显著负相关，说明年降水量少和年均水气压低的东北红豆杉在辽宁点根系生长比较好。

第四节　东北红豆杉各产地幼苗生长的稳定性及其评价

一、幼苗生长性状的多地点综合分析

（一）地上生长性状的多地点综合分析

对各试验点东北红豆杉产地幼苗的地上生长性状进行多点联合方差分析，结果表明（表10-11）：侧枝数的净生长量在产地间和地点间表现出极显著（$P<0.01$）的差异，而在产地与地点的交互作用上不显著，苗高、地径、冠幅、最长侧枝长和当年抽梢长的净生长量在产地间和地点间以及产地与地点的交互作用上均表现出极显著（$P<0.01$）的差异，说明各性状受环境影响较强烈。根据方差分析结果，计算各差异来源的方差分量组成比，用以说明地点、产地等各差异来源的变异在总变异中的比例。从方差分量来看，苗高、地径、冠幅、当年抽梢长和最长侧枝长的生长量在地点间的方差分量分别为61.10%、82.39%、75.01%、55.43%和69.97%，远大于其他差异来源，说明地点效应对东北红豆杉生长影响最大。侧枝数生长量在随机误差间的方差分量为45.01%，远大于其他差异来源。

（二）地下生长性状的多地点联合分析

由表10-12结果可知，总根长、根表面积、地上干重、地下干重和总干重的净生长量在产地间和地点间以及产地与地点的交互作用上均表现出极显著（$P<0.01$）的差异，根平均直径和比根长在地点间表现出极显著差异，根体积的净生长量在产地间和地点间表现出极显著（$P<0.01$）的差异，而在产地与地点的交互

表 10-11 不同试验点东北红豆杉地上生长指标联合方差分析

生长性状	地点			产地			区组（地点）			产地×地点			随机误差
	df	F	方差分量/%	df	F	方差分量/%	df	F	方差分量/%	df	F	方差分量/%	方差分量/%
苗高	2	137.64**	61.10	4	22.55**	20.02	3	1.5	1.00	8	4.82**	8.55	9.32
地径	2	354.115**	82.39	4	9.21**	4.28	3	0.86	0.30	8	8.75**	8.14	4.89
冠幅	2	134.29**	75.01	4	3.07*	3.43	3	7.53**	6.31	8	1.58	3.53	11.73
当年抽梢长	2	97.18**	55.43	4	21.43**	24.44	3	3.01*	2.58	8	2.44**	5.57	11.98
侧枝数	2	6.22**	13.32	4	7.11**	30.49	3	1.471	4.73	8	0.75	6.45	45.01
最长侧枝长	2	167.55**	69.97	4	9.25**	7.72	3	9.29**	5.82	8	4.63**	7.72	8.77

表 10-12 不同试验点东北红豆杉地下生长指标联合方差分析

根系性状	地点			产地			区组（地点）			产地×地点			随机误差
	df	F	方差分量/%	df	F	方差分量/%	df	F	方差分量/%	df	F	方差分量/%	方差分量/%
总根长	2	37.01**	42.76	4	10.40**	24.03	3	2.11	3.66	8	1.14**	5.28	24.27
根表面积	2	34.21**	41.09	4	10.24**	24.60	3	2.21	3.98	8	1.06**	5.10	25.22
根平均直径	2	12.04**	28.68	4	1.28	6.11	3	0.53	1.90	8	1.39	13.28	50.03
根体积	2	28.46**	35.37	4	11.43**	28.41	3	1.82	3.40	8	1.35	6.72	26.10
比根长	2	7.17*	19.50	4	1.02	5.55	3	1.57	6.42	8	1.04	11.35	57.17
地上干重	2	96.34**	51.09	4	26.13**	27.71	3	1.33	1.06	8	4.24**	9.00	11.14
地下干重	2	58.53**	46.04	4	16.53**	26.00	3	1.63	1.92	8	3.02**	9.51	16.52
总干重	2	91.94**	50.28	4	25.29**	27.66	3	1.64	1.35	8	4.22**	9.23	11.48
根冠比	2	0.92	2.75	4	2.17	13.01	3	0.04	0.18	8	1.76	21.08	62.98

作用上不显著。另外，比根长在 3 个变异来源间都没有显著差异，说明地下各生长性状受环境影响较强烈，部分性状受基因影响不大。根据方差分析结果，计算各差异来源的方差分量组成比，用以说明地点、产地等各差异来源的变异在总变异中的比例。从方差分量来看，总根长、根表面积、根体积、地上干重、地下干重和总干重的生长量在地点间的方差分量分别为 42.76%、41.09%、35.37%、51.09%、46.04%和 50.28%，远大于其他差异来源，说明地点效应对东北红豆杉生长影响最大。根平均直径、比根长和根冠比在随机误差间的方差分量分别为 50.03%、57.17%和 62.98%，远大于其他差异来源。

二、产地稳定性分析

根据东北红豆杉在苗高生长量的方差分析，在产地间和地点间以及两者的交互作用上均达到极显著（$P<0.01$）的前提下，采用回归模型和 AMMI 模型进行稳定性分析（表 10-13）。结果表明，苗高生长量在产地、地点以及两者互作效应的方差分量为 22.33%、68.07%和 9.60%，说明对苗高生长量的总变异起作用的大小顺序依次是环境、基因型和基因与环境互作。对交互作用的部分进一步分析，发现采用线性回归模型联合回归解释两者互作效应的 67.07%，而 AMMI 模型中增量式主成分分析（IPCA）的 F 值达到极显著水平，将剩余的不显著主成分值合并为残差，IPCA1 的平方和占互作平方和的 89.46%，说明用 AMMI 模型进行稳定性分析更具有代表性，IPCA1 代表的互作部分能对东北红豆杉幼苗苗高的稳定性作出判断。

表 10-13　东北红豆杉苗高生长量线性模型、方差分析和 AMMI 模型分析

分析方法	变异来源	df	平方和	方差分量/%	均方	F 值	P 值
方差分析	总的		535.8565		9.0823		
	处理	14	480.7440		34.3389	28.0381	0.0001
	产地	4	107.3623	22.33	26.8406	21.9156	0.0001
	地点	2	327.241	68.07	163.6205	133.598	0.0001
	产地×地点	8	46.1407	9.60	5.7676	4.7093	0.0003
	误差	45	55.1125		1.2247		
线性回归分析	联合回归	1	30.9473	67.07	30.9473	25.2688	0.0001
	基因回归	3	4.5677	9.90	1.5226	1.2432	0.3053
	环境回归	1	5.7456	12.45	5.7456	4.6914	0.0357
	残差	3	4.8801	10.58	1.6267	1.3282	0.2770
	误差	45	55.1125		1.2247		
AMMI 模型	IPCA1	5	41.2763	89.46	8.2553	5.0913	0.0009
	残差	3	4.8644		1.6215		
	误差	45	55.1125		1.2247		

为进一步对东北红豆杉产地和地点的稳定性进行分析,以苗高平均生长量为 x 坐标、以 IPCA1 值为 y 坐标作图,结果如图 10-2 所示。在 AMMI 标图中,产地与试验点同时位于 x 坐标轴一侧的互作效应为积极促进,与之不同侧的互作则为反向减弱(刘宇等,2016)。结果显示,在 x 轴方向上,试验点间要比产地间的分散,说明同一产地东北红豆杉幼苗在不同试验点的苗高生长表现差异较大。在 y 轴方向上,山东点和辽宁点对本溪、穆棱、汪清产地具有正向的促进作用,相应的,北京点对宽甸、和龙产地也具有正向的促进作用。从图 10-2 可知,在 x 轴方向上,汪清产地的苗高生长量均值最大,宽甸产地的苗高生长量均值最小;在 y 轴方向上,汪清产地的 IPCA1 值最大,而本溪产地的 IPCA1 值最小。

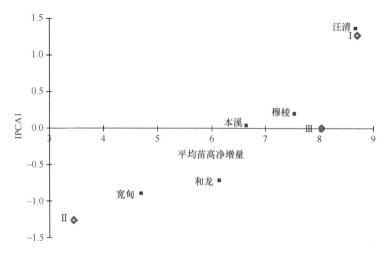

图 10-2 不同产地和地点间苗高生长量的双标图
Ⅰ 表示山东;Ⅱ 表示北京;Ⅲ 表示辽宁

为定量辨别产地稳定性与试验点分辨力,依据公式计算方法求得稳定性参数 D_i 值,其中 D_i 值越小,说明产地的稳定性越好;D_i 值越大,表明试验点对产地来源的分辨力越好(刘宇等,2016)。由表 10-14 可知,试验的 5 个产地苗高平均生长量稳定性排名顺序为本溪>穆棱>和龙>宽甸>汪清,3 个试验点的稳定性排名顺序为辽宁>北京>山东。

表 10-14 东北红豆杉幼苗在显著互作效应轴上的得分及稳定性参数

项目	变量	苗高生长量平均值/cm	离差	IPCA1	D_i
产地	KD	4.692	−2.043	−0.890	0.890
	BX	6.642	−0.093	0.037	0.037
	HL	6.133	−0.602	−0.711	0.711
	WQ	8.675	1.940	1.370	1.370
	ML	7.533	0.798	0.194	0.194

续表

项目	变量	苗高生长量平均值/cm	离差	IPCA1	D_i
试验点	山东	8.710	1.975	1.270	1.270
	北京	3.455	−3.280	−1.265	1.265
	辽宁	8.040	1.305	−0.004	0.004

注：表中 IPCA1 下面的数字表示各个主成分值。

对图 10-2 和表 10-14 进行综合分析，在试验的 5 个产地幼苗中，生长良好且稳定的产地为穆棱；生长良好但不够稳定的产地是汪清；生长量不高但适应能力强的产地是本溪；生长较差且不够稳定的产地是宽甸。

三、不同试验点生长指标综合评价

（一）不同试验点东北红豆杉生长指标主成分分析

本研究对 3 个试验点的 5 个不同产地东北红豆杉幼苗进行测量，主要包括苗高、地径、冠幅、侧枝数、最长侧枝长、当年抽梢长、地上干重、地下干重、总干重、总根长等 15 个目标性状。通过主成分分析法进行计算，从而选出适合 3 个试验点的优良产地。3 个不同试验点的地上和地下性状的各成分特征值以及相应的贡献率具体如下。

1. 山东点各指标主成分分析

由表 10-15 可知，前 3 个主成分积累贡献率高达 86.25%。山东点的第一主成分特征值为 3.065，对特征值贡献率为 62.613%，为最重要主要成分；第二主成分特征值为 1.568，对特征值贡献率为 16.39%；第三主成分特征值为 1.043，对特征值贡献率为 7.246%。由分析表可知，第一主成分中，对它作用较大的性状指标分别是地上干重、地下干重、总干重和根体积，其载荷分别达 −0.304、−0.309、−0.311、−0.305，因此第一主成分为生物量因子；第二主成分中，对它作用较大的性状指标分别是侧枝数和根平均直径，其载荷分别达 −0.493 和 0.393，因此第二主成分为根养分分配因子；第三主成分中，对它作用较大的性状指标分别是根平均直径和比根长，其载荷分别达 −0.621、0.517，因此第三主成分为根系抗旱性因子。

由表 10-16 可知，在山东点对 5 个不同产地的东北红豆杉幼苗进行综合排序得分，汪清产地幼苗在山东点表现最好，宽甸产地幼苗表现最差，该结果与多重比较分析和聚类分析结果一致。

表 10-15 山东点表型性状的主成分分析

性状	主成分		
	PC-1	PC-2	PC-3
苗高	−0.268	−0.265	0.13
地径	−0.282	−0.17	0.119
冠幅	−0.252	−0.214	0.155
侧枝数		−0.493	−0.244
最长侧枝长	−0.258	−0.275	
当年抽梢长	−0.283	−0.245	
地上干重	−0.304		−0.15
地下干重	−0.309	0.167	
总干重	−0.311		−0.13
根冠比	−0.222	0.286	0.234
总根长	−0.251	0.311	0.316
根表面积	−0.288	0.257	0.166
根平均直径		0.393	−0.621
根体积	−0.305	0.167	
比根长	0.241		0.517
特征值	3.065	1.568	1.043
贡献率/%	62.613	16.39	7.246
累计贡献率/%	62.613	79.003	86.25

表 10-16 山东点不同产地东北红豆杉综合评价排名

产地	第一主成分得分	第二主成分得分	第三主成分得分	综合得分	综合排名
宽甸	4.050	−0.047	−0.628	2.878	5
本溪	0.948	0.677	0.960	0.897	4
和龙	1.036	0.039	0.527	0.804	3
汪清	−3.391	−0.733	−0.189	−2.617	1
穆棱	−2.643	0.064	−0.669	−1.963	2

2. 北京点各指标主成分分析

由表 10-17 可知，前 5 个主成分积累贡献率高达 86.67%。北京点的第一主成分特征值为 2.582，对特征值贡献率为 44.45%，为最重要主要成分；第二主成分特征值为 1.560，对特征值贡献率为 16.22%；第三主成分特征值为 1.463，对特征值贡献率为 14.27%；第四主成分特征值为 0.971，对特征值贡献率为 6.29%；第五主成分特征值为 0.903，对特征值贡献率为 5.44%。由分析表可知，第一主成分中，对它作用较大的性状指标分别是地上干重、地下干重、总干重、总根长、根表面积和根体积，其载荷分别达−0.346、−0.379、−0.367、−0.358、−0.369 和−0.374，因此第一主成分为根系因子；第二主成分中，对它作用较大的性状指标分别是地径和最长侧枝长，其载荷分别达−0.446 和−0.456，因此第二主成分为幼苗粗壮因子；第三主成分中，对它作用较大的性状指标分别是根平均直径和根冠比，其载荷分别达-0.527和-0.422，因此第三主成分为根大小因子；第四主成分中，对它作用较大的性状指标分别是侧枝数和比根长，其载荷分别达0.636和0.555，因此第四主成分为根系抗旱性因子；第五主成分中，对它作用较大的性状指标分别是冠幅和苗高，其载荷分别达0.609和-0.482，因此第五主成分为幼苗形状因子。

表10-17 北京点表型性状的主成分分析

性状	主成分				
	PC-1	PC-2	PC-3	PC-4	PC-5
苗高		-0.386	-0.355		-0.482
地径	0.128	-0.446		-0.179	0.33
冠幅		-0.327	-0.369		0.609
侧枝数	-0.148	0.273	-0.184	0.636	
最长侧枝长		-0.456			-0.419
当年抽梢长	-0.283	-0.132	-0.244	-0.167	
地上干重	-0.346	-0.146	0.199		
地下干重	-0.379				
总干重	-0.367	-0.111	0.152		
根冠比	-0.161	0.299	-0.422	-0.254	0.183
总根长	-0.358			0.207	0.102
根表面积	-0.369			0.124	0.103
根平均直径	-0.105	0.155	-0.527	-0.301	-0.212
根体积	-0.374				
比根长	0.171	-0.271	-0.305	0.555	
特征值	2.582	1.560	1.463	0.971	0.903
贡献率/%	44.45	16.22	14.27	6.29	5.44
累计贡献率/%	44.45	60.67	74.93	81.22	86.67

由表10-18可知，在北京点对5个不同产地的东北红豆杉幼苗进行综合排序得分，汪清产地幼苗在北京点表现最好，宽甸产地幼苗表现最差。

表10-18 北京点不同产地东北红豆杉综合评价排名

产地	第一主成分得分	第二主成分得分	第三主成分得分	第四主成分得分	第五主成分得分	综合得分	综合排名
宽甸	2.059	1.304	0.611	0.555	0.598	1.479	5
本溪	0.067	-0.022	0.625	-0.999	0.194	0.073	3
和龙	1.745	-1.808	0.292	-0.237	-0.514	0.555	4
汪清	-3.596	-0.346	-1.372	0.318	0.420	-2.086	1
穆棱	-0.275	0.872	-0.157	0.363	-0.699	-0.021	2

3. 辽宁点各指标主成分分析

由表 10-19 可知，前 4 个主成分积累贡献率高达 85.65%。其中，辽宁点的第一主成分特征值为 2.754，对特征值贡献率为 50.57%，为最重要主要成分；第二主成分特征值为 1.673，对特征值贡献率为 18.66%；第三主成分特征值为 1.189，对特征值贡献率为 9.42%；第四主成分特征值为 1.024，对特征值贡献率为 6.99%。由分析表可知，第一主成分中，对它作用较大的性状指标分别是地上干重、地下干重、总干重、总根长、根表面积和根体积，其载荷分别达–0.340、–0.333、–0.350、–0.335、–0.342 和–0.337，因此第一主成分为根系因子；第二主成分中，对它作用较大的性状指标分别是当年抽梢长和根冠比，其载荷分别达–0.424 和 0.446，因此第二主成分为当年生长量因子；第三主成分中，对它作用较大的性状指标分别是根平均直径和比根长，其载荷分别达–0.447 和 0.624，因此第三主成分为根系抗旱性因子；第四主成分中，对它作用最大的性状指标分别是冠幅和侧枝数，其载荷分别达 0.593 和–0.610，因此第四主成分为幼苗形状因子。

表 10-19 辽宁点表型性状的主成分分析

性状	主成分			
	PC-1	PC-2	PC-3	PC-4
苗高	–0.266	–0.246		–0.148
地径	–0.225	–0.217	–0.347	–0.126
冠幅	–0.114	–0.39	0.142	0.593
侧枝数	–0.153	–0.156	0.415	–0.610
最长侧枝长	–0.226	–0.323	0.122	0.346
当年抽梢长	–0.224	–0.424		
地上干重	–0.340		–0.117	–0.102
地下干重	–0.333	0.207		
总干重	–0.350			
根冠比	–0.181	0.446	0.17	0.117
总根长	–0.335	0.143	0.117	
根表面积	–0.342	0.149	0.101	
根平均直径		–0.278	–0.447	–0.267
根体积	–0.337	0.171		
比根长	0.12	–0.192	0.624	–0.116
特征值	2.754	1.673	1.189	1.024
贡献率/%	50.57	18.66	9.42	6.99
累计贡献率/%	50.57	69.24	78.66	85.65

由表 10-20 可知，在辽宁点对 5 个不同产地的东北红豆杉幼苗进行综合排序得分，汪清产地幼苗在辽宁点表现最好，宽甸产地幼苗表现最差，该结果与多重比较分析和聚类分析结果一致。

表 10-20　辽宁点不同产地东北红豆杉综合评价排名

产地	第一主成分得分	第二主成分得分	第三主成分得分	第四主成分得分	综合得分	综合排名
宽甸	3.084	3.478	−0.016	−1.186	2.481	5
本溪	3.078	−1.465	−2.943	−1.340	1.066	3
和龙	2.992	1.390	−0.268	−0.678	1.985	4
汪清	−4.975	1.965	−0.196	0.432	−2.496	1
穆棱	−3.562	0.862	−1.790	0.579	−2.065	2

（二）聚类分析

以东北红豆杉的 15 个生长性状指标作为聚类分析的依据，对不同产地的东北红豆杉利用 Ward 法进行系统聚类，选择欧氏距离对样品进行聚类分析，可得到如下结果。

由图 10-3 可以看出，当遗传距离为 2.73 的时候，5 个产地东北红豆杉被分为 3 组。其中第一组有汪清和穆棱产地，第二组有宽甸产地，第三组包括和龙和本溪产地。

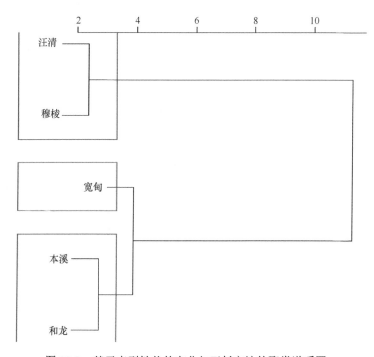

图 10-3　基于表型性状的东北红豆杉产地的聚类谱系图

第五节　东北红豆杉迁地保护小结

一、产地的保存率

2018 年平均保存率由高到低分别为 75.10%（山东）>68.16%（辽宁）>43.26%（北京）。东北红豆杉在北京点生长表现最差，在山东点生长表现最好。另外，从产地幼苗角度来看，在山东点和辽宁点，汪清产地幼苗表现最好，宽甸产地幼苗表现最差；在北京点，汪清产地表现最好，和龙产地表现最差。

二、产地性状变异情况

从多重比较结果来看，北京点各项生长指标均最小，即不适宜种植东北红豆杉；而山东点大部分各项生长指标都最大，即适宜种植东北红豆杉。

多点联合方差分析综合表明：苗高、地径、冠幅、最长侧枝长、当年抽梢长、总根长、根表面积、地上干重、地下干重和总干重的净生长量在产地间和地点间以及产地与地点的交互作用上均表现出极显著的差异（$P<0.01$），侧枝数和根体积的净生长量在产地间和地点间表现出极显著的差异（$P<0.01$），根平均直径和比根长在地点间表现出极显著差异。从方差分量来看，苗高、地径、冠幅、当年抽梢长、最长侧枝长、总根长、根表面积、根体积、地上干重、地下干重和总干重的生长量在地点间的方差分量远大于其他差异来源，说明地点效应对东北红豆杉生长影响最大。

三、产地相关关系

（一）地理变异规律

3 个试验点综合表明，东北红豆杉苗高、当年抽梢长、地上干重、地下干重、总干重、总根长、根表面积、根体积等性状与原产地经纬度呈显著或极显著正相关，说明东北红豆杉呈现明显经纬变异规律，随经纬度的增加，苗高、当年抽梢长、地上干重、地下干重、总干重、总根长、根表面积、根体积等性状生长更好。

（二）与原产地气候因子相关关系

3 个试验点的地上和地下生长指标与气候因子相关性结果表明：苗高、当年抽梢长、地上干重、地下干重、总干重、总根长、根表面积和根体积与年均水气压和年降水量有极显著负相关，说明来自年降水量少和年均水气压低的东北红豆杉在 3 个试验点上生长较好且根系生长比较发达。

四、幼苗的综合评价

主成分分析综合评价结果显示，汪清产地幼苗在 3 个试验点表现最好，宽甸产地幼苗表现最差。结合欧氏距离系统聚类分析的方法，结果发现：5 个产地东北红豆杉被分为 3 组。其中，第一组有汪清和穆棱产地，第二组有宽甸产地，第三组包括和龙和本溪产地。

五、迁地保护的相关建议

根据两年迁地数据分析，我们对于东北红豆杉的保护方向也有所侧重，应根据东北红豆杉产地特性制定相应的保护措施。对于生长良好且稳定的产地（如穆棱产地）幼苗，适合在 3 个试验点进行大面积迁地保护；对于生长一般并且性状稳定性差的产地个体，不适合迁地保护。如汪清产地幼苗可在山东烟台和辽宁本溪地区进行重点迁地保护，而宽甸产地幼苗在 3 个试验点都表现最差且保存率低，不适合迁地保护。在引种时要尽量利用有利的互作，避免互作的负效应带来的不利影响。

执笔人：刘艳红

（北京林业大学）

参 考 文 献

黎磊, 陈家宽. 2014. 气候变化对野生植物的影响及保护对策. 生物多样性, 22(5): 549-563.

李爱民, 吕敏丽, 周春鸣. 2018. 同质园栽培下的湖南鱼腥草居群叶表型性状多样性分析. 植物科学学报, 36(1): 73-85.

廖盼华, 汪庆, 姚淦, 等. 2014. 南方红豆杉迁地保护小种群适应性进化机制研究. 热带亚热带植物学报, 22(5): 471-478.

刘宇, 徐焕文, 尚福强, 等. 2016. 3 个地点白桦种源试验生长稳定性分析. 北京林业大学学报, 38(5): 50-57.

马永鹏, 孙卫邦. 2015. 极小种群野生植物抢救性保护面临的机遇与挑战. 生物多样性, 23(3): 430-432.

舒枭, 杨志玲, 杨旭, 等. 2010. 不同种源厚朴苗期性状变异及主成分分析. 武汉植物学研究, 28(5): 623-630.

万基中, 王春晶, 韩士杰, 等. 2014. 气候变化压力下建立东北红豆杉优先保护区的模拟规划.

沈阳农业大学学报, 45(1): 28-32.

许再富, 黄加元, 胡华斌, 等. 2008. 我国近 30 年来植物迁地保护及其研究的综述. 广西植物, 28(6): 764-774.

臧润国, 董鸣, 李俊清, 等. 2016. 典型极小种群野生植物保护与恢复技术研究. 生态学报, 36(22): 7130-7135.

周蒙, 刘文耀, 马文章, 等. 2009. 不同地理种源紫茎泽兰的生态适应性比较. 应用生态学报, 20(7): 1643-1649.

周志强, 刘彤, 胡林林, 等. 2010. 穆棱东北红豆杉年轮-气候关系及其濒危机制. 生态学报, 30(9): 2304-2310.

庄平, 郑元润, 邵慧敏, 等. 2012. 杜鹃属植物迁地保育适应性评价. 生物多样性, 20(6): 665-675.

第十一章　几种重要极小种群野生植物迁地保护生长评价

极小种群野生植物是指自然更新能力较差，随时濒临灭绝的某一野生种群（西尔维汤和查尔斯沃思，2003；Glowka et al.，1997）。该类种群主要呈现以下几种特点：种群数量小、分布地区狭窄且特殊、干扰严重且濒临灭绝（吴富勤，2015）。其灭绝将会引起该种群基因流失、生物多样性减少，在一定程度上导致社会经济价值的损失（匡文波和童文杰，2015）。

为了确保该类种群能够很好地生存和繁殖，国家启动了"全国极小种群野生植物拯救保护工程"，并对极小种群采取了一系列的保护计划（杨文忠等，2014）。对极小种群野生植物的保护主要有以下几种方式：就地保护、迁地保护、回归引种和离体保存等（杨文忠等，2014）。其中，迁地保护是保存极小种群的一项重要措施（郭辉军，2012）；对于极小种群野生植物的迁地保护主要是依据植物自身特点及其所处的生存环境，进行适宜性生境评价，寻找极小种群潜在分布区域，选择合适地点，将极小种群迁出原生地至潜在适生生境进行栽培、养护和保存。目前，由于极小种群野生植物恶劣的生存环境以及较差的生长状态，进行迁地保护显得尤为必要。

第一节　极小种群野生植物迁地保护

一、迁地保护的主要物种

黄梅秤锤树（*Sinojackia huangmeiensis*），属安息香科（Styracaceae）秤锤树属（*Sinojackia*）植物，目前仅发现一处野生种群，位于湖北省黄梅县下新镇钱林村，该区属亚热带季风气候，四季分明，降水丰沛，森林类型为次生阔叶林，群落分散于湖泊、池塘、稻田、旱田之内，人为活动频繁（王世彤等，2018）；崖柏（*Thuja sutchuenensis*），属柏科（Cupressaceae）崖柏属（*Thuja*）常绿乔木，目前分布于重庆市城口大巴山和开县雪宝山、四川省万源市花粤山、湖北省保康县五道峡和兴山县榛子乡（郭泉水等，2015），分布地海拔较高，生长于悬崖峭壁之中，自然条件恶劣（王毅敏等，2019）；盐桦（*Betula halophila*），属桦木科（Betulaceae）桦木属（*Betula*）灌木，仅存于我国新疆阿勒泰地区，该区气候较干旱，冬季十分寒冷，低温冻害、霜冻等气象灾害较多（梅新娣等，2004）；东北红豆杉（*Taxus cuspidata*），属红豆杉科（Taxaceae）红豆杉属（*Taxus*）常绿乔木，产于吉林老爷岭、张广才岭及长白山区，分布于山坡中部及上部，喜阴、耐寒，喜空气湿度较大的环境（张强和杨占，2017）；河北梨（*Pyrus hopeiensis*），属蔷薇科（Rosaceae）梨属（*Pyrus*）植物，落叶乔木，位于河北、山东地区，生于山坡丛林边，海拔 100～800m；梓叶槭（*Acer catalpifolium*），属槭树科（Aceraceae）槭属（*Acer*）落叶乔木，野外种群数量极少，零星分布于四川省峨眉山、都江堰、大邑和平武地区，位于海拔 500～1300m 区域，森林类型属于亚热带常绿阔叶林（张宇阳等，2018；许恒和刘艳红，2018）；天目铁木（*Ostrya rehderiana*），属桦木科（Betulaceae）铁木属（*Ostrya*）乔木，仅分布于浙江省杭州市临安区天目山镇大有村，该区为北亚热带季风性气候，四季分明，气候温和，雨量充沛，光照适宜（罗远等，2018）。

二、迁地保护地概况

湖北恩施典型极小种群迁地保护繁育基地位于恩施土家族苗族自治州利川市谋道镇水杉公园。利川市地处湖北西南边陲，扼鄂西渝东咽喉，地理坐标为 29°42′～30°39′N，108°21′～109°18′E，面积约 4600km²，为云贵高原东北的延伸部分，受第四纪冰川影响较小，地形条件复杂多样，山地、峡谷、丘陵、山间盆地及河谷平川相互交错，平均海拔 1079.5m，最高海拔 2041.5m。气候类型属亚热带大陆性季风气候，因复杂的地形条件，导致小气候变化明显，为典型的山地气候。海拔 800m 以下的低山带，四季分明，冬暖夏热，年平均气温 16.7℃，年降水量 1300～1600mm，年日照时数 1409.2h。海拔 800～1200mm 的二高山地带，春迟秋早，潮湿多雨，日照偏低，年平均气温 12.3℃，无霜期 232 天，年降水量 1200～1400mm，年日照时数 1298.9h。海拔 1200m 以上的高山地带，气候寒冷，冬长夏短，风大雪多，易涝少旱，年平均气温 11.1℃，无霜期 210 天，年降水量 1378mm，年日照时数 1518.9h。该地野生动植物资源极其丰富，生物多样性高，植被类型丰富多样（邹碧山和潘俊光，2015）。

三、迁地保护试验方法

（一）材料选取

2017 年 2 月 12 日从湖北黄梅县龙感湖湿地自然保护区运回 202 株两年生黄梅秤锤树扦插苗，苗高 20～30cm，平均地径 0.6cm；2017 年 3 月 1 日和 2017 年 5 月 11 日从中国林科院共运回 100 株崖柏幼苗，苗高 20～25cm，平均地径 1.1cm；2017 年 5 月 10 日从中国林科院运回 500 株未满一年生的盐桦（第一批）幼苗，平均苗高 5～6cm；2017 年 4 月 8 日从北华大学运回 500 株三年生东北红豆杉实生苗，平均苗高 12cm，平均地径 0.6cm；2018 年 3 月 16 日从北京林业大学运回 200 株两年生河北梨扦插苗；2018 年 3 月 16 日从北京林业大学运回 100 株出土的梓叶槭种苗；2018 年 5 月 20 日从中国林科院运回 200 株盐桦（第二批）幼苗；2019 年 3 月 8 日从浙江省林科院运回 100 株一年生天目铁木种子实生苗。

（二）基地建设

2017 年在利川市南坪乡营上村选择一块地形较为平坦、土壤深厚肥沃、质地疏松、排水良好的土地作为迁地保护基地。如图 11-1～图 11-4 所示，去除杂草，深耕土壤、穴垦整地，需要精耕细整，深浅一致，捡净草根和石块，深度要达到 30cm 以上。在平整好的围地上按一定距离、一定规格堆土成垄，垄高 15～20cm，垄面宽 120cm，步道宽 20～30cm，床长根据实际情况确定，便于排水和床面升温，通气条件好，有利于排灌，土壤不板结，增加肥土层厚度，有利于根系发育。

图 11-1 整地前

图 11-2 整地后

图 11-3 测量垄面宽

图 11-4 做垄床

2018 年在利川谋道水杉公园建立水杉核心种质资源圃、水杉珍稀植物繁育基地，为方便管理，2019 年初将上述基地与极小种群迁地保护基地合并，建成"湖北恩施典型极小种群迁地保护繁育基地"。

（三）幼苗移栽

东北红豆杉、河北梨、梓叶槭、第一批盐桦、天目铁木幼苗运回当天及时进行移栽，移栽株行距均为1m×1m，栽植深度以幼苗入土深度为准，栽植时苗根要舒展，注意少损伤根，覆土至植株基部，轻踏紧实。第二批盐桦幼苗在温室大棚将幼苗进行换盆，炼苗1年，2019年3月再移植到基地；黄梅秤锤树、崖柏盆栽（图11-5、图11-6）1年后再移植到基地；梓叶槭幼苗较小，为确保存活率，将幼苗移栽至基地，搭建遮阳网及时进行遮阳处理。

图11-5　黄梅秤锤树幼苗　　　　　图11-6　崖柏幼苗

（四）后期管理

1. 除草

幼苗移栽初期对基地实行一个月除草一次的原则，及时清除圃地杂草，保证圃地幼苗正常生长，降低圃地虫害发生概率。除草时，使用拔草、镰刀割草、除草机除草等方式，同时需要尽量减少对幼苗的损害。

2. 浇水

换盆后的盐桦（第二批）每隔2～3天使用洒水壶对其浇水，以保证水分充足。其他移栽至基地的物种则没有进行浇水处理，让其适应自然的气候环境。

3. 施肥

2018年6月15日，梓叶槭移栽初期对其进行施肥处理，处理方法为5‰的尿素。其余物种未做施肥处理。

（五）监测数据采集

从幼苗移栽开始进行三次生物量的测定，分别为2018年6月9日、2018年9月9日和2019年7月11日，测定时需根据幼苗实际的生长状况。其中，2018年

6月9日，幼苗移栽初期，幼苗较小，进行地径和苗高的测定；2018年9月9日和2019年7月11日，幼苗生长状况已相对稳定，进行地径、苗高、主枝、侧枝（随机选取5枝侧枝）等生长量的测定，以掌握7种极小种群野生植物幼苗在基地的生长情况。使用卷尺测量苗高、主枝和侧枝长，游标卡尺测量地径，精确到0.01mm。其中，天目铁木幼苗于2019年3月运回，仅在2019年7月11日对现存所有幼苗的生长量进行测定，第二批盐桦幼苗在换盆后放置于学校苗圃，进行了一次生长量的测定（2018年9月10日），之后移栽至谋道基地，于2019年7月11日进行一次生长量测定。同时，不定期地对幼苗生长情况进行观测并拍照。

第二节 极小种群迁地保护分析

一、成活率及不同时期生长状态

（一）成活率

由表11-1可知，几种极小种群成功引种至恩施，存活情况良好，其中黄梅秤锤树的存活率最高，达到94.1%；其次是天目铁木、崖柏、河北梨、东北红豆杉，存活率分别为94%、88%、81.7%、70.8%；梓叶槭的存活率较低，为39%。两批引种的盐桦存活率低，分别为5.6%和8.5%。第一批盐桦由于幼苗未木质化，苗木运输过程和种植期间气温偏高、生长期遮阳网空隙雨滴冲刷等原因，大部分幼苗死亡；第二批盐桦幼苗在温室大棚保存后进行换盆移栽至学校苗圃，由于换盆初期未做遮阳处理，导致幼苗大量死亡。

表11-1 几种极小种群引种幼苗存活率

物种	引种数/株	存活数/株			存活率/%
		2018年6月9日	2018年9月9日	2019年7月11日	
黄梅秤锤树	202	202	198	190	94.1
崖柏	100	96	94	88	88
盐桦（一批）	500	41	38	28	5.6
东北红豆杉	500	359	354	354	70.8
河北梨	202	202	—	165	81.7
梓叶槭	100	—	49	39	39
盐桦（二批）	200	—	26	17	8.5
天目铁木	100	—	—	94	94

注："—"表示未统计。

（二）不同时期生长状态

对7个物种幼苗进行不定期的动态观测，观察每个物种在不同时期的生长状态。

1. 黄梅秤锤树

如图 11-7～图 11-12 所示,黄梅秤锤树幼苗在 3 月观测时开始长出新芽,4 月 12 日新叶已经基本长出,4 月 17 日部分幼苗已经开花,7 月生长非常旺盛,在 9 月观测期间叶片逐渐变黄,12 月观测时叶片已经全部凋落。

图 11-7　2018 年 3 月 16 日　　　　　图 11-8　2018 年 4 月 12 日

图 11-9　2018 年 4 月 17 日　　　　　图 11-10　2018 年 7 月 14 日

图 11-11　2018 年 9 月 18 日　　　　　图 11-12　2018 年 12 月 12 日

2. 崖柏

崖柏幼苗在移栽前,有部分幼苗出现枯死,但在移栽后,整个生长情况都呈现较好的状态,详见图 11-13～图 11-17。

图 11-13　移栽前

图 11-14　2018 年 4 月 12 日

图 11-15　2018 年 7 月 14 日

图 11-16　2018 年 9 月 18 日

图 11-17　2018 年 12 月 12 日

3. 盐桦

由图 11-18～图 11-21 可知，第一批盐桦在移栽后生长状态良好，特别是苗高长势很快，在 8 月观测时叶片生长状态较差，12 月叶片已经全部凋落。

图 11-18　2018 年 4 月 3 日

图 11-19　2018 年 6 月 9 日

图 11-20　2018 年 9 月 30 日

图 11-21　2018 年 12 月 12 日

4. 东北红豆杉

如图 11-22～图 11-27 所示，4 月是东北红豆杉幼苗新叶生长时期，5～9 月生长逐渐旺盛，12 月观测时叶片呈红黄色。

图 11-22　2018 年 3 月 16 日

图 11-23　2018 年 4 月 12 日

图 11-24　2018 年 4 月 17 日

图 11-25　2018 年 7 月 14 日

图 11-26　2018 年 9 月 30 日

图 11-27　2018 年 12 月 12 日

5. 河北梨

如图 11-28～图 11-31 所示，河北梨在移栽时无叶片，在 4 月观测时已经长出新叶并开花，6 月 9 日观测时生长旺盛，但叶片出现了病虫害现象，12 月叶片已全部凋落。

图 11-28　2018 年 3 月 16 日

图 11-29　2018 年 4 月 12 日

图 11-30　2018 年 6 月 9 日

图 11-31　2018 年 12 月 12 日

6. 梓叶槭

如图 11-32～图 11-35 所示,梓叶槭在运回时幼苗较小,故为其建遮阳棚,3～6 月生长较为缓慢,正在适应恩施地区的气候环境,9 月观测时发现幼苗生长很快,特别是苗高的生长,12 月时已经开始落叶。

图 11-32　2018 年 3 月 16 日

图 11-33　2018 年 6 月 9 日

图 11-34　2018 年 9 月 30 日

图 11-35　2018 年 12 月 12 日

二、地径与苗高生长量

地径和苗高的生长量是在某一自然条件下生长好坏的标志，在经济效益上有着重要的意义。幼苗移栽后对地径和苗高进行了三次生长量调查（第二批盐桦调查两次，天目铁木仅调查一次），调查时随机选取幼苗进行测定。

（一）黄梅秤锤树

三次调查数量分别为 202 株、198 株和 96 株。经过调查分析，不同时期黄梅秤锤树幼苗地径和苗高生长情况如图 11-36 所示。三次调查的最小地径、最大地径和平均地径分别为：8.4mm、20.81mm、14.35mm（2018-6-9）；10.11mm、24.42mm、15.82mm（2018-9-9）；11.07mm、32.65mm、18.57mm（2019-7-11）。三次调查的最小苗高、最大苗高和平均苗高分别为：27cm、132cm、73.97cm（2018-6-9）；36cm、133cm、77.84cm（2018-9-9）；44cm、132cm、78.77cm（2019-7-11）。

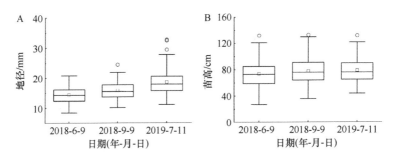

图 11-36 黄梅秤锤树幼苗地径和苗高生长过程

前两次调查期间地径和苗高的生长量分为 1.47mm、3.87cm，一年内地径和苗高的生长量分别为 4.22mm、4.8cm，2018 年 6～9 月地径和苗高生长量分别占各自年生长量的 35% 和 81%。

（二）崖柏

调查数量分别为 96 株、95 株和 90 株。在随机调查的幼苗中，2018 年 9 月 9 日有 1 株幼苗死亡。

经过调查分析，不同时期崖柏幼苗地径和苗高生长情况如图 11-37 所示。三次调查的最小地径、最大地径和平均地径分别为：5.38mm、37.27 mm、15.8mm（2018-6-9）；8.03mm、39mm、17.12mm（2018-9-9）；8.05mm、37.77mm、19.44mm（2019-7-11）。三次调查的最小苗高、最大苗高和平均苗高分别为：16cm、62cm、33.38cm（2018-6-9）；15cm、40.09cm、21cm（2018-9-9）；20cm、83cm、48.16cm（2019-7-11）。

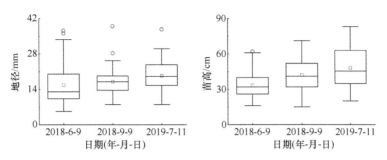

图 11-37 崖柏幼苗地径和苗高生长过程

前两次调查期间地径和苗高的生长量分为 1.32mm、8.71cm，一年内地径和苗高的生长量分别为 3.64mm、14.78cm，2018 年 6~9 月地径和苗高生长量分别占各自年生长量的 36% 和 59%。

（三）盐桦

第一批盐桦调查数量分别为 41 株、40 株和 28 株，在随机调查的幼苗中，2018 年 9 月 9 日有 2 株幼苗死亡，1 株枯萎。

经过调查分析，不同时期盐桦幼苗地径和苗高生长情况如图 11-38 所示。三次调查的最小地径、最大地径和平均地径分别为：1.2mm、6.16 mm、4.39mm（2018-6-9）；3.92mm、9.36 mm、6.13mm（2018-9-9）；2.64mm、8.88 mm、6.13mm（2019-7-11）。三次调查的最小苗高、最大苗高和平均苗高分别为：25cm、73cm、44.29cm（2018-6-9）；19.5cm、95cm、57.64cm（2018-9-9）；18cm、101cm、67.29cm（2019-9-11）。

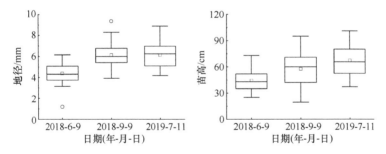

图 11-38 盐桦（一批）幼苗地径和苗高生长过程

前两次调查期间地径和苗高的生长量分为 1.74mm、13.35cm，而一年内地径和苗高的生长量分别为 1.74mm、23cm，2018 年 6~9 月地径和苗高生长量分别占各自年生长量的 100% 和 58%。

第二批盐桦调查数量分别为 26 株、17 株。经过调查分析，不同时期盐桦幼苗地径和苗高生长情况如图 11-39 所示。两次调查的最小地径、最大地径和平均地径分别为：0.075mm、0.19mm、0.14mm（2018-9-9）；2.67mm、6.61mm、4.43mm

（2019-7-11）。三次调查的最小苗高、最大苗高和平均苗高分别为：15cm、43cm、30.38cm（2018-9-9）；18cm、80cm、38cm（2019-7-11）。其中一年内地径和苗高的生长量分别为 4.29mm、7.62cm。

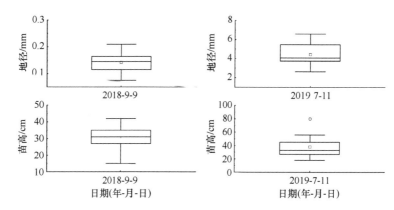

图 11-39　盐桦（二批）幼苗地径和苗高生长过程

（四）东北红豆杉

调查数量分别为 85 株、59 株和 99 株。经过调查分析，不同时期东北红豆杉幼苗地径生长情况如图 11-40 所示。三次调查的最小地径、最大地径和平均地径分别为：3.23mm、13.21mm、6.11mm（2018-6-9）；4.3mm、10.55mm、7.26mm（2018-9-9）；4.44mm、19.02mm、8.79mm（2019-7-11）。三次调查的最小苗高、最大苗高和平均苗高分别为：15cm、39cm、24.75cm（2018-6-9）；6cm、40cm、23.3cm（2018-9-9）；10.2cm、47cm、30.01cm（2019-7-11）。

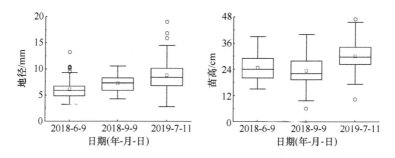

图 11-40　东北红豆杉幼苗地径和苗高生长过程

前两次调查期间地径生长量为 1.15mm，苗高的生长量则出现了负值，可能是因为取样的个体不同导致，同时也说明这一时期东北红豆杉的幼苗生长缓慢，调查时也发现其生长状况一般，部分幼苗出现叶子发黄等现象，而之后幼苗生长逐渐稳定，一年内地径和苗高生长量分别为 2.68mm、5.26cm。调查中，地径在 6～9 月生长量占年生长量的比重为 43%。

(五) 河北梨

调查数量分别为 202 株、99 株和 119 株。在随机调查的幼苗中，2018 年 9 月 9 日有 1 株幼苗已枯死。

经过调查分析，不同时期河北梨幼苗地径和苗高生长情况如图 11-41 所示。三次调查的最小地径、最大地径和平均地径分别为：3.23mm、18.05mm、9.16mm（2018-6-9）；6.47mm、26.74mm、14.88mm（2018-9-9）；7.45mm、28.52mm、15.98mm（2019-7-11）。三次调查的最小苗高、最大苗高和平均苗高分别为：9cm、107cm、67.78cm（2018-6-9）；11cm、174cm、109.85cm（2018-9-9）；47cm、212cm、121.59cm（2019-7-11）。

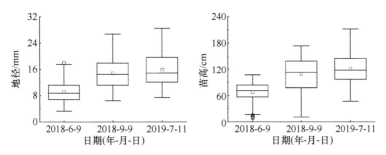

图 11-41　河北梨幼苗地径和苗高生长过程

前两次调查期间地径和苗高的生长量分为 5.72mm、42.07cm，一年内地径和苗高的生长量分别为 6.82mm、53.81cm，2018 年 6～9 月地径和苗高生长量分别占各自年生长量的 84% 和 78%。

(六) 梓叶槭

调查数量分别为 10 株、49 株和 40 株。

经过调查分析，不同时期梓叶槭幼苗地径和苗高生长情况如图 11-42 所示。三次

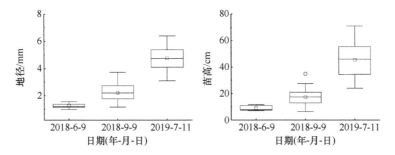

图 11-42　梓叶槭幼苗地径和苗高生长过程

调查的最小地径、最大地径和平均地径分别为：0.98mm、1.56mm、1.25mm（2018-6-9）；1.17mm、3.73mm、2.21mm（2018-9-9）；3.11mm、6.4mm、4.75mm（2019-7-11）。三次调查的最小苗高、最大苗高和平均苗高分别为：7cm、11.77cm、8.89cm（2018-6-9）；6.5cm、35cm、17.24cm（2018-9-9）；24cm、71cm、45.62cm（2019-7-11）。

前两次调查期间地径和苗高的生长量分为0.96mm、8.35cm，而一年内地径和苗高的生长量分别为3.5mm、36.73cm，2018年6~9月地径和苗高生长量分别占各自年生长量的27%和23%。

（七）天目铁木

天目铁木幼苗移栽4个月后（2019-7-11），对所有幼苗（94株）的生长量进行测定，地径和苗高的生长情况如下（图11-43）：最小地径、最大基径和平均基径分别为7.12mm、10.9mm、8.84mm；最小苗高、最大苗高和平均苗高为48cm、120cm、93.47cm。

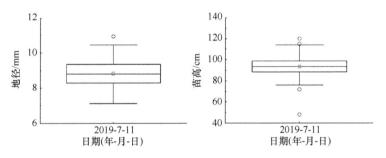

图11-43 天目铁木幼苗地径和苗高生长过程

经过调查发现，东北红豆杉幼苗在移栽后前期生长情况一般，随后适应环境，生长状态逐渐正常；河北梨的生长状态最好，地径和苗高的一年生长量均高于其他物种，河北梨对土壤的要求不严格，山地、平地或丘陵均可，说明其对环境的适应能力较强，且生长速度很快；梓叶槭较其他几个物种来说个体小，但幼苗适应恩施地区的环境后，生长速度变快。三次调查中2018年6月9日~9月9日为植物生长最为旺盛时期，所有物种（除东北红豆杉的苗高生长量）在这段时间内地径和苗高生长量占年生长量的比重较大，其中最为明显的是河北梨幼苗的地径和苗高、崖柏的苗高、黄梅秤锤树的苗高、第一批盐桦的地径和苗高，比重均在50%以上，这几种物种在该时期的生长较快。

三、枝条生长情况

主枝和侧枝的生长情况仅在2018年9月9日和2019年7月11日进行测定，每次测定一年生的枝条，测定时采用随机抽样方式，测定的数量与地径和苗高的数量一致。

（一）黄梅秤锤树

随机调查的黄梅秤锤树幼苗中，枝条的生长较为旺盛。两个时期黄梅秤锤树幼苗枝条生长情况如图11-44所示。两次调查的最小主枝长、最大主枝长和平均主枝长分别为：9cm、56cm、29.95cm（2018-9-9）；6cm、21cm、11.27cm（2019-7-11）。两次调查的最小侧枝长、最大侧枝长和平均侧枝长分别为：7.2cm、33.4cm、15.5cm（2018-9-9）；3.3cm、13.8cm、8.2cm（2019-7-11）。

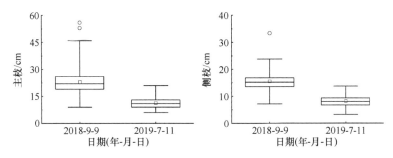

图11-44　黄梅秤锤树幼苗主枝和侧枝生长过程

（二）崖柏

随机调查的崖柏幼苗中，枝条的生长较为旺盛。两个时期崖柏幼苗枝条生长情况如图11-45所示。两次调查的最小主枝长、最大主枝长和平均主枝长分别为：7cm、37cm、18.86cm（2018-9-9）；10cm、30cm、18.45cm（2019-7-11）。两次调查的最小侧枝长、最大侧枝长和平均侧枝长分别为：7.9cm、20.4cm、12.97cm（2018-9-9）；7.8cm、18.8cm、13.32cm（2019-7-11）。

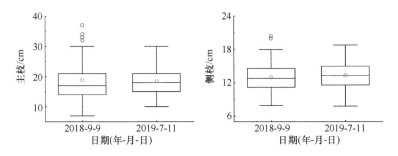

图11-45　崖柏幼苗主枝和侧枝生长过程

（三）盐桦

调查第一批盐桦幼苗发现，在2018年9月9日测定发现其中有2株幼苗的主枝断头，1株幼苗没有侧枝，4株幼苗有4根枝条，2株幼苗仅有2根枝条。

两个时期盐桦幼苗枝条生长情况如图11-46所示。两次调查的最小主枝长、最大主枝长和平均主枝长分别为：5.55cm、85cm、30.37cm（2018-9-9）；5cm、37.8cm、15.63cm（2019-7-11）。两次调查的最小侧枝长、最大侧枝长和平均侧枝长分别为：4.4cm、30.25cm、14.81cm（2018-9-9）；3.94cm、24.84cm、11.27cm（2019-7-11）。

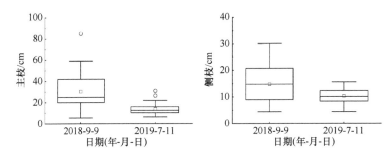

图11-46　盐桦（一批）幼苗主枝和侧枝生长过程

第二批盐桦幼苗仅在2019年7月11日对枝条的生长量进行测定，其数量为17株，其中发现有1株幼苗没有侧枝，3株幼苗4根侧枝，2株幼苗有3根侧枝，1株幼苗仅有2根侧枝。其枝条生长情况如图11-47所示。最小主枝长、最大主枝长和平均主枝长分别为：5cm、37.8cm、18.1cm；最小侧枝长、最大侧枝长和平均侧枝长分别为：3.94cm、24.84cm、13cm。

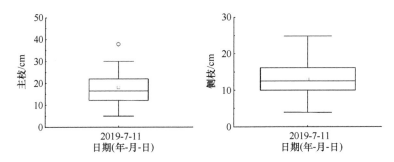

图11-47　盐桦（二批）幼苗主枝和侧枝生长过程

（四）东北红豆杉

随机调查的东北红豆杉幼苗中，在2018年9月9日测定发现其中有4株幼苗主枝断头，有1株仅有2根侧枝。

两个时期东北红豆杉幼苗枝条生长情况如图11-48所示。两次调查的最小主枝长、最大主枝长和平均主枝长分别为：2.6cm、16cm、8.33cm（2018-9-9）；2.8cm、9.5cm、5.57cm（2019-7-11）。两次调查的最小侧枝长、最大侧枝长和平均侧枝长分别为：4.02cm、11.26cm、7.27cm（2018-9-9）；3.06cm、7.82cm、5.03cm（2019-7-11）。

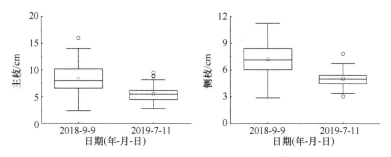

图 11-48　东北红豆杉幼苗主枝和侧枝生长过程

（五）河北梨

随机调查的河北梨幼苗中，在 2018 年 9 月 9 日测定发现其中有 2 株幼苗的主枝断头，7 株幼苗没有侧枝，3 株幼苗有 4 根侧枝，1 株幼苗有 3 根侧枝，2 株幼苗仅有 2 根侧枝；2019 年 7 月 11 日测定发现其中有 6 株幼苗主枝断头，有 11 株幼苗没有侧枝，4 株幼苗有 4 根侧枝，3 株幼苗仅有 2 根侧枝。

两个时期河北梨幼苗枝条生长情况如图 11-49 所示。两次调查的最小主枝长、最大主枝长和平均主枝长分别为：2cm、81cm、41.49cm（2018-9-9）；2cm、78cm、18.61cm（2019-7-11）。两次调查的最小侧枝长、最大侧枝长和平均侧枝长分别为：1cm、47.6cm、12.52cm（2018-9-9）；2.5cm、43cm、12.38cm（2019-7-11）。

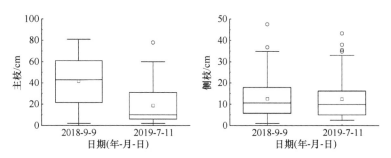

图 11-49　河北梨幼苗主枝和侧枝生长过程

（六）天目铁木

经过调查分析，天目铁木幼苗移栽 4 个月后，其地径和苗高的生长情况如图 11-50 所示。最小主枝长、最大主枝长和平均主枝长分别为：23cm、66cm、44.05cm。最小侧枝长、最大侧枝长和平均侧枝长为：17cm、37cm、28.1cm。

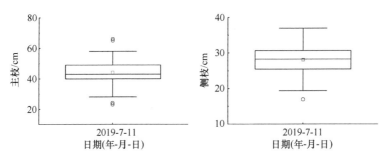

图 11-50　天目铁木幼苗主枝和侧枝生长过程

对 5 个物种（黄梅秤锤树、崖柏、盐桦、东北红豆杉、河北梨）进行了两次一年生枝条生长情况的测定，除崖柏有波动外，其余物种在 2018 年 9 月 9 日调查的平均枝条长均大于 2019 年 7 月 11 日的平均枝条长，这说明从幼苗移栽至 2018 年 9 月 9 日，正是物种生长旺盛时期，一年生枝条生长较快，而 2019 年 7 月 11 日刚好处于生长旺盛的初期，一年生枝条刚萌发生长，由此可以看出植物生长旺盛时期，其生长量较大，在这一时期应该注重植物的栽培管理，合理施肥和灌溉。调查还发现崖柏和黄梅秤锤树的枝条生长状况良好，未发现没有主枝的现象，且侧枝的数量均大于 5 株，而盐桦和河北梨的枝条生长情况一般，在两次调查中均有部分幼苗没有主枝或者侧枝数量小于 5 根的情况。

第三节　迁地保护存在问题及对策

为有效地保护极小种群野生植物资源，迁地保护方式是目前进行极小种群保护的一项重要措施。通过迁地保护可扩大极小种群数量、减少种群灭绝风险，从而达到极小种群长期生存，并有效保存其遗传多样性的目的（许再富等，2008）。本研究从全国各地引种 7 种极小种群野生植物至恩施地区，经过一年多的栽培管理、数据观测，发现 7 个物种都引种成功且生长状态良好。研究中主要存在的几个问题及相应对策如下。

1. 根据物种自身特性，采取对应的保护措施

每个物种有自身的生物学特性，如喜光、耐荫等，需根据其特点采取不同的处理措施。例如，在 6～8 月，恩施地区日晒时间较长、太阳辐射较强，第二批盐桦幼苗在初期管理中没有进行遮阴处理，导致大量幼苗死亡。虽然盐桦属阳性喜光树种，但幼苗需要遮阴。因此，从出苗期到生长后期一定要对盐桦幼苗进行遮阴，到幼苗安全越夏后，将遮阴网撤除，进行全光培育。

2. 因地制宜，加强基地建设

基地的建设需要因地制宜。恩施谋道地区雨水较多，基地有一定的坡度，在降雨强度较大时，水量过大导致基地被洪水冲刷，一部分幼苗被冲走。所以在基地建设时需要根据地形条件，合理进行排水沟的建设。

3. 注意幼苗生长状况并及时处理

经常对幼苗的生长情况进行观察，发现生长状况不良时应及时处理。如调查时发现部分物种的枝条生长状况不良，应该及时排查原因，采取相应的处理措施。

4. 加强幼苗的后期管理

及时对幼苗进行除草、施肥等处理，特别是幼苗生长初期，尽量保持一个月除草一次的原则，以减少幼苗与其他植物进行资源竞争，从而能够更好地生长。除草时，由于人为操作不当导致部分幼苗产生一定的损伤，所以在除草时需注意减少对幼苗的损害。

执笔人：艾训儒　黄　小　吴漫玲

（湖北民族大学）

参 考 文 献

郭辉军. 2012. 开创极小种群野生植物保护工作新局面. 云南林业, (6): 16-17.
郭泉水, 秦爱丽, 马凡强, 等. 2015. 世界极度濒危物种崖柏研究进展. 世界林业研究, 28(6): 18-22.
匡文波, 童文杰. 2015. 论"互联网＋"出版的发展策略. 出版发行研究, (6): 9-12.
罗远, 吴世斌, 库伟鹏, 等. 2018. 珍稀濒危植物天目铁木群落结构及物种多样性. 浙江农业科学, 59(11): 2061-2064.
梅新娣, 张富春, 曾幼玲. 2004. 濒危植物盐桦的组织培养及快速繁殖. 植物生理学通讯, (6): 714.
王世彤, 吴浩, 刘梦婷, 等. 2018. 极小种群野生植物黄梅秤锤树群落结构与动态. 生物多样性, 26(7): 749-759.
王毅敏, 高晗, 高本旺, 等. 2019. 崖柏组织培养初探. 湖北林业科技, 48(2): 16-18.
吴富勤. 2015. 极小种群野生植物大树杜鹃的保护生物学研究. 昆明：云南大学博士学位论文.
西尔维汤 J, 查尔斯沃思 D. 2003. 简明植物种群生物学(第四版). 李博等译. 北京：高等教育出版社.
许恒, 刘艳红. 2018. 珍稀濒危植物梓叶槭种群径级结构与种内种间竞争关系. 西北植物学报, 38(6): 1160-1170.
许再富, 黄加元, 胡华斌, 等. 2008. 我国近 30 年来植物迁地保护及其研究的综述. 广西植物, 28(6): 764-774.
羊金殿, 陈运雷. 2017. 无翼坡垒的迁地保护初步研究. 热带林业, 45(4): 15-17.

杨文忠, 康洪梅, 向振勇, 等. 2014. 极小种群野生植物保护的主要内容和技术要点. 西部林业科学, (5): 24-29.
张强, 杨占. 2017. 辽宁省东北红豆杉迁地保护措施及对策. 防护林科技, (3): 47-71.
张宇阳, 马文宝, 于涛, 等. 2018. 梓叶槭的种群结构和群落特征. 应用与环境生物学报, 24(4): 697-703.
邹碧山, 潘俊光. 2015. 浅谈极小种群野生植物资源的保护. 绿色科技, (6): 46-48.
Glowka L, Burhenne-Guilmin F, Synge H, et al. 1997. 生物多样性公约性指南. 中华人民共和国濒危物种科学委员会, 中国科学院生物多样性委员会 译. 北京: 科学出版社.

第十二章 坡垒生境恢复技术

第一节 背景和理论基础

生境质量是决定珍稀濒危植物种群续存和维持的重要条件。然而长期的人为干扰活动已经导致多数珍稀濒危植物的生境条件片段化、破碎化、退化或者消失。人为干扰后森林演替的发展方向和最终结果是当前生态恢复和生物多样性保育的研究重点（Arroyo-Rodríguez et al., 2017；Chazdon, 2014；Gardner et al., 2009）。生态恢复中的一个关键组分是植物，特别是生态功能关键种的存在，对于整个生态系统恢复具有极为重要的作用（Mills et al., 1993）。而森林植被是多数陆地生物赖以生存的最基本要素，因而植被的恢复一直是恢复生态学研究中的核心问题和首要解决目标。我国热带地区包含丰富多样的生物资源和环境条件，但同时也具有不同类型、强度和频度的干扰体系。与其他地区的生态恢复相比较，热带林在恢复方向、时间、途径和过程等方面均具有更多的独特之处。例如，高的生物多样性使得热带林对外界干扰具有较强的抵抗力，而且充沛的水热条件可以保证受到轻度干扰的热带林具有较快的恢复速度和潜力。然而，强度干扰后的热带林由于雨水冲刷将会发生严重的水土流失，土壤的脆弱性导致热带林难以恢复到干扰前的生物多样性水平。恢复那些被人类破坏的热带林退化生态系统，以及保护现有天然热带林和次生林具有重要的科学价值与现实意义（Rozendaal et al., 2019；Barlow et al., 2016）。

热带次生林大致经历了三个阶段（Chazdon, 2008b），即林分初始阶段（stand initiation phase）、个体排除阶段（stem exclusion phase）和林下重启阶段（understory reinitiation stage）。林分初始阶段主要包括土壤种子库中的物种萌发、残存个体萌发、先锋种的进入、树木的快速生长、草本植物的死亡和部分耐阴种通过动物扩散等。个体排除阶段主要包括林分的郁闭、短寿命先锋种的大量死亡、耐阴种的进入、长寿命先锋种生长受到压制等。林下重启阶段包括长寿命先锋种的死亡、林冠层耐阴种个体成熟并开始散播种子、林下光照环境的异质性增加、树木幼苗空间集聚分布。目前次生林多处于前两个阶段，而第三个阶段需要较长的时间，甚至上百年。

针对当前次生林恢复的现状，生态学家和林学家最为关心的问题是如何快速有效地提高热带次生林的林分质量和生态系统功能（Chazdon, 2008a）。生态功能关键种是那些在维持生态系统功能方面发挥重要作用的物种,如何确定这些生态功能关键种存在多种方法。采用物种丰富度的研究方法无法量化物种在生态策略和生态功能等方面的差异,而且也缺少生物多样性应包含的其他重要信息(Pavoine and Bonsall,2011;Hillebrand and Matthiessen,2009)。近年来,基于功能性状(functional trait)及功能多样性(functional diversity)的研究方法已成为探索物种共存与生物多样性维持机制的一个新的突破口(Lavorel,2013;Díaz et al.,2007;McGill et al.,2006;Shipley et al.,2006),并有力地推动了群落恢复机理的研究(Lohbeck et al.,2012;Funk et al.,2008)。植物功能性状通常指影响植物存活、生长、繁殖速率和最终适合度的生物特征,如生长型、最大高度、木材密度、比叶面积(SLA)、光合能力、固氮能力、叶片养分含量、果实类型、种子大小和散布方式等植物形态、生理和物候特征(Cornelissen et al.,2003)。不同的功能性状通常存在相关性,并通过相互之间的权衡(trade off)来实现整体功能。由于树种的功能性状能够直接或间接反映其在群落中的功能(固碳、养分循环、结构维持等),因此可以利用植物功能性状对生态功能关键种进行识别和划分。

老龄林或原始林中关键种或者珍稀濒危植物进入次生林还存在几个方面的限制(Norden et al.,2009)。①在热带地区,由于景观尺度上的空间格局变化,许多干扰后的次生林周围并不存在老龄林或者原始林,因此这些物种难以通过自然过程(动物、风、自体、水)在次生林中天然更新。②由于干扰后的次生林通常面临水分和高温胁迫,次生林中的立地环境并不适宜演替后期生态关键种的建立和生长。另外,次生林中也存在较高的种子啃食比例,因而通常种子个体较大的后期种容易被动物啃食。③热带地区的耐阴种通常在幼苗和小树阶段需要一定的遮阴,但随后却需要一定的光照条件来完成高生长。次生林中原有的先锋种,特别是那些长寿命先锋种能够长期在次生林中生长,压缩了演替后期生态关键种在次生林中的生态位和生长空间,造成已经建立的耐阴种生长缓慢,难以进入林冠层。

针对这些限制性因素,可以通过积极的人为调控措施,一方面加速树木更新速度,另一方面提高后期种比例,从而加速次生林的恢复速度,实现森林资源的快速增长和生态系统功能的快速恢复。在实践中可以通过森林抚育措施(Putz,2004),降低演替先锋种在次生林中的比例,加速先锋种自然更替,为已经建立的演替中后期种,特别是后期种或者适应低光环境的珍稀濒危物种创造良好的生长环境,避免因为先锋种竞争而导致的生长缓慢等问题的出现。也可以在次生林中通过人工补植生态功能关键种或者珍稀濒危物种幼苗,结合抚育措施进一步提高补植幼苗的存活率,为次生林的物种组成变化提供最为直接的驱动因素。

第二节 保育与恢复技术

一、生态功能关键种确定方法

在对热带低地雨林干扰后自然恢复过程中所有树种功能性状实地取样的基础上，结合固定样地中树种多度和胸高截面积数据，利用多元统计方法将所有树种划分为不同功能群，并以此为基础确定生态功能关键种。对于森林抚育而言，主要的生态关键种保育对象为那些具备较大的潜在高度和木材密度、大种子、低比叶面积和干物质含量的物种，将它们作为保留树种，那些比叶面积大、木材密度低、种子小、潜在高度低的物种为抚育清除对象，介于两者之间的为辅助树种。植物功能性状包括比叶面积、叶片干物质含量、叶片氮含量、叶片磷含量、潜在高度、木材密度和种子重量等。

（一）目的树种

目的树种主要是那些大径级的演替后期种，它们是未来群落生态系统功能维持的重要个体。目的树种同时也兼顾保护价值、木材价值和商业价值，新兴的胶合板用材树种也归为此类。目的树种包括以下几类：

①国家级和省级保护树种；
②森林生态关键种；
③优质造船林树种；
④高级家具林树种；
⑤大径级胶合板林树种；
⑥顶级群落的主林层树种；
⑦有特殊用途的树种。

推荐目的树种名单见表 12-1。

表 12-1 坡垒生境修复保留的主要目的树种

树种	所属科	学名
油楠	豆科	*Sindora glabra*
海南风吹楠	肉豆蔻科	*Horsfieldia hainanensis*
无翼坡垒	龙脑香科	*Hopea reticulata*
香子含笑	木兰科	*Michelia gioii*
红椿	楝科	*Toona ciliata*
毛红椿	楝科	*Toona ciliata* var. *pubescens*
曲梗崖摩（红椤）	楝科	*Aglaia spectabilis*

续表

树种	所属科	学名
蝴蝶树	锦葵科	*Heritiera parvifolia*
香润楠	樟科	*Machilus zuihoensis*
石碌含笑	木兰科	*Michelia shiluensis*
野龙眼	无患子科	*Dimocarpus longan*
广东松	松科	*Pinus kwangtungensis*
大叶冬青	冬青科	*Ilex latifolia*
毛茶	茜草科	*Antirhea chinensis*
野茶	山茶科	*Camellia sinensis*
金毛狗	金毛狗科	*Cibotium barometz*
囊瓣木	番荔枝科	*Miliusa horsfieldii*
海南龙血树	天门冬科	*Dracaena cambodiana*
桫椤	桫椤科	*Alsophila spinulosa*
缘毛红豆	豆科	*Ormosia howii*
降香黄檀	豆科	*Dalbergia odorifera*
野荔枝	无患子科	*Litchi chinensis*
海南紫荆木	山榄科	*Madhuca hainanensis*
油丹	樟科	*Alseodaphnopsis hainanensis*
海南油杉	松科	*Keteleeria hainanensis*
翠柏	柏科	*Calocedrus macrolepis*
土沉香	瑞香科	*Aquilaria sinensis*
观光木	木兰科	*Michelia odora*
海南梧桐	锦葵科	*Firmiana hainanensis*
山铜材	金缕梅科	*Chunia bucklandioides*
半枫荷	蕈树科	*Semiliquidambar cathayensis*
海南石梓	唇形科	*Gmelina hainanensis*
海南大风子	青钟麻科	*Hydnocarpus hainanensis*
银钩花	番荔枝科	*Mitrephora tomentosa*
坡垒	龙脑香科	*Hopea hainanensis*
葫芦苏铁	苏铁科	*Cycas changjiangensis*
海南苏铁	苏铁科	*Cycas hainanensis*
海南粗榧	红豆杉科	*Cephalotaxus hainanensis*
雅加松	松科	*Pinus massoniana* var. *hainanensis*
琼岛杨	杨柳科	*Populus qiongdaoensis*
斯里兰卡天料木	杨柳科	*Homalium ceylanicum*
见血封喉	桑科	*Antiaris toxicaria*
陆均松	罗汉松科	*Dacrydium pectinatum*
银珠	豆科	*Peltophorum dasyrrhachis* var. *tonkinensis*
华桑	桑科	*Morus cathayana*

续表

树种	所属科	学名
海南五针松	松科	*Pinus fenzeliana*
白花含笑	木兰科	*Michelia mediocris*
海红豆	豆科	*Adenanthera microsperma*
红椆	壳斗科	*Lithocarpus amygdalifolius*
南亚松	松科	*Pinus latteri*
托盘青冈（盘壳栎）	壳斗科	*Cyclobalanopsis patelliformis*
麻楝	楝科	*Chukrasia tabularis*
广东山胡椒	樟科	*Lindera kwangtungensis*
红锥	壳斗科	*Castanopsis hystrix*
加冬	大戟科	*Bischofia javanica*
竹叶松	罗汉松科	*Podocarpus neriifolius*
短刺米槠	壳斗科	*Castanopsis carlesii*
公孙锥	壳斗科	*Castanopsis tonkinensis*
栎子青冈	壳斗科	*Cyclobalanopsis blakei*
小叶胭脂	桑科	*Artocarpus styracifolius*
海南榄仁	使君子科	*Terminalia nigrovenulosa*
竹柏	罗汉松科	*Nageia nagi*
毛丹	无患子科	*Nephelium lappaceum*
细子龙	无患子科	*Amesiodendron chinense*
海南樫木	楝科	*Dysoxylum mollissimum*
海南木莲	木兰科	*Manglietia fordiana* var. *hainanensis*
乌心樟	樟科	*Cinnamomum tsoi*
盆架树	夹竹桃科	*Alstonia rostrata*
黄桐	大戟科	*Endospermum chinense*
竹叶栎	壳斗科	*Cyclobalanopsis bambusaefolia*
裂叶假山龙眼	山龙眼科	*Heliciopsis lobata*
尖叶杜英	杜英科	*Elaeocarpus apiculatus*
翅苹婆	梧桐科	*Pterygota alata*
黄杞	胡桃科	*Engelhardia roxburghiana*
白榄	橄榄科	*Canarium subulatum*
芳槁润楠	樟科	*Machilus suaveolens*
香合欢（黑格）	豆科	*Albizia odoratissima*
密脉蒲桃	桃金娘科	*Syzygium chunianum*
梭罗树	梧桐科	*Reevesia pubescens*
华润楠	樟科	*Machilus chinensis*
乐东拟单性木兰	木兰科	*Parakmeria lotungensis*
鸡毛松	罗汉松科	*Dacrycarpus imbricatus*

(二)清除树种

清除树种主要是指那些影响目的树种生长的树种。这些树种在次生林的恢复早期发挥了重要作用，例如，迅速提高植被覆盖度，减小水土流失，改良林下小气候环境，为长寿命先锋种和后期种的种子萌发及幼苗生长创造了良好条件。但是进入森林恢复的第二个阶段，即个体排除阶段，这些树种的存在降低了林下光照条件，影响了目的树种的生长速度，消耗了土壤养分。为加快次生林的演替进程，需要通过人为抚育措施将其清除。主要的清除类别如下：

①草本植物；
②无商品价值的藤本植物；
③灌木类；
④先锋短命乔木种；
⑤小乔木树种；
⑥无培育价值的三级木[空腐木（濒死木）、短干木、较严重的弯曲木]。

主要清除树种名单见表 12-2。

表 12-2　坡垒生境修复主要清除树种

树种	所属科	学名
山乌桕	大戟科	*Triadica cochinchinensis*
拟赤杨	安息香科	*Alniphyllum fortunei*
厚皮树	漆树科	*Lannea coromandelica*
野漆	漆树科	*Toxicodendron succedaneum*
猫尾木	紫葳科	*Markhamia stipulata*
海南杨桐	五列木科	*Adinandra hainanensis*
倒吊笔	夹竹桃科	*Wrightia pubescens*
槟榔青	漆树科	*Spondias pinnata*
纤枝米花木	楝科	*Decaspermum gracilentum*
构树	桑科	*Broussonetia papyrifera*
光叶巴豆	大戟科	*Croton laevigatus*
红翅槭	槭树科	*Acer fabri*
水冬哥	猕猴桃科	*Saurauia tristyla*
中平树	大戟科	*Macaranga denticulata*
白茶	大戟科	*Koilodepas hainanense*
枝花木奶果	大戟科	*Baccaurea ramiflora*
海南山龙眼	山龙眼科	*Helicia hainanensis*
异株木犀榄	木犀科	*Olea dioica*
小盘木	小盘木科	*Microdesmis caseariifolia*
尖尊山黄皮	芸香科	*Aidia oxyodonta*

续表

树种	所属科	学名
降真香	芸香科	*Acronychia pedunculata*
贡甲	芸香科	*Maclurodendron oligophlebium*
毛柿	柿科	*Diospyros strigosa*
密鳞紫金牛	紫金牛科	*Ardisia densilepidotula*
多香木	南鼠刺科	*Polyosma cambodiana*
山香圆	省沽油科	*Turpinia montana*
大叶鼠刺	鼠刺科	*Itea macrophylla*
厚皮香八角	五味子科	*Illicium ternstroemioides*
烟斗柯	壳斗科	*Lithocarpus corneus*
胡颓叶柯	壳斗科	*Lithocarpus elaeagnifolius*
藤竹	禾本科	*Dinochloa multiramora*
思箅竹	禾本科	*Schizostachyum pseudolima*
林仔竹	禾本科	*Oligostachyum nuspiculum*
黄牛木	金丝桃科	*Cratoxylum cochinchinense*
山苍子	樟科	*Litsea cubeba*
银柴	叶下珠科	*Aporosa dioica*
云南黄杞	胡桃科	*Engelhardia spicata*
余甘子	叶下珠科	*Phyllanthus emblica*
狗牙花	夹竹桃科	*Tabernaemontana divaricata*
广东箣柊	大风子科	*Scolopia saeva*
毛果扁担杆	锦葵科	*Grewia eriocarpa*
三叉苦	芸香科	*Melicope pteleifolia*
白楸	大戟科	*Mallotus paniculatus*
粗毛野桐	大戟科	*Hancea hookeriana*
红紫麻	荨麻科	*Oreocnide rubescens*
刺桑	桑科	*Taxotrophis ilicifolia*
聚花海桐	海桐科	*Pittosporum balansae*
风轮桐	大戟科	*Epiprinus siletianus*
琼中柯	壳斗科	*Lithocarpus chiungchungensis*
水仙柯	壳斗科	*Lithocarpus naiadarum*
大叶蒲葵	棕榈科	*Livistona saribus*
桄榔	棕榈科	*Arenga westerhoutii*
山黄麻	大麻科	*Trema tomentosa*
粗糠柴	大戟科	*Mallotus philippensis*
翻白叶树	梧桐科	*Pterospermum heterophyllum*
黄毛楤木	五加科	*Aralia chinensis*
水锦树	茜草科	*Wendlandia uvariifolia*

（三）辅助树种

目的树种和清除树种之外的其他树种列为辅助树种。辅助树种包括主要种（表 12-3）和次要种（表 12-4）。分类主要基于树木木材价值和用途、生态驱动功能等。辅助树种能够提高森林的物种多样性，增加森林结构复杂性，提高养分循环速度，增加动物食物来源等。

表 12-3　坡垒生境修复需要保留的主要辅助树种

树种	所属科	学名
越南榆	榆科	*Ulmus lanceifolia*
粘木	黏木科	*Ixonanthes reticulata*
柴龙	茶茱萸科	*Apodytes dimidiata*
竹节树	红树科	*Carallia brachiata*
岭罗麦（解油）	茜草科	*Tarennoidea wallichii*
鱼骨木	茜草科	*Psydrax dicocca*
五列木	五列木科	*Pentaphylax euryoides*
琼岛柿	柿树	*Diospyros maclurei*
高山榕	桑科	*Ficus altissima*
水石梓	山榄科	*Sarcosperma laurinum*
荷木	山茶科	*Schima superba*
肖槭	茶茱萸科	*Platea excelsa*
笔管榕	桑科	*Ficus subpisocarpa*
香芙木	青皮木科	*Schoepfia fragrans*
紫树	蓝果树科	*Nyssa sinensis*
乌心楠	樟科	*Phoebe tavoyana*
海南柿	柿科	*Diospyros hainanensis*
光榕	桑科	*Ficus fistulosa*
圆果杜英	杜英科	*Elaeocarpus angustifolius*
厚皮香	五列木科	*Ternstroemia gymnanthera*
茶槁楠	樟科	*Phoebe hainanensis*
大叶刺篱	大风子科	*Flacourtia rukam*
垂叶榕	桑科	*Ficus benjamina*
鱼尾葵	棕榈科	*Caryota maxima*
马蹄荷	金缕梅科	*Exbucklandia populnea*
荔枝叶红豆	豆科	*Ormosia semicastrata* f. *litchiifolia*
核果木	核果木科	*Drypetes indica*
细叶榕	桑科	*Ficus microcarpa*
赛木患	无患子科	*Lepisanthes oligophylla*

续表

树种	所属科	学名
菲朴	大麻科	*Celtis philippensis*
海南红豆	豆科	*Ormosia pinnata*
柄果木	无患子科	*Mischocarpus sundaicus*
八角枫	八角枫科	*Alangium chinense*
鸭脚木	五加科	*Schefflera octophylla*
菲律宾合欢	豆科	*Albizia procera*
毛萼紫薇	千屈菜科	*Lagerstroemia balansae*
桃榄	山榄科	*Pouteria annamensis*
肖柃	山茶科	*Cleyera obscurinervis*
海南暗罗	番荔枝科	*Monoon laui*
海南菜豆树	紫葳科	*Radermachera hainanensis*
大叶山楝	楝科	*Aphanamixis polystachya*
光蜡树	木犀科	*Fraxinus griffithii*
岭南酸枣	漆树科	*Allospondias lakonensis*
千张纸	紫葳科	*Oroxylum indicum*

表 12-4　坡垒生境修复需要保留的次要辅助树种

树种	所属科	学名
黄叶树	远志科	*Xanthophyllum hainanense*
山桃仁	蔷薇科	*Pygeum topengii*
大叶土蜜树	叶下珠科	*Bridelia retusa*
岭南山竹子	藤黄科	*Garcinia oblongifolia*
台湾枇杷	蔷薇科	*Eriobotrya deflexa*
白背槭	槭树科	*Acer laurinum*
高枝杜英	杜英科	*Elaeocarpus dubius*
大花五桠果	五桠果科	*Dillenia turbinata*
山橄子	漆树科	*Buchanania arborescens*
白颜树	榆科	*Gironniera subaequalis*
大叶紫金牛	报春花科	*Ardisia densilepidotula*
山牡荆	马鞭草科	*Vitex quinata*
破布叶	锦葵科	*Microcos paniculata*
红果樫木	楝科	*Dysoxylum gotadhora*
密花树	报春花科	*Myrsine seguinii*
山杜英	杜英科	*Elaeocarpus sylvestris*
毛叶嘉赐	杨柳科	*Casearia velutina*
滨木患	无患子科	*Arytera littoralis*
桃叶石楠	蔷薇科	*Photinia prunifolia*

续表

树种	所属科	学名
虎皮楠	虎皮楠科	*Daphniphyllum oldhamii*
腺叶桂樱	蔷薇科	*Lauro-cerasus phaeosticta*
五月茶	叶下珠科	*Antidesma bunius*
白树	大戟科	*Suregada multiflora*
无患子	无患子科	*Sapindus saponaria*

二、森林抚育技术

（1）除伐抚育技术：从混交林分中，清除非目的树种树木，保留目的树种树木的抚育方式。其原理是直接通过砍伐降低林分密度，去除非目的树种对目的树种的竞争以及降低辅助树种对目的树种的不利影响。除伐适用于目的树种林木较多、林分密度大的林分，可以有效降低林分密度，为目的树种的进一步生长提供更多的空间。

（2）解放伐抚育技术：在林内寻找出最好的林木，将它们从相邻的较差林木竞争中解放出来。解放伐分别同时在上林层、中林层和下林层进行。解放伐适用于目的树种树木较少的混交。

（3）综合抚育的技术：在同一林分内同时实施除伐、解放伐并补植生态关键种的抚育方式。综合抚育适用于天然中龄林。

详细操作方法可以参考林业行业标准《热带次生林抚育技术规程（LY/T 2455—2015）》。

三、森林抚育对次生林的影响

为长期监测抚育间伐对热带次生林群落结构和生态系统功能的影响，我们于2012年在海南省霸王岭林区建立了森林抚育和生态功能关键种培育野外试验基地（丁易等，2016；路兴慧等，2015）。该基地位于该地区的五里桥，由60块面积为$0.25hm^2$（50m×50m）的固定样地组成（图12-1）。样地均按照相关的林业行业标准，全部由全站仪完成样桩的设置。每块样地分为4个样方（25m×25m），用于调查所有胸径（DBH）≥5cm的木本植物（包括木质藤本）。同时在样地中心任一样方内设置1个小样方（10m×10m），用于调查次生林中的幼树（1cm≤DBH<5cm）。2013年完成树木调查和全部抚育工作，2018年完成复查工作。

经过抚育后林分上层物种（DBH≥5cm）和下层物种（1cm≤DBH<5cm）个体密度分别显著减少了24.9%和59.9%，胸高断面积分别显著减少了13.1%和54.9%。抚育前后上层和下层树木径级结构均没有发生显著变化，但呈现随着径级

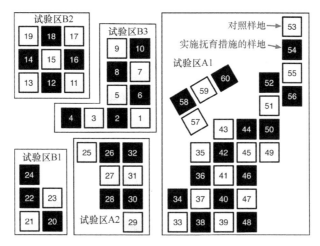

图 12-1　海南岛霸王岭自然保护区 60 块抚育实验样地位置示意图
每个小正方形代表一块实验样地，样地中心的数字代表样地编号。
黑色表示实施抚育措施的样地，白色表示对照样地

增加抚育比例减小的趋势。与抚育前的群落物种相比，抚育的次生林上层和下层的物种组成无显著变化。抚育后上层树木物种密度减少了 15.1%，但物种丰富度（排除密度效应后的物种密度）和 Shannon-Wiener 指数无显著变化。抚育对下层树木的影响更加显著，其中物种密度、物种丰富度和 Shannon-Wiener 指数分别显著减少了 40.3%、15.1% 和 11.1%。经过抚育后，上层指示种多度平均减少了 85.6%，优势种多度平均减少了 6.4%；下层指示种多度平均减少了 85.9%，而优势种多度平均减少了 35.1%（图 12-2）。

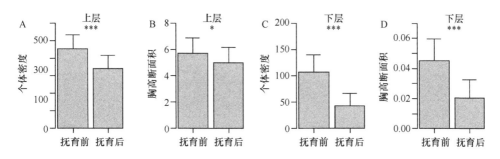

图 12-2　抚育前后次生林上层和下层物种个体密度（A、C）及胸高断面积（B、D）

与抚育前的群落物种相比，抚育后的次生林中上层和下层的物种组成发生了显著变化。NMS 排序结果进一步显示出抚育前后样地物种组成的变化趋势（图 12-3）。多数样地的上层经过抚育后的物种组成向 NMS 坐标轴的右上方变化，但下层经过抚育后的物种组成主要向 NMS 坐标轴的右上方、右方和右下方变化，而且物种组成的变化程度高于上层。抚育对上层的物种多样性影响相对较小。抚

育后,上层树木物种密度减少了15.1%,但物种丰富度、物种多样性无显著变化。抚育对下层树木的影响更加显著,其中物种密度、物种丰富度、物种多样性分别显著减少了40.3%、15.1%和11.1%,见图12-4。

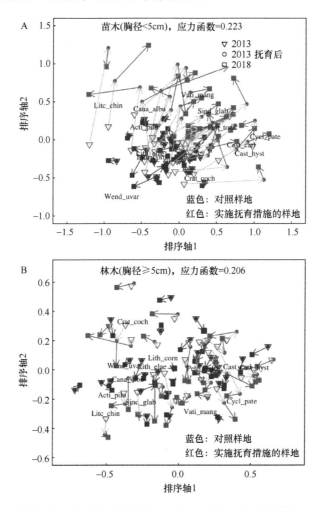

图12-3 抚育前后及5年后次生林下层(A)和上层(B)树种组成NMS排序图
(彩图请扫封底二维码)

Acti_pilo,银柴;Cana_albu,橄榄;Cant_simi,大叶鱼骨木;Cast_carl,短刺米槠;Cast_hyst,红锥;Crat_coch,黄牛木;Crot_laev,光叶巴豆;Cycl_pate,托盘青冈;Enge_roxb,黄杞;Garc_oblo,岭南山竹子;Litc_chin,野荔枝;Lith_corn,烟斗柯;Lith_elae,胡颓叶柯;Pelt_tonk,银珠;Sind_glab,油楠;Symp_poil,丛花山矾;Syzy_hanc,红鳞蒲桃;Vati_mang,青梅;Wend_uvar,水锦

抚育后群落水平的比叶面积、叶片干物质含量、叶片氮含量、叶片钾含量显著降低,木材密度和最大潜在高度显著增高,叶片叶绿素含量、叶磷含量变化不显著,见图12-5。抚育后群落的功能丰富度显著降低,功能均匀度和功能分离度

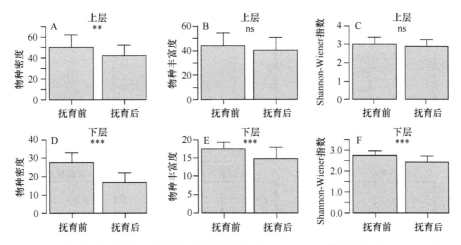

图 12-4 抚育前后次生林上层和下层中物种密度（A，D）、物种丰富度（B，E）和 Shannon-Wiener 信息指数（C，F）

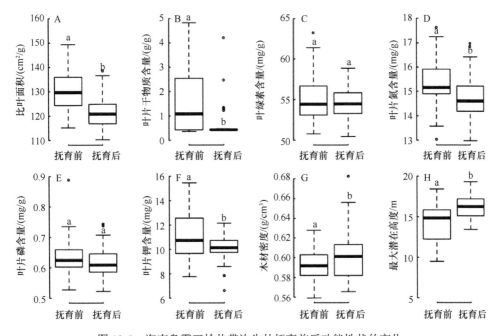

图 12-5 海南岛霸王岭热带次生林抚育前后功能性状的变化

显著增加，功能离散度变化不显著。抚育 5 年后，抚育样地内的树木相对生长速度和补充速率均显著提高。抚育增加了幼树（DBH<5cm）的死亡率，但是 DBH≥5cm 的树木死亡率显著降低，见图 12-6。研究表明，通过综合抚育技术的实施，能够加快次生林群落向老龄林方向恢复，抚育后的物种能够更充分地利用资源，生态系统功能逐渐增强。

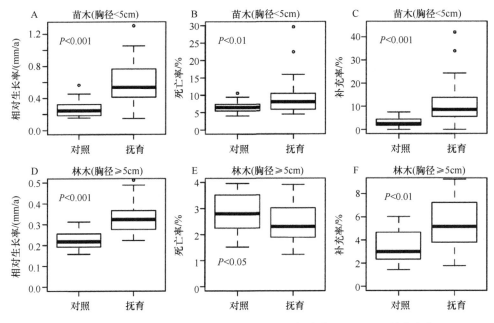

图 12-6　海南岛霸王岭热带次生林抚育 5 年后树木生长、死亡和补充变化

第三节　典型生态功能关键种坡垒的苗木培育技术

坡垒（*Hopea hainanensis*）别名海南柯比木、海梅、石梓公，为龙脑香科（Dipterocarpaceae）坡垒属（*Hopea*）常绿乔木。坡垒属约 90 余种，分布在印度、马来西亚和中南半岛等地。中国有 6 种，本种是海南岛特有珍贵用材树种。坡垒较耐荫，林冠下天然更新良好，生长较慢，成年林木 8～9 月开花，翌年 3～4 月果熟。目前，坡垒在广东、云南、广西和福建，以及南亚热带地区均有引种。

坡垒木材结构致密，纹理交错，材质坚重，干后少开裂，不变形，材色棕褐，油润美观，特别耐浸渍，耐日晒，不虫蛀，埋于地下可达 40 年而不朽，为极其珍贵的工业用材，可供造船、码头、桥梁、家具、建筑等用。淡黄色树脂可供药用和作油漆原料。

在海南，坡垒、子京、母生、花梨与野荔枝被列为国家特类的 5 种商品材，它们都具有材质坚韧、色泽鲜艳、经久不腐、永不变形的特点，均可与世界针材桃花芯木、柚木、酸枝木等相媲美，为古典家具的上乘材料，具有收藏价值。坡垒为海南特有种，由于过度采伐利用，致使分布区不断缩小，资源急剧下降。国务院 1999 年批准将坡垒列为国家一级保护植物。

一、育苗技术

（一）播种

坡垒结果期为 4～5 月，此时期海南天气较热、紫外线强，播种基质可选用红壤土、河沙和椰糠的混合基质（体积比为 1∶1∶1），避免正午太阳对苗床上坡垒种子的灼伤。以 2000 粒/m² 密度播种有利于坡垒种子的萌发。坡垒种子播种 8 天开始萌发，15 天左右为萌发高峰期，30 天后出芽基本结束。坡垒长出真叶比较慢，需要 45 天左右。为了避免病虫害大面积发生，待长出子叶 3～4cm 时，便可将其从苗床移入营养袋内，并浇足定根水，使用遮光率为 75% 以上的遮阳网遮阴以防止太阳暴晒。坡垒小苗期喜阴，苗圃内遮阳网最好不要全部去除，至少保持遮光率 50% 以上。

（二）施肥

坡垒移入营养袋后，要保持土壤湿润，及时追肥，但是注意少量多施。

（三）除草、培土

坡垒苗日常管理中要注意松土除草，除草的原则是"除早、除小、除了"。除草过程中应结合松土与培土。除草后浇一次透水。如果发现土面板结时，一定要及时松土，以促进土壤的透水透气性；如果发现苗根裸露出土面时，应及时培土覆盖好。

（四）病虫害防治

坡垒的抗病性强，病虫害比其他植物少，在海南栽培常见的病虫害有卷叶虫、花叶斑病。

卷叶虫又名卷叶蛾、黏叶虫，幼虫咬食新芽、嫩叶和花蕾，仅留表皮呈网孔状，并使叶片纵卷，潜藏叶内连续危害植株，严重影响植株生长和开花。该虫每年 3～5 月在海南发生，以 4 月为高发期。

防治措施：①人工捡除被害叶中的幼虫或蛹；②幼虫发生期每隔 5～7 天喷一次 1000 倍溶液的 75% 辛硫磷或 1000 倍溶液的 90% 敌百虫原药。

炭疽病主要危害叶片，病斑多自叶尖和叶缘处开始。刚发生时，叶片出现水渍状、暗绿色圆形斑点，后扩大为近圆形或半圆形，中央浅褐色或灰白色，边缘暗褐色，病健组织区别明显，后期病斑上散生或轮纹状排列许多黑色小点，病斑直径 5～20mm。

防治措施：①及时摘除病叶，剪掉枝条，清扫地面落叶枯枝，集中烧毁，减少侵染来源；②喷药保护，1∶1∶100 波尔多液保护新叶新梢；③病害发生后用 600 倍液的 65%代森锌可湿性粉剂喷洒叶片，每 10~15 天喷一次，如病情严重时，可连续喷 1~3 次。

二、栽培技术

（一）宜林地选择

坡垒苗期喜阴，宜林地一般选择阴凉且湿润的山坡、山谷洼地及林下种植。

（二）合理整地

一般是秋季整地后雨季造林，或者是雨季时随整地随造林。要因地制宜，采取不同的整地方式，挖穴规格为长 30cm×宽 30cm×深 30cm。一般对山坡上部及坡度 25°以上的地段，采用水平带状清理的方法。具体方法是：在植树的地方采取穴状砍杂，每穴砍杂面积为 1~2m^2，株行距为 3m×3m；山坡中部及坡度 25°以下的地方，根据地形地势，沿坡向按等高线方向开设环山带，环山带水平阶宽 1m，株行距为 3m×3m；在平地或坡度平缓的地方，最好把造林地上的灌木杂树全部砍除，然后采取全垦机耕的整地方式整地，株行距为 3m×3m。有茅草的地方，要注意用草甘膦等药物除草干净后再挖穴。如果是在疏林地中套种构树，则整地方式多采取块状整地或穴状整地。无论采取哪种方式整地，都必须在整地前做好规划设计，严格按照设计方案进行施工。

（三）造林密度

坡垒小苗期较耐荫，应当密植或与其他速生树种混交，以后逐步疏伐或伐除伴生树种，逐渐形成纯林。另外，造林密度也可根据经营目的而确定，如果是山地造林时，密度可适当小些，一般株行距按照 3m×3m 的规格定植。如果考虑在林地中套种其他经济作物，则造林时密度可根据经营者需要适当调整。

（四）造林方式

应以纯林的方式种植为宜，也可以在疏林或残次林中套种。

（五）造林季节

如果是大面积造林，为了提高造林成活率、节省造林费用，尽量选择秋季造林。海南岛 7~9 月雨季造林，内地少量种植者，如管理方便，可以不考虑造林季节；如果是大面积造林，选择雨季造林种植非常重要，若能在栽植后下雨，并且有几天的阴天，则对提高造林成活率具有重要的意义。因此，在一般情况下，造林时间最好安排在下午，以减少阳光对幼苗的暴晒，特别是造林当天的暴晒时间，经过夜间的恢复，可以提高苗木的抵抗能力，对提高造林成活率也有一定的作用。切忌在没雨或者降雨不多的时期强行栽植后再等雨的做法，种植时要严格遵循"三不栽"的原则，即"雨不透不栽，天不连阴不栽，雨过天晴久没雨不栽"。如果是少量种植，则不一定需要选择雨季或连续阴雨天种植；如果种植后不下雨，应注意每天浇水 1~2 次，连续浇水 10 天，可保证幼树成活。

（六）下基肥

种植前先在植树穴中下足基肥。基肥一般采用有机肥，下基肥量大约是 5kg/穴；如果缺少有机肥，可用磷肥或复合肥代替，大约 150g/穴。也可以在整地时利用阔叶杂草、枯叶+林地表土一起堆沤成有机肥使用。施放基肥时，先放肥，然后用锄头把肥和植穴中的土搅拌均匀，回放一层厚约 10cm 的表土盖住肥层后再准备种苗，以避免定植后基肥灼伤苗根。

（七）苗木准备

挑选树干通直粗壮、根系发达、顶芽无损的粗壮坡垒苗木，种植前 3~5 天将所有造林苗木送到造林地旁集中管理。种植苗木前 30 天一定要炼苗。

（八）栽植方法

栽植时先在植穴中央挖一个比苗木泥头稍大、稍深的栽植孔，去掉苗木的包扎材料或营养袋后，带土轻放于栽植孔中，扶正苗木适当深栽，然后在苗木的四周回填细土，回满时用手把回填土压实，使苗木与原土紧密接触。继续回土至穴面，压实后再回松土呈馒头状，以减少水分蒸发。

（九）补植

坡垒种植 3 个月后，应组织人员对造林地进行检查，如果发现死苗、缺苗的地方，应做好记录，以方便及时补苗重种，即补植。有些林地必须补植几次才能达到目的。补植时应选择连续阴雨天气，以免浇水从而节省费用。如果是平地补植且在靠近水源的地方，可以采取人工浇水的方法来补植，而没有必要等到连续下雨天才补植，因为及时补植能确保林地幼树整体长势整齐，生长平衡。

（十）抚育管理

1. 穴面覆盖

坡垒造林或种植后，应及时用枯枝落叶、干杂草等杂物覆盖穴面，一方面起着遮阴保湿、减少穴面蒸腾失水的作用，另一方面可避免暴雨时雨滴击溅新植穴表土，造成新植穴土壤流失。另外，用枯枝落叶、杂草覆盖穴面，腐烂后还可以增加土壤养分，起着改良土壤的作用。穴面覆盖对穴面保护和促进苗木生长均有明显作用，应尽量采用。

2. 浇水、整穴

坡垒造林后如果不下雨，尤其是裸根苗种植，应尽快组织人员在栽植后1天内浇一次水，晴天每隔1天浇水1次，直到幼树成活后才停止浇水；如果下大雨，天晴后要及时组织人员对新造林地进行查苗看穴。在坡度大的地方，如果苗木被泥土冲压，应及时扒开土壤，扶正苗木并回土踏实；树穴或环山带如果被大雨冲毁，要及时修补好。幼树种植成活后，如果连续1个月不下雨，有条件者应组织人工浇水，帮助幼树迅速生长，以提高其自然抗病、抗风及其他抗逆性。

3. 除草松土

种植后没有进行穴面覆盖的植树穴，大雨过后穴内土壤容易板结、干裂和滋生杂草，因此要适时松土，以保墒和清除杂草。种植初期树冠小而稀疏，易被灌木、杂草及藤蔓压抑和缠绕，影响其生长，应组织人员砍除杂灌、割除藤蔓，松土扩穴，每年4次，每季度一次。3年后，每年雨季前、后都要进行一次砍杂、除草、割除藤蔓。因为坡垒幼林喜湿润，每次砍杂、除草后可将除下的杂草、杂灌覆盖在幼树周围，这样既可以在短期间内对幼树基部土壤起遮阴和保湿的作用，也可以作为有机绿肥使用，从而增加土壤养分，有利于幼树生长。山坡下部及杂草繁茂的地带还应适当增加砍杂、除草的次数。

4. 追肥

众所周知，林地肥沃则树木生长迅速。定期追肥可以及时补充土壤中的养分，增加土壤肥力，有利于林木的生长。坡垒种植6个月后就应开始给幼树追肥，坡垒的生长高峰期为每年的春季，所以追肥时应结合树木的生长高峰期、下雨天前后、松土除草一起进行。追肥时，在树干基部两侧沿树冠垂直投影边，用锄头开环形沟或挖穴放肥，施肥沟或穴的深度和宽度可随着树木的长大而加深、加宽，初期一般是长20cm×宽20cm×深20cm。追肥一般使用复合肥，追肥量也是随着幼树的长大而加大，初期一般施加复合肥150g/株。幼林期每年追肥2次，直至幼林林冠郁闭为止。坡垒林分郁闭后仍要及时砍除林中杂灌和藤蔓，及时进行修枝整形，按去弱留强的原则进行疏伐，保证林木正常生长。

种植后，要及时加强防护工作，防止人畜破坏。幼龄期主要是防止牛、羊破坏，可在种植地四周设栏围护或种植簕仔树即"刺树"作防护带。

总之，坡垒造林，提前细致整地是基础，良种壮苗是根本，造林时机是关键，抚育管理是保障。我们应充分做好准备，把握有利时机，认真组织，确保造林获得好成效。

（十一）主要病虫害防治

坡垒在海南的病虫害较少，一般雨季过后，需要喷洒多菌灵、凯润等杀菌消毒药剂，预防病害发生。

第四节 生态功能关键种坡垒生境修复和回归

一、生境修复试验

选择海南岛刀耕火种弃耕后自然恢复近60年的热带低地雨林群落建设热带天然林生态功能关键种林冠下补植试验样地。样地位于霸王岭林业局东干线3.5~6.5km处，分三个小区，共建立60块60m×40m的样地（图12-7）。每个样地设置8个标桩，分别标明样地编号、桩号和处理方式。样地之间设置5m左右的隔离带。每个样地划分成三个20m×40m样方，设计A、B、C三种处理方式：

A处理：抚育+补植坡垒；
B处理：补植坡垒；
C处理：对照。

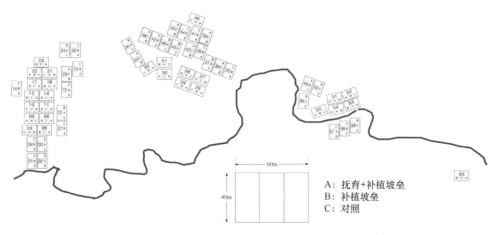

图12-7 坡垒生境改善和补植样地（彩图请扫封底二维码）

首先根据《热带次生林抚育技术规程》对回归试验样地进行抚育。选择生态功能关键种坡垒、麻楝、橄榄、油楠幼苗于2017年8~9月进行林冠下补植（图12-8）。株行距为3m×3m，挖穴规格30cm×30cm×30cm，对每棵幼苗施复合肥 0.1kg。引种回归后，对所有回归的幼苗进行挂牌，记录其编号、物种、高度、所属样地号、处理区号，整理存档并定期跟踪监测其生长状况。

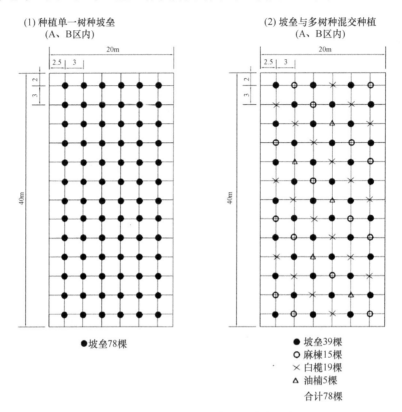

图 12-8　生态功能关键种回归试验设计图

二、坡垒等补植幼苗保存率

2018 年 12 月对所有人工补植的幼苗进行复测，记录存活状况和高度。2017 年移栽幼苗 9332 株，2018 年复查幼苗 8800 株，整个样地幼苗保存率 94.3%。A 区（抚育）保存率 95.2%，B 区（未抚育）保存率 93.4%。4 个回归的生态功能关键种在 2017～2018 年均具备较高的保存率，而且抚育处理后的幼苗保存率略高于未抚育处理样方（图 12-9、图 12-10）。

通过海南岛霸王岭林区开展的抚育试验表明，热带天然次生林的群落结构和物种多样性在抚育前后发生显著改变。通过本次抚育实践，群落上层和下层个体密度及胸高断面积均显著减少，抚育降低了下层树种的物种多样性，但对上层树种的物种多样性没有显著影响。抚育主要减少了热带低地雨林次生林中短寿命先锋种的数量，这种变化将对次生林中不同功能类群的竞争关系和演替动态发生

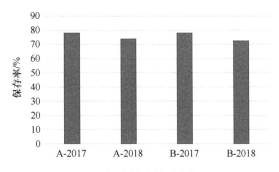

图 12-9 回归幼苗数量变化情况
A 代表抚育处理，B 代表未抚育处理

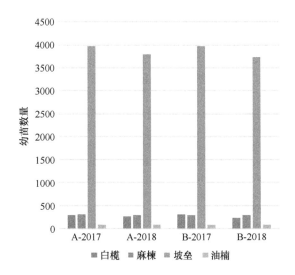

图 12-10 四种回归生态功能关键种的保留情况
A 代表抚育处理，B 代表未抚育处理

深刻影响。因而，抚育降低了次生林中的树木竞争强度，优化了群落结构，为次生林抚育后保留的目标树种和辅助树种的生长创造了更加有利的环境，同时也保护了热带次生林现有的物种多样性。本研究同时也发现，次生林中热带低地雨林老龄林树种严重匮乏，因而建议在抚育结束后的次生林中，特别是那些缺乏低地雨林老龄林优势种的斑块中，通过人工补植幼苗来提高次生林中具备重要生态功能树种的比例，从而为热带次生林的生态功能恢复、森林经营和管理奠定坚实的基础。在海南省霸王岭林区内热带次生林中，通过综合抚育的实施，能够促使植物的生态策略向老龄林方向转化，抚育后的物种能够更充分地利用资源，生态系统功能也显著增强。改善后的生境为坡垒等生态功能关键种的建立提供了良好的环境，初步结果表明坡垒幼苗在次生林中具有较高的保存率，1 年内抚育样地内的幼苗保存率略高于未抚育样地。随着幼苗的生长，抚育后林下补植坡垒等幼苗的生长优势将可能随着时间的推移而逐步表现出来。

执笔人：丁　易　黄继红　许　玥　臧润国
（中国林业科学研究院森林生态环境与保护研究所）

（项目主要完成人：丁　易　臧润国　路兴慧　黄继红　许　玥　杨秀森
周亚东　杨东华）

参 考 文 献

丁易, 路兴慧, 臧润国, 等. 2016. 抚育措施对热带天然次生林群落结构与物种多样性的影响. 林业科学研究, 29: 480-486.

路兴慧, 臧润国, 丁易, 等. 2015. 抚育措施对热带次生林群落植物功能性状和功能多样性的影响. 生物多样性, 23: 79-88.

Arroyo-Rodríguez V, Melo FPL, Martínez-Ramos M, et al. 2017. Multiple successional pathways in human-modified tropical landscapes: new insights from forest succession, forest fragmentation and landscape ecology research. Biological Reviews, 92: 326-340.

Barlow J, Lennox G D, Ferreira J, et al. 2016. Anthropogenic disturbance in tropical forests can double biodiversity loss from deforestation. Nature, 535: 144-147.

Chazdon R L. 2008a. Beyond deforestation: restoring forests and ecosystem services on degraded lands. Science, 320: 1458-1460.

Chazdon R L. 2008b. Chance and determinism in tropical forest succession. In: Carson W P, Schnitzer S A. Tropical Forest Community Ecology. Oxford: Wiley-Blackwell: 384-408.

Chazdon R L. 2014. Second Growth: The Promise of Tropical Forest Regeneration in an Age of Deforestation. Chicago: University of Chicago Press.

Cornelissen JHC, Lavorel S, Garnier E, et al. 2003. A handbook of protocols for standardised and easy measurement of plant functional traits worldwide. Australian Journal of Botany, 51: 335-380.

Díaz S, Lavorel S, de Bello F, et al. 2007. Incorporating plant functional diversity effects in ecosystem service assessments. Proceedings of the National Academy of Sciences, 104: 20684-20689.

Funk J L, Cleland E E, Suding K N, et al. 2008. Restoration through reassembly: plant traits and invasion resistance. Trends in Ecology and Evolution, 23: 695-703.

Gardner T A, Barlow J, Chazdon R, et al. 2009. Prospects for tropical forest biodiversity in a human-modified world. Ecology Letters, 12: 561-582.

Hillebrand H, Matthiessen B. 2009. Biodiversity in a complex world: consolidation and progress in functional biodiversity research. Ecology Letters, 12: 1405-1419.

Lavorel S. 2013. Plant functional effects on ecosystem services. Journal of Ecology, 101: 4-8.

Lohbeck M, Poorter L, Paz H, et al. 2012. Functional diversity changes during tropical forest succession. Perspectives in Plant Ecology, Evolution and Systematics, 14: 89-96.

McGill B J, Enquist B J, Weiher E, et al. 2006. Rebuilding community ecology from functional traits. Trends in Ecology and Evolution, 21: 178-185.

Mills L S, Souke M E, Doak D F. 1993. The key species concept in ecology and conservation. Bioscience, 43: 219-224.

Norden N, Chazdon R L, Chao A, et al. 2009. Resilience of tropical rain forests: tree community reassembly in secondary forests. Ecology Letters, 12: 385-394.

Pavoine S, Bonsall M B. 2011. Measuring biodiversity to explain community assembly: a unified approach. Biological Reviews, 86: 792-812.

Putz F E. 2004. Treatments in tropical silviculture. In: Burley J. Encyclopedia of Forest Sciences. Oxford: Elsevier Ltd: 1039-1044.

Rozendaal DMA, Bongers F, Aide T M, et al. 2019. Biodiversity recovery of Neotropical secondary forests. Science Advances, 5: eaau3114.

Shipley B, Vile D, Garnier E. 2006. From plant traits to plant communities: a statistical mechanistic approach to biodiversity. Science, 314: 812-814.

第十三章　东北红豆杉适宜性生境评价

　　对物种的生境范围和生境质量进行研究，可为物种保护和资源管理提供科学依据。针对极小种群植物特点，本章选用 MaxEnt 模型对东北红豆杉在气候、地形、土壤和植被因素影响下的潜在分布区进行研究，并使用 Jackknife 刀切法对影响潜在分布的环境因子和因素进行分析；以东北红豆杉多度作为生境质量指示因子，以分布研究中使用的环境变量作为评价因子，使用模糊数学构建单因子评价函数，根据 HSI 模型对东北红豆杉生境质量的评价结果将潜在分布区内的生境区分为高、低适宜区；使用相同方法，利用人口密度、距道路距离对东北红豆杉遭受的人为直接干扰程度进行评价，并对加入人为干扰因素前后的东北红豆杉生境质量进行对比分析，通过人为干扰的研究明确其对东北红豆杉影响的程度和形式，为珍稀濒危植物生境适宜性评价提供依据。

第一节　东北红豆杉潜在分布

　　极小种群植物具有分布生境范围狭窄和受到严重人为干扰等特点。狭窄的生境范围可供研究的区域狭小，样地布置受限，可获取的样本量少。受到严重干扰，各项种群特征不稳定，个体数量波动较大，加之样本量小，难以达到统计学显著性。因此，并不是所有方法都适用于极小种群研究，在选取方法对极小种群物种的生境进行研究时应具有一定针对性。本研究选用 MaxEnt 模型研究东北红豆杉的潜在分布，原因是 MaxEnt 模型即使是利用十分有限的分布数据，也具有比其他模型更高的准确性（武晓宇等，2018），而且该模型所需要使用的物种发生和地理环境数据易于获取，因此在对样本量和数据相对欠缺的极小种群植物进行研究时具有一定的优势。此外，本研究采用模糊数学方法描述评价因子与种群个体密度间的响应趋势，因此不受函数拟合显著性的限制。综合生境质量的计算公式采用 HSI 模型的几何平均公式，因此不需进行单因子权重赋值。因为几何平均公式还具有突出限制因子、体现因子间相互作用、放大不适因子影响等特点，同样适用于极小种群植物的研究。

一、潜在生境分析的数据收集与模型构建

（一）分布数据的收集

　　通过查阅教学标本资源共享平台（http://mnh.scu.edu.cn/）、中国数字植物标本

馆（www.cvh.ac.cn/）、国际农业与生物科学中心数据库（http://www.cabi.org/）、全球物种多样性信息库（http://www.gbif.org/），共检索东北红豆杉标本记录 2090 条，从中筛选出具有准确坐标记录、分布于中国的野外标本，再结合实际种群调查数据，最终得到国内东北红豆杉自然发生点 43 个（表 13-1）。

表 13-1 东北红豆杉分布点统计表

编号	经度/°E	纬度/°N	数据来源	编号	经度/°E	纬度/°N	数据来源
1	130.1823	43.3944	样地调查	23	130.6096	43.2052	样地调查
2	130.3252	43.3126	样地调查	24	130.6072	43.2074	样地调查
3	130.6067	43.1982	样地调查	25	130.1823	43.3944	样地调查
4	130.0918	44.1534	样地调查	26	130.3276	43.3108	样地调查
5	130.2412	43.9512	样地调查	27	129.2476	43.6707	样地调查
6	130.0773	43.9564	样地调查	28	130.6110	43.2042	标本记录
7	130.1354	43.8788	样地调查	29	130.6061	43.2069	标本记录
8	130.6912	43.1585	样地调查	30	130.6032	43.1967	标本记录
9	126.6979	41.8417	样地调查	31	130.6040	43.1972	标本记录
10	126.7072	41.8672	样地调查	32	130.6107	43.2331	标本记录
11	126.7115	41.8678	样地调查	33	130.6229	43.2611	标本记录
12	124.7890	40.9133	样地调查	34	130.2704	43.2404	标本记录
13	126.3903	42.1322	样地调查	35	130.3273	43.3111	标本记录
14	130.6899	43.1588	样地调查	36	130.1998	43.3949	标本记录
15	130.3834	43.2444	样地调查	37	128.5145	42.7865	标本记录
16	128.5618	42.4023	样地调查	38	123.7991	41.2928	标本记录
17	128.6676	42.4069	样地调查	39	123.7991	41.2928	标本记录
18	128.6454	42.4075	样地调查	40	128.5145	42.7865	标本记录
19	124.8608	41.3372	样地调查	41	127.9093	41.6889	标本记录
20	126.5513	41.6720	样地调查	42	127.9093	41.6890	标本记录
21	126.4515	41.6367	样地调查	43	127.9097	41.6894	标本记录
22	130.6040	43.1963	样地调查				

（二）环境变量数据获取

研究采用综合评价因子，包括气候因素、地形因素、植被因素、土壤因素。其中，气候因素选用世界气象数据网（www.wordclim.org）提供的广泛用于物种分布研究、具有较强生物学意义的气候数据包（王茹琳等，2018），包括 15 个由 30 年数据平均得到的气候因子数据。

地形因素中，海拔使用与气候因子图层匹配的航天飞机雷达地形测绘高程数据（http://srtm.csi.cgiar.org/）（Zhu et al.，2014）。坡向、坡位、坡度均由高程数据进一步处理得到，方法分别为：利用地理信息系统软件 ArcGIS 10.3，根据高程数据提取工具生成坡度分布图；利用坡向提取工具生成坡向图层，使用栅格计算器工具，按照以正北为 0°、正南为 180°不区分东西向进行转换（沈泽昊和方精云，2001）；利用高程和坡向图层，采用同向（分为东、南、西、北、东北、西北、东南、西南 8 个方向）高程等差法提取破位，从下到上分为 1～5 个等级。

植被因素中，选用黑河计划数据管理中心（http://westdc.westgis.ac.cn）提供的中国地区长时间序列 SPOT-Vegetation 植被指数数据集，将 1998～2007 年间每年 8 月的植被指数平均得到 GIS 数据图层。植被类型选用中国科学院资源环境科学数据中心（http://www.resdc.cn）提供的 1∶1 000 000 中国植被图集。

土壤因素中，土壤类型选用中国科学院资源环境科学数据中心提供的中国土壤类型空间分布数据。土壤有效持水量、土壤酸碱度、土壤有机质含量选用黑河计划数据管理中心提供的基于世界土壤数据库（HWSD）的土壤数据集（v1.2）。

MaxEnt 模型软件对于环境变量图层的要求是具有相同坐标系、地理范围和空间分辨率的 ASC 格式栅格。同样使用地理信息系统软件 ArcGIS 10.3 进行数据图层的前处理，应用到的工具分别是投影栅格工具、掩膜提取工具、重采样工具，最后由栅格导出至 ASC 格式。

（三）评价因子选择

环境变量的选择对于模型构建至关重要，然而大多数模型研究对于环境特征因子的选择主观性强，易引入冗余信息，因此在进行建模时应先考虑环境变量的选择（许仲林等，2015；朱耿平等，2014；陈新美等，2012）。首先利用 ArcGIS 10.3 将环境栅格数据提取至样地坐标点，形成环境数据矩阵。连续变量和有序分类变量采用 Spearman 秩矩阵相关系数法，对环境变量间相关系数$|r| \geqslant 0.8$的变量进行分组（王茹琳等，2018）。因子间相关性系数 r 的计算公式为

$$r = 1 - \frac{6 \sum d_i^2}{n(n^2-1)} \tag{13-1}$$

式中，n 为样本数；d_i 为秩次差。

对同组内环境变量，利用熵权法评估因子重要性并选择熵权值最大的变量作为评价因子，熵权法公式如下：

$$b_{ij} = \frac{p_{ij}}{\sum_{i=1}^{n} p_{ij}} \tag{13-2}$$

$$H_j = -\frac{1}{\ln n} \sum_{i=1}^{n} b_{ij} \ln b_{ij} \tag{13-3}$$

$$\theta_j = \frac{1-H_j}{m-\sum_{j=1}^{m}H_j} \qquad (13\text{-}4)$$

式中，p_{ij} 为样本值，b_{ij} 为值贡献率，n 为样本数，m 为变量类数，H_j 为变量的熵归一化值，θ_j 为变量重要性系数。经过数据分析选出的环境评价因子见表 13-2。因子选择中具体使用的样点环境数据由 ArcGIS 10.3 中的值提取至点工具获取，数据储存使用 EXCEL 表格，以上计算步骤使用统计学软件 R 语言完成。

表 13-2　环境变量特征选择

环境因素	相关变量组$|r|\geqslant 0.8$	评价因子
气候因素	旱季降水量、雨季降水量、最小月降水量、最大月降水量、年降水量	最小月降水量
	降水季节性、夏季平均气温、暖月最高气温	夏季平均气温
	冬季平均气温、冷月最低气温、年平均气温	年平均气温
	气温年较差、温度季节性、气温日较差	气温日较差
	等温性	等温性
地形因素	海拔	海拔
	坡向	坡向
	坡位	坡位
	坡度	坡度
植被因素	植被类型	植被类型
	植被指数	植被指数
土壤因素	土壤类型	土壤类型
	土壤有效持水量	土壤有效持水量
	土壤酸碱度	土壤酸碱度
	土壤有机碳含量	土壤有机碳含量

注：植被类型、土壤类型为无序分类变量，土壤有效持水量为固定值，均无法进行 Spearman 相关性分析，直接选为评价因子。

（四）MaxEnt 模型构建与评价

模型软件使用 MaxEnt3.4.1（http://biodiversity informatics.amnh.org/open_source/Max Ent/）。将获取的东北红豆杉发生点导入模型，同时导入环境变量图层。数据导入软件后设置模型参数，选择 Logistic 值输出物种适生概率图；其余设置采用默认值（马松梅等，2012）。选用交叉验证方法，重复独立运行 10 次模型。模型检验利用受试者模型工作曲线（ROC），并计算曲线下面积值（AUC）用于评价模型预测准确性。AUC 取值为 0.5~1，其结果越接近 1，表示预测精度越高。采用最小存在临界值（LPT）来判断物种的实际存在生境分布。该方法通过提取样本点对应适生概率，选取其中最小值作为物种真实发生的临界值。在适生概率分布图上，大于等于该临界值的区域为适宜分布区，小于该临界值的区域为非适生区。用 LPT 阈值划定的物种潜在分布区可以确保其与物种真实发生生境具有类似的环境条件（Yang et al.，2013）。利用 Jackknife 刀切法评价各环境因子的重要性。同样，通过 Jackknife 刀切法置换模型中使用的环境因素类图层，以固定 LPT 下的物种潜在分布区面积、景观特征变化作为环境因素重要性衡量指标。

二、潜在生境分析

（一）MaxEnt 模型评价

利用交叉验证法对 MaxEnt 模型进行有效性验证，图 13-1 的结果显示 10 次模型运行的平均 AUC 值为 0.970，标准差为 0.031，表明构建的模型预测准确性极好且表现稳定。

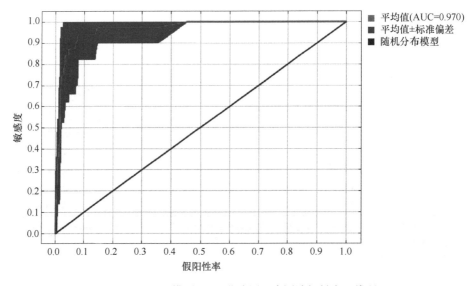

图 13-1　MaxEnt 模型 ROC 曲线图（彩图请扫封底二维码）

（二）东北红豆杉潜在分布区

将全部发生点数据和环境变量评价因子导入 MaxEnt 模型输出物种分布底图，并以实际发生点对应的 LPT 作为阈值，在 ArcGIS 10.3 中绘制东北红豆杉潜在分布区示意图（图 13-2）。潜在分布图显示东北红豆杉主要分布于东北长白山地区，呈现出沿山地分布的特征，同时存在间断分布和生境破碎化现象。图中红色代表物种高发生概率，主要位于黑龙江省东南部与吉林省交界区处的哈尔巴岭、老爷岭、太平岭的大部分地区，以及吉林省东部英额岭、南岗山地区。蓝色代表低发生概率，主要位于黑龙江省小兴安岭南端和张广才岭北部，吉林省张广才岭南部、牡丹岭、长白山北麓、南麓，吉林省与辽宁省交界处的老岭、龙岗山地区，辽宁省千山地区及其西部的燕山东端地区。另外一些面积极小的低概率斑块零星分布，白色区域表示概率低于 LPT 值的地区。进一步对离散斑块进行面积统计，发现最大斑块面积为 1.95 万 km^2，0.87～2.61km^2 的小斑块数量占 80% 以上，景观破碎度指数为 0.045。

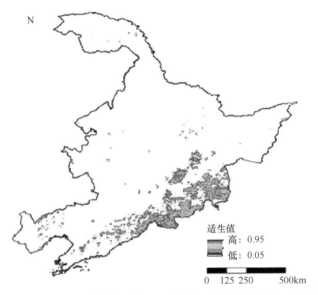

图 13-2　东北红豆杉潜在分布区示意图（彩图请扫封底二维码）

（三）环境因子分析

环境因子响应曲线描述的是在仅使用单一环境变量构建 MaxEnt 物种分布模型的情况下，物种发生概率与环境变量间的响应关系（图 13-3）。限于模型本身所用算法的复杂性，环境因子响应曲线不能描绘准确的数值特征，仅能提供趋势性参考。由图可知，夏季平均气温、年平均气温、气温日较差和土壤酸碱度呈现出单峰形状，表明物种发生概率先随着环境变量数值的增大而提高，在达到一个最适条件后又随变量的增大而降低，是较为符合生态位理论的一种形式。植被指数和土壤有机质的响应曲线也为单峰形，受到研究背景值范围过大的影响，物种更可能发生在土壤有机质的低值区以及植被指数的高值区上。等温性和坡度都为单增曲线，前者为 S 型，后者为凸曲线。海拔的响应曲线接近于 S 型，但在达到最高点后缓缓下降。物种发生概率随坡向的增大呈直线下降，其中-1 表示平地，0°之前的曲线为模型自动补充，没有实际意义。最小月降水量的曲线不规则，可能是由于变量对于物种发生影响较小。模型软件利用条形图反映环境变量中如土壤类型、植被类型一类的分类变量与物种发生概率间的关系。可以看到，东北红豆杉主要分布于在灰化暗棕壤、棕色针叶林土、暗棕壤性土、白浆土和草甸土 5 类土壤类型中，其中灰化暗棕壤的可能性最大。大概率发生在紫椴林，一定可能发生在鱼鳞云杉林、红松、落叶阔叶混交林和蒙古栎林中，出现在春榆、水曲柳、核桃楸林和白桦山杨林的可能性不大。此外，较可能发生于中下坡位，而物种发生可能性对于土壤有效持水量则没有选择性。

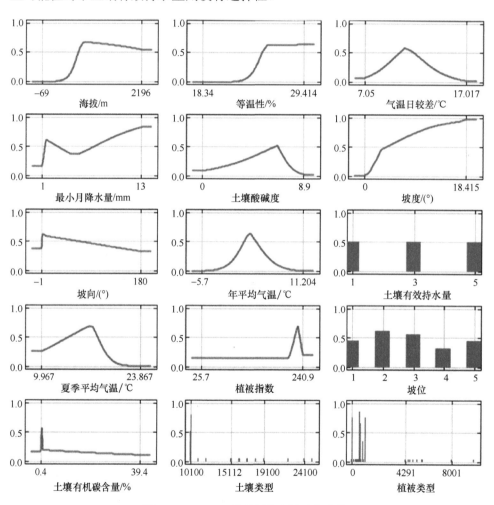

图 13-3　MaxEnt 模型环境变量响应曲线

图中纵坐标均为 Logistic 值；土壤有效持水量图中，横坐标 1 表示 125～150mm/m，3 表示 100～75mm/m，5 表示 50～15mm/m；植被指数图中横坐标刻度值为 NDVI 转换得到 DN 值；土壤类型图中，横坐标 10110 表示棕色针叶林土，10152 表示灰化暗棕壤，10156 表示暗棕壤性土，10160 表示白浆土，15112 表示积钙红黏土，19100 表示水稻土，24100 表示湖泊、水库；植被类型图中，横坐标 64 表示红松、落叶阔叶混交林，70 表示春榆、水曲柳、核桃楸林，691 表示紫椴、槭树林，711 表示蒙古栎林，892 表示山杨白桦林，1102 表示鱼鳞云杉林利用 Jackknife 刀切法评价各环境因子重要性，结果如图 13-4 所示。图中蓝色条表示使用单一环境变量构建模型时的贡献程度，青色条表示剔除对应环境变量后其余变量构建模型时的贡献程度，红色为利用所有环境变量构建模型时的对照。首先看到所有青色条长都较为接近红色条，表示单个因子的缺失对于模型整体而言并不会损失过多信息。其中，海拔因子对应的青色条最短，说明该因子存在更多与其他因子无关的信息，同时海拔因子的蓝色条也最长，表明含有更多对于预测物种分布有用的信息。由此可知，在 MaxEnt 模型中起到主导作用的环境因子主要有海拔、植被类型、等温性、坡度、夏季平均温度和土壤类型，其余环境因子的重要性不明显。

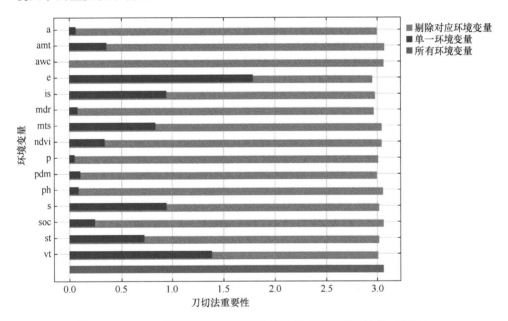

图 13-4　MaxEnt 模型环境因子刀切法重要性（彩图请扫封底二维码）

e 表示海拔，单位 m；is 表示等温性，值为百分数；mdr 为气温日较差，单位℃；pdm 表示最小月降水量，单位 mm；ph 表示土壤酸碱度；s 表示坡度，单位°；a 表示坡向，单位°；amt 表示年平均气温，单位℃；awc 表示土壤有效持水量；mts 表示夏季平均气温，单位℃；ndvi 表示植被指数；p 表示坡位；soc 表示土壤有机碳含量，值为百分数；st 表示土壤类型；vt 表示植被类型

（四）环境因素分析

各个环境因子间的联系复杂，且在 MaxEnt 模型中即使单一环境因子缺失，其信息也能由剩余环境因子进行一定程度的弥补，故单一环境因子对于物种的分布变化影响难以体现。因此，研究进一步利用 Jackknife 刀切法建立考虑不同环境因素影响下的东北红豆杉潜在分布图（图 13-5）。通过与考虑全环境变量的潜在分布区（图 13-2）进行对比可知，在不考虑气候因素的条件下，东北红豆杉潜在分

布区变化最大且主要出现在西北部，覆盖了小兴安岭大部分地区，甚至向西北延伸至黑龙江省大兴安岭北部，表明气候因素是限制东北红豆杉向西北分布的制约因素。在剔除地形因素影响时，由老爷岭、哈尔巴岭与南岗山包围的低海拔区域成为潜在分布区，表明地形因素是限制东北红豆杉向低海拔地区扩展的制约因素。与此相对，植被和土壤因素对于东北红豆杉分布的限制不明显。

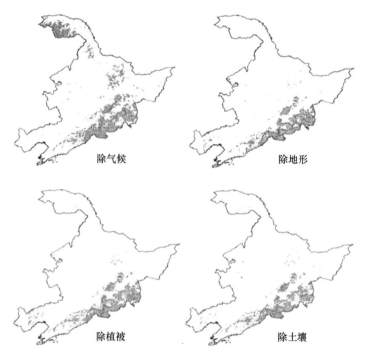

图 13-5　不同模式下的东北红豆杉潜在分布区（彩图请扫封底二维码）

进一步对各种条件下的东北红豆杉潜在分布的数值特征进行统计，结果见表 13-3。在考虑气候因素、地形因素、植被因素和土壤因素的条件下，MaxEnt 模型拟合的东北红豆杉潜在分布和最大斑块面积最小，破碎度指数最高。除去气候因素时，模型的潜在分布面积最大，说明气候因素对于东北红豆杉分布的约束程度最高。因此，按照约束面积对环境因素的重要性进行排序：气候因素>地形因素>植被因素>土壤因素。同理，在受到最多环境因素约束下的分布区，最大斑块面积最小，景观破碎度指数也最高。从景观破碎度指数可以看出，对于斑块影响最大的是地形因素，在不考虑地形因素时，整个分布区的景观破碎度程度最小，且远远小于其他环境因素的制约水平，这时最大斑块面积也达到最大。土壤因素和植被因素对于区域尺度潜在分布范围及景观尺度的破碎性都存在一定影响，但影响程度较小。

表 13-3　不同模式下东北红豆杉潜在分布特征

模式	潜在分布面积/万 km²	约束面积/万 km²	最大斑块面积/万 km²	破碎度指数
全变量	6.73	—	1.70	0.053
除气候	11.90	5.17	3.39	0.050
除地形	7.66	0.93	5.31	0.016
除植被	7.54	0.81	2.88	0.050
除土壤	6.84	0.10	2.54	0.045

三、潜在生境及影响因素

（一）MaxEnt 模型模拟的东北红豆杉潜在分布区

本研究预测东北红豆杉潜在分布区与万基中等（2014）的研究结果在经度、纬度跨度范围上基本一致，但研究结果显示的潜在分布区面积显著小于前者，原因是万基中等人在研究中只使用了气候因子，而由表 13-3 可知，在模型中加入更多的因素类型将对物种分布进一步约束，导致潜在分布区面积减小。此外，万基中等人的研究结果显示辽宁宽甸满族自治县的西南地区是东北红豆杉的最适分布区，但本文研究结果显示吉林长白山区的东北红豆杉生境质量最高。相关研究和我们的实地调查结果均表明，辽宁省天然东北红豆杉种群分布较少（杨占等，2017），并不适于作为最适分布区。万基中等人根据文献和现有记录生成的物种发生点数据是地域区划的几何中心坐标，而本研究输入的是标本采集坐标和实地调查数据，均为物种真实发生坐标，研究结果更为真实可靠。吴榜华和戚继忠（1995）早期对于东北红豆杉地理分布的研究为非可视化结果，难以进行比较，但其研究经过变量筛选后使用 3 个温度相关变量和 1 个降水相关变量用于构建物种分布模型，与本章中图 13-4 显示的温度变量重要性大于降水变量重要性的结论一致。

本研究结果中仍然存在两处不足：①存在广泛分布于整个东北地区的极小生境斑块；②潜在分布区内包括长白山主峰等海拔超过 2000m 的地区。以上误差产生的原因是 MaxEnt 模型不能对输入的环境变量进行物种发生与否的阈值判断，其输出结果为 0~1 的物种发生概率且不会出现 0，这就要求在使用此方法时需人为设置物种发生阈值。本文中使用的 LPT 阈值即为一种保守估计方式；而万基中等人所使用的等差分级法，主观性强，易造成较大误差。对于影响目标物种分布且已经明确范围的环境因子，可以通过设置对应 GIS 环境因子图层对模型结果进行纠正。如已知东北红豆杉分布海拔范围为 250~1200m（柏广新和吴榜华，2002），可在 ArcGIS 10.3 中利用栅格计算器工具，根据海拔图层对物种潜在分布区进行纠正，结果见图 13-6。如图所示，虽然整体分布范围没有发生改变，但其中的高海拔和低海拔地区已经被剔除,这时的潜在分布区面积约为 5.76 万 km²,景观破碎度指数为 0.045。同时看到黑龙江东北部和辽宁西部仍然存在着不符合实际情况的潜在分布区斑块,说明除海拔之外还存在其他的环境因子需要进行发生阈值纠正。由此可见,对于 MaxEnt 模型的使用不能一蹴而就,在后续研究中需要不断地纠正和完善。

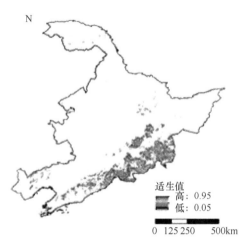

图 13-6　东北红豆杉潜在分布区纠正(彩图请扫封底二维码)

从图 13-6 中可以看出,MaxEnt 模型能够对物种发生的概率进行预测。已有相关研究根据 MaxEnt 模型预测结果对物种生境质量进行评价(万基中等,2014;齐增湘等,2011),本研究中未选用这种方法对物种生境质量进行评价研究,原因是对于生境质量与物种发生概率之间是否能够简单等同仍存在质疑。此外,如果将物种发生概率作为生境质量进行研究,那么某些环境因子在 MaxEnt 模型中所表现的与生境质量之间的关系不明显,甚至是不符合实际的。例如,本研究中的最小月降水量因子响应曲线无法反映出与生境质量间的关系;海拔因子分析得出的高海拔地区生境质量较高和坡度越大生境质量越好的结论错误。

(二)东北红豆杉潜在分布影响因素

环境变量筛选出现了两种结果:一种为环境变量自身被保留作为评价因子;另一种为多个环境变量被分为一组,再选取其中包含信息最多的变量作为评价因子。因此,该评价因子与目标变量之间所呈现关系的主体不一定是评价因子本身,而很可能是一组变量所反映的共性特征。例如,气候因素中的 14 个变量被分成具有强相关性的 4 组,其中旱季降水量、雨季降水量、最小月降水量、最大月降水量、年降水量这组因子均为直接衡量降水强弱的因子,实质上主要反映的是地区降水条件。冬季平均气温、冷月最低气温、年平均气温一组同是衡量温度高低的因子,主要反映的是温度条件。气温年较差、温度季节性、气温日较差这一组表示温度变化的指标，主要反映了温度稳定性。降水季节性、夏季平均气温、暖月最高气温这一组由降水和温度指标共同组成，很可能反映的是水热条件的相互联系。

本研究结果显示，气候因素是制约东北红豆杉自然地理分布的首要原因。受气候因素制约，东北红豆杉主要分布于我国的三江-长白气候区，而不可能向西北分布至根河气候区。主要是因为分布区北部的气温条件较低，热量条件难以满足东北红豆杉生长、繁殖活动（柏广新和吴榜华，2002）。基于全球范围的分析发现，东北红豆杉集中分布于东北亚温带季风区，除被海洋隔断外，呈现出连续的地带性分布特征。在区域尺度下，气候条件是影响物种分布的主导条件（吴建国等，2009）。Jackknife 刀切法结果显示，气候因素中，等温性和夏季平均气温是模型的主导环境因子。单因子分析显示等温性越高，物种发生概率越高，可解释为东北红豆杉更适于生长在温度变化小、条件相对稳定的环境下。同时，由气候关系之间的普遍联系可以推断，温度条件的稳定很可能影响着其他环境因子的稳定，因此模型结果中等温性的重要性更为突出。而夏季平均气温是反映水热条件联系的因子，在一定程度上反映降水条件稳定性，因此该因子重要性也较高。总之，气候因素中热量和水分共同影响东北红豆杉的分布，其中以热量的影响为主。原因是研究区内降水量较为丰沛，与之相比，热量条件不足，更容易成为限制性因子而影响物种分布。

地形因素对于东北红豆杉潜在分布范围的影响小于气候因素，但对于分布区景观空间结构的影响更显著。受地形因素制约，东北红豆杉不能分布于过高、过低海拔地区，山地地形导致物种分布区内最大斑块面积下降，景观破碎度指数大幅增加。原因是在景观及更小的尺度上，地形作为非地带性因子主导着山区植被分布（沈泽昊和方精云，2001）。已有研究指出，野生东北红豆杉种群对地形具有选择性（刘彤，2007），这就导致其分布易被沟谷、平原和高山隔断，形成间隔分布。地形因素中的主导因子有海拔和坡度，其中海拔是重要性最高的主导环境因子。原因是地形的起伏变化为不受其他因素影响的固有属性，但可以通过改变太阳辐射和空间降水形成独特的小气候。海拔是描述地形的首要因子，且对于东北红豆杉分布有着明确的范围要求。坡度条件对于东北红豆杉的发生和生长也很重要，其对于土壤水分的维持至关重要。海拔和坡度对于东北红豆杉分布都有一定的范围要求，而坡向和坡位虽然会对生境质量产生一定影响，但对于物种发生与否没有限制。

植被因素和土壤因素对于东北红豆杉潜在分布和生境景观空间结构仍能起到一定的限制作用，但均不突出。土壤与植被之间互为影响因子（漆良华等，2007），它们在一定程度上都受到相对独立的气候与地形因素的影响，因此对物种潜在分布的影响较小。而研究区域内，植被类型比土壤类型更加多样，对物种分布的限制性更强，因此植被因素对于东北红豆杉分布的约束面积又大于土壤因素。另一方面,正是由于植被和土壤类型受到气候和地形因素的影响,它们随机变化的可能性减小,反映在物种对于发生的植被和土壤类型具有更明确的选择性,因此它们的单因子重要性较强,强度大小同样与约束力相关。

第二节　东北红豆杉生境质量评价

一、生境质量评价方法

(一)生境指示因子和评价因子选取

生境质量评价主要依据生境对目标物种的丰富度或密度贡献进行(魏志锦,2015)。本研究选用样地内单位面积的东北红豆杉个体数(对于干扰严重地区记录伐桩数)作为生境质量指示因子,用以研究其与环境评价因子之间的关系。根据整理相关文献和走访当地林业部门了解情况,研究选取明确存在东北红豆杉自然种群的地区布设样地。每个研究地区根据实际发现的东北红豆杉种群数设置样方,样地概况见表13-4。采用典型样方法布设$1000m^2$(部分受限条件下为$600m^2$)的临时样方,参照植被调查技术规范(方精云等,2009)记录样地基本信息,海拔使用GPS仪测定,坡度、坡向使用罗盘仪测定,坡位咨询当地向导得出,依然划

表13-4　东北红豆杉调查样地概况

样地地点	样地数	经度/°E	纬度/°N	海拔/m	优势乔木
汪清荒沟林场	2	130.33	43.31	870~890	东北红豆杉(*Taxus cuspidata*)、鱼鳞云杉(*Picea jezoensis*)
汪清杜荒子林场	4	130.61	43.20	830~950	鱼鳞云杉(*Picea jezoensis*)、硕桦(*Betula costata*)
汪清金沟岭林场	2	130.18	43.39	760~790	臭冷杉(*Abies nephrolepis*)、红松(*Pinus koraiensis*)
汪清南沟林场	1	129.25	43.67	640~650	臭冷杉(*Abies nephrolepis*)、紫椴(*Tilia amurensis*)
穆棱和平林场	2	130.08	43.96	740~790	紫椴(*Tilia amurensis*)、东北红豆杉(*Taxus cuspidata*)
穆棱双宁林场	1	130.09	44.15	750~760	五角枫(*Acer mono*)、硕桦(*Betula costata*)
穆棱龙爪沟林场	1	130.24	43.95	760~800	东北红豆杉(*Taxus cuspidata*)、紫椴(*Tilia amurensis*)
珲春马滴达林场	2	130.69	43.16	550~570	鱼鳞云杉(*Picea jezoensis*)、臭冷杉(*Abies nephrolepis*)
珲春大荒沟景区	1	130.38	43.24	620~640	紫椴(*Tilia amurensis*)、臭冷杉(*Abies nephrolepis*)
和龙荒沟林场	3	128.67	42.41	870~970	鱼鳞云杉(*Picea jezoensis*)、紫椴(*Tilia amurensis*)
江源三岔子林场	1	126.39	42.13	740~750	臭冷杉(*Abies nephrolepis*)、蒙古栎(*Quercus mongolica*)
浑江三道沟林场	2	126.45	41.64	1060~1070	臭冷杉(*Abies nephrolepis*)、紫椴(*Tilia amurensis*)
临江八里沟子	3	126.71	41.87	830~880	硕桦(*Betula costata*)、紫椴(*Tilia amurensis*)
抚顺老秃顶子保护区	1	124.86	41.34	870~880	山桃稠李(*Padus maackii*)、紫椴(*Tilia amurensis*)
宽甸白石砬子保护区	1	124.79	40.91	860~870	紫椴(*Tilia amurensis*)、裂叶榆(*Ulmus laciniata*)

分为 5 个等级。对样地内东北红豆杉个体，记录坐标、胸径（基径）、树高、生长情况等。每个地区采集 0~20cm 的表层土样，三份混合成一份后带回实验室进行理化性质分析。

有研究指出，气候因素是影响地带性植被分布的主要原因（李登科，2007），且万基中等（2014）对东北红豆杉生境进行研究时就选用的是气候变量。这里选用与 MaxEnt 模型研究一致的气候数据包。东北红豆杉种群对于海拔、坡度、坡向和坡位具有选择性（刘彤，2007），为了更加真实准确地反映环境评价因子对于物种生境质量的影响，地形因子采用样地实测数据。东北红豆杉作为林下伴生树种，与植被因素间存在着紧密关系（刁云飞，2015），这里使用与 MaxEnt 模型一致的植被数据。徐博超等（2012）对土壤肥力对于东北红豆杉幼苗生长的影响进行了研究并得到了显著结果，因此同样把土壤因素选为评价指标，其中土壤有机碳含量、土壤 pH 选用样地土样分析数据。对于土壤有效持水量等难以在样地中准确调查的环境变量，选用与 MaxEnt 模型一致的 GIS 环境数据图层。因为需要以 MaxEnt 模型划定的物种潜在分布范围作为生境质量评价范围，所以在具体环境因子种类上应保持一致。

（二）单因子生境质量评价准则

本研究采用模糊数学方法，根据生境指标因子与环境评价因子间的响应趋势曲线，采用指派方法确定隶属函数。单峰型响应关系采用高斯函数，线性相关采用阶梯型函数。模糊隶属函数要求值域为 0~1，需对因变量进行极值归一化后，根据数据特征进行定参。函数参数根据样本特征值设定，高斯函数使用样本平均值和标准差，阶梯型函数根据值域和变量范围确定斜率。根据调查的东北红豆杉种群特征设置的参数见表 13-5。无序分类变量将最大的 S_i 指数作为其对应类别的单因子生境质量指数，为使单因子评价准则简便适用，利用自然间断法在各项环境评价因子指标范围内进一步进行高、低分级。

表 13-5　评价因子隶属函数

评价因子	函数形式	隶属函数
最小月降水量	高斯型	$y = e^{-\left(\frac{x-4.69}{2.9}\right)^2}$
夏季平均气温	高斯型	$y = e^{-\left(\frac{x-17.29}{0.96}\right)^2}$
年平均气温	高斯型	$y = e^{-\left(\frac{x-2.68}{0.82}\right)^2}$
气温日较差	高斯型	$y = e^{-\left(\frac{x-11.52}{0.59}\right)^2}$
等温性	高斯型	$y = e^{-\left(\frac{x-25.17}{0.61}\right)^2}$

续表

评价因子	函数形式	隶属函数
海拔	高斯型	$y = e^{-\left(\frac{x-825.68}{132.78}\right)^2}$
坡度	高斯型	$y = e^{-\left(\frac{x-17.56}{6.65}\right)^2}$
坡向	阶梯型	$y = -0.0055x + 1$
坡位	阶梯型	$y = -0.16x + 1$
植被指数	高斯型	$y = e^{-\left(\frac{x-225.56}{3.69}\right)^2}$
土壤酸碱度	高斯型	$y = e^{-\left(\frac{x-4.88}{0.54}\right)^2}$
土壤有机碳含量	高斯型	$y = e^{-\left(\frac{x-16.95}{5.95}\right)^2}$

（三）综合生境质量评价

综合生境质量评价采用几何平均公式：

$$H = \sqrt[n]{\prod S_i} \tag{13-5}$$

式中，H 为综合生境质量指数，取值 $0 \sim 1$，值越接近 1 表示生境质量越好；S_i 为单因子生境质量指数，由对应隶属函数计算得出。

（四）东北红豆杉生境质量分级图及检验

将生境质量评价因子对应的 GIS 环境栅格图层导入 ArcGIS 10.3，利用栅格计算器工具输入 HSI 模型公式，对因子图层进行叠加处理得到东北红豆杉生境质量空间分布图，这时将 MaxEnt 模型确定的东北红豆杉潜在分布区图层导入软件，使用栅格计算器工具作为背景选择，输出东北红豆杉潜在分布区范围内的生境质量分布图，然后使用自然间断法工具将物种分布区分类为高、低适生区。使用模型训练数据外的标本记录点和随机生成的真实不发生点作为有效性验证数据，使用 AUC 检验 HSI 模型的生境区分有效性。

二、生境质量环境评价因子分析

根据东北红豆杉种群个体密度反应的生境质量与评价因子之间的响应关系指派隶属函数并根据数据特征设置参数（表 13-6），生境质量响应曲线见图 13-7。由图可知，最小月降水量、年平均气温、夏季平均气温、气温日较差、等温性、海拔、坡度、植被指数、土壤酸碱度和土壤有机质含量与东北红豆杉生境质量间的响应关系均为单峰型。利用自然间断法进一步按照高、低生境质量对评价因子划定范围。由表 13-6 可知，东北红豆杉生境条件在最小月降水量方面的低适宜范围为 2~11mm，高适宜范围为 2.3~7mm；夏季平均气温的低适宜范围为 15.3~19℃，高适宜范围为 16.5~18℃；年平均气温的低适宜范围为 1.4~4.8℃，高适宜范围为 2~3℃；气温日较差的低适宜范围为 10.4~12.8℃，高适宜范围为 11~12℃；等温性的低适宜范围为 23.7%~26%，高适宜范围为 24.7%~25.7%；海拔的低适宜范围为 553~1068m，高适宜范围为 700~900m；坡度的低适宜范围为 2°~30°，高适宜范围为 12°~23°；植被指数的低适宜范围为 219~233，高适宜范围为 223~229；土壤有机质含量的低适宜范围为 6%~30%，高适宜范围为 12%~22%。地形因素中，坡向和坡度的生境质量单因子评价函数为单调递减线型，表明东北红豆杉生境质量随坡向、坡位数值的增大均呈现出下降的趋势，其中坡向的低适宜范围为 0°~155°，高适宜范围为 0°~90°；全部坡位均可作为东北红豆杉低适宜生境，其中下坡位和中下坡位的生境条件更为优质。土壤有效持水量只有唯一值，无法进行趋势性分析，表明东北红豆杉主要发生于有效持水量为 125~150mm/m 的地区且不存在明显的生境质量高低区分。植被类型和土壤类型为无法分析变化趋势的无序分类变量，但从图中可以看出东北红豆杉能够在棕色针叶林土、暗棕壤土、灰化暗棕壤等土壤类型上生存，其中生境质量最高的为灰化暗棕壤；同样的，东北红豆杉可以在紫椴-槭树林、蒙古栎林、鱼鳞云杉林、红松阔叶林等林分类型中生存，质量最高的植被类型为红松阔叶林。

表 13-6 单因子生境质量分级评价标准

评价因子	低适宜	高适宜
最小月降水量/mm	2~11	2.3~7
夏季平均气温/℃	15.3~19	16.5~18
年平均气温/℃	1.4~4.8	2~3
气温日较差/℃	10.4~12.8	11~12
等温性	23.7~26	24.7~25.7
海拔/m	553~1068	700~900
坡度/（°）	2~30	12~23
植被指数	219~233	223~229
土壤酸碱度	4.2~5.9	4.4~5.3
土壤有机质含量/%	6~30	12~22
坡向/（°）	0~155	0~90
坡位	全坡位	中下坡、下坡
土壤有效持水量/(mm/m)	130~150	130~150
植被类型	紫椴-槭树林、蒙古栎林、鱼鳞云杉林	红松-落叶阔叶混交林
土壤类型	棕色针叶林土、暗棕壤土	灰化暗棕壤

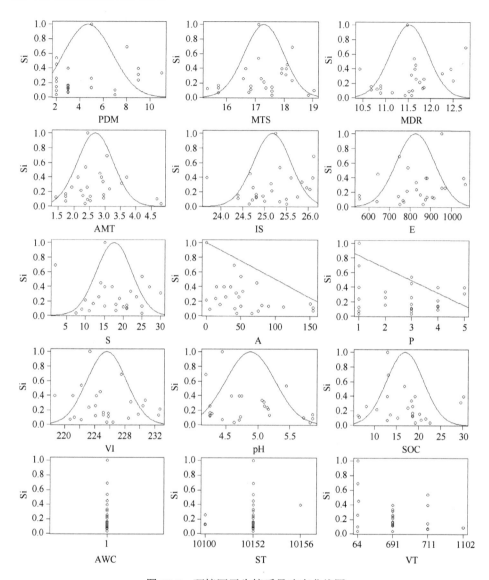

图 13-7 环境因子生境质量响应曲线图

E 表示海拔，单位 m；IS 表示等温性，值为百分数；MDR 为气温日较差，单位℃；PDM 表示最小月降水量，单位 mm；pH 表示土壤酸碱度；S 表示坡度，单位（°）；A 表示坡向，单位（°）；AMT 表示年平均温，单位℃；AWC 表示土壤有效持水量；MTS 表示夏季平均温，单位℃；VI 表示植被指数；P 表示坡位；SOC 表示土壤有机碳含量，值为百分数；ST 表示土壤类型；VT 表示植被类型；Si 表示生境质量指数

三、生境质量空间分布

对 HSI 模型进行有效性验证的 AUC 值为 0.87，表明模型预测结果很准确（图 13-8）。

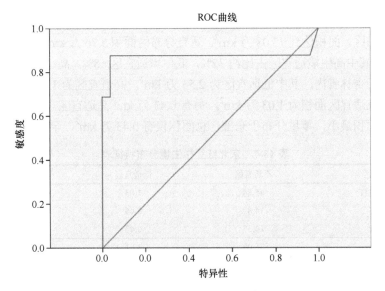

图 13-8　HSI 模型 ROC 曲线图

将 MaxEnt 模型修正后的东北红豆杉潜在分布范围作为生境质量评价的区域。利用 HSI 模型公式，同时使用 ArcGIS 10.3 制作东北红豆杉生境质量空间分布图（图 13-9）。使用自然间断法将评价结果进一步划分为高、低生境适宜区。研究结果显示，东北红豆杉分布区主要位于我国东北地区东部，其余大部分区域为不适宜区。东北红豆杉潜在分布区内的高适生区主要集中分布于黑龙江省穆棱，以及吉林省汪清、和龙和安图；低适生区主要分布于黑龙江省海林，以及吉林省白山、抚松。辽宁省只有少量且分散的低适生区分布于宽甸、本溪、桓仁和新宾等地。

图 13-9　东北红豆杉生境质量空间分布图（彩图请扫封底二维码）

由表 13-7 可知，东北红豆杉在黑龙江、吉林、辽宁三省范围内绝大部分区域为不适宜分布区，面积达到 75.08 万 km²。适宜分布区面积 5.76 万 km²，仅占三省总面积的 7%，其中高生境适宜区占比约 32%，低生境适宜区 68%。高、低生境适宜区大部分均位于吉林省内，其中低适宜区为 2.54 万 km²，高适宜区为 1.42 万 km²。黑龙江省内的低适宜区面积为 1.03 万 km²，另有 0.43 万 km² 高适宜区。辽宁省东北红豆杉分布区面积最小，零星分布于东部，总面积仅有 0.43 万 km²，罕见高适宜区。

表 13-7　东北红豆杉生境分布特征表　　　（单位：万 km²）

地区	不适宜区	低适宜区	高适宜区
黑龙江	45.84	1.03	0.43
吉林	14.87	2.45	1.42
辽宁	14.37	0.43	<0.01
总计	75.08	3.91	1.85

四、生境质量及主要影响因素

（一）东北红豆杉生境质量

生境质量评价指标因子中物种多度是一个重要的因子，但其他因素如个体长势、种群年龄结构、性别比等也在一定程度反映着生境质量。若盲目地增加指示因子和评价因子种类，虽然可以一定程度上提高模型准确性，但同时会增加模型复杂度，降低实用性。此外，过多因子的选取将会引入因子本身的误差。以坡位为例，中下坡位多度较小而与环境梯度变化趋势不符（图 13-7），原因是坡位是人为设定的离散型分类变量，与可进行平滑处理的连续变量相比，其难以在数学上精准反映真实差距而易产生较大偏差（Phillips et al., 2006）。因此，评价因子的合理选择和处理与模型复杂度和准确性间的权衡将是后续生境质量评价研究的重点。

（二）东北红豆杉生境质量影响因子

东北红豆杉生境质量对于气候、地形、植被和土壤因素中的诸多环境评价因子均表现出响应关系。其中，最小月降水量、年平均气温、夏季平均气温、气温日较差、等温性、海拔、坡度、土壤酸碱度、土壤有机质含量、植被指数的响应关系均为单峰曲线，较为符合生态位理论，存在一个明显适宜的条件范围，在此范围外，环境条件向过高或过低改变都将使物种的生境质量下降。大多数因子为连续数值型变量，能够较为精准地刻画环境因子的真实差距，从而得到接近实际且更具有生态学意义的生境质量响应关系。而坡向、坡位为线性关系，仍能得出明确的适宜条件范围。响应关系的具体表现形式与数据的处理方法有关，如在各类研究中常见的对数取反可将曲线关系转化为线性关系。本章中不区分东西方向对坡向进行处理使用，目的是突出太阳辐射差异，同时有利于使用较少的样本点更为明显地反映出环境响应关系。

坡位、土壤有效持水量为有序分类变量，虽然为离散数值，但仍刻画出环境变量的一个变化梯度。其信息表达精准度与连续变量相比较差，会造成一定的信息缺失。如将坡位设定为上、中、下三个等级进行数据记录，那么中上、中下坡位的信息将丢失。研究中坡位随生境质量呈现出线性变化的趋势可能是其本身具有的生态学特征，也有可能由分类造成的信息缺失导致。另一个极端例子是土壤有效持水量，其仅能提供东北红豆杉发生在土壤有效持水量为 125~150mm/m 范围内，不具有其他有用信息，所以不能对土壤有效持水量与生境质量间的关系进行研究。

最后一种数据类型为无序分类变量，包括植被类型和土壤类型，因为不具有数值特征，同样不能用数学方法研究其与生境质量之间的趋势性关系，但依旧可以进行分类研究并得出对应的结论。即便连续型变量数据所含有的信息量较大且精确度高，但对其进行精确获取本身就存在一定工具和方法上的限制，而对于一些粗犷型的趋势性研究，高精度的数据使用反而会造成资源浪费。这时使用根据实际情况设定的有序分类变量往往可以降低调查成本，另外在某些研究中无序分类变量至关重要。因此在研究前不仅需要明确研究因子，还需要考虑数据获取的可能性和精度。

东北红豆杉在下部坡位的生境质量更高，与周志强等（2004）得出的山坡中部、上部更适于东北红豆杉生长的结论不同。造成差异的原因是本研究数据来自东北红豆杉自然分布的大区域取样，而周志强等仅研究了黑龙江穆棱保护区内的东北红豆杉种群，缺乏广泛代表性。坡位下部一般靠近溪谷、河流，环境潮湿阴暗，更符合东北红豆杉性喜阴湿的生态学特性。由表 13-6 可知，东北红豆杉最适坡度处于 12°~23°，与周志强等得出的红豆杉分布最适坡度在 15°以下不同，吴炳强等（2015）研究中指出的 10°~25°坡度更适于东北红豆杉生长。本研究显示东北红豆杉生境的海拔最适范围在 700~900m，与周志强等（2004）研究的穆棱地区红豆杉最适海拔 700~800m，以及杨占等（2017）得出的辽宁省内东北红豆杉分布最适范围为海拔 800~900m 的结果基本一致。综上认为，利用模糊数学方法刻画极小种群物种东北红豆杉的生境质量与评价因子间的响应趋势，然后进行高、低生境质量划分，可以得到较为准确和可靠的结果。

第三节　人为干扰影响研究

采用与生境质量评价一致的方法对东北红豆杉种群内遭受剪枝、砍伐等直接人为破坏的个体数量进行记录，以遭遇破坏的个体数量与种群总体间的比例表示东北红豆杉在数量上遭受人为干扰的程度。人为干扰因素中选取县级行政区人口密度和距道路最短距离作为评价因子，人口分布数据来源于中国科学院资源环境科学数据中心，道路分布数据来自 OpenStreetMap。以县级行政区划为最小评价单元、以文献记录的东北红豆杉分布区为范围绘制人为干扰程度图。县级行政区划数据来自国家基础地理信息系统 1：400 万数据。然后将人为干扰程度图与生境质量空间分布图进行叠加，在保持原自然间断阈值不变的情况下，研究人为干扰对东北红豆杉生境质量的影响。

一、人为干扰对东北红豆杉数量的影响

通过分析人为干扰强度与干扰因素之间的关系发现：东北红豆杉种群个体被人为直接破坏的比例与地区人口密度成正相关，当达到每平方千米 80 人以上时，干扰程度已较为严重；人为干扰强度与道路距离呈现出负相关，在 4km 距离内，干扰强度较为严重（图 13-10）。

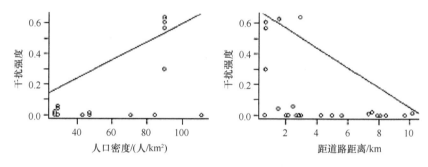

图 13-10　人为因素干扰强度响应特征

以文献记录的东北红豆杉分布区为范围，利用 ArcGIS 10.3 绘制人为直接干扰程度图（图 13-11）。研究结果显示，在文献记录的县级行政区划内，东北红豆杉数量资源均遭受到不同程度的人为直接破坏，其中最为严重的地区包括绥芬河、鸡西、图们、梅河口、本溪、凤城，人为干扰程度均达到 0.8 以上。人为干扰强度较小的地区有敦化、海林、和龙、安图、汪清、珲春、穆棱、东宁、长白等，干扰程度在 0.2 以下。记录分布区整体呈现出一种由北向南干扰程度逐渐加大的趋势，进一步统计显示整个分布区遭受的平均干扰程度约为 0.3。

二、人为干扰对东北红豆杉生境的影响

将人为干扰程度与东北红豆杉生境质量分级图进行叠加，并加入土地利用类型分析，结果如图 13-12 所示。对比叠加前的东北红豆杉生境质量空间分布图

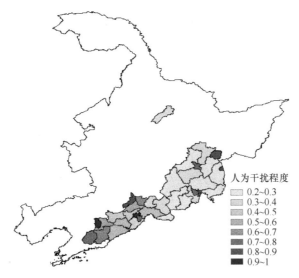

图 13-11 东北红豆杉人为直接干扰程度图（彩图请扫封底二维码）

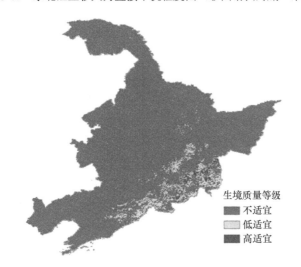

图 13-12 人为干扰下的东北红豆杉生境分布（彩图请扫封底二维码）

（图 13-9）发现，汪清、和龙的大部分高适宜生境转变为低适宜生境，抚松县内原本存在的大面积东北红豆杉适宜分布区，因用地类型改变成疏林地而被排除在物种分布区外。进一步对图中斑块进行统计并与东北红豆杉原生境质量分级图进行对比，结果显示受人为干扰影响，东北红豆杉的总分布区面积减小了 13.5%，同时有 0.77 万 km² 原生境质量较高地区的东北红豆杉数量降至低适宜区水平。受土地利用类型影响，总斑块数量减少 804 块，同时最大斑块面积缩减超过 30%，但景观破碎度指数变化不明显（表 13-8）。

表 13-8 人为干扰下东北红豆杉分布变化

项目	潜在生境	人为干扰下生境
总分布面积/万 km²	5.76	4.98
高适宜区面积/万 km²	1.85	1.08
最大斑块面积/万 km²	2.26	1.58
景观破碎度	0.045	0.046
斑块数	4 031	3 227

三、东北红豆杉人为干扰过程

由于滥砍盗伐，原分布区内东北红豆杉已难见到（吴榜华等，1993）。据此推测在 20 世纪 50 年代，东北红豆杉的种群数量还很大的。其在 1993 年被列为国家 I 级濒危保护植物，可认为从 20 世纪 50 年代到 90 年代之间为东北红豆杉濒危的关键时期。正是在这个时期，我国天然林过度采伐和不合理经营导致了严重的生态环境退化（刘世荣等，2015）。期间东北木材资源在 50 年代到 90 年代间被过度砍伐，尤其是大径阶建群树种的砍伐导致林分类型和结构剧变。这对于林下伴生树种的东北红豆杉造成的影响是严重的。

苏金源等通过对自然种群基因多样性的研究得出东北红豆杉濒危的主要原因是人为干扰，认为其种群数量减少分为两个时期：20 世纪六七十年代红松原始林生境的破坏；90 年代之后紫杉醇热潮造成的掠夺式开发，前者是主要原因。但我们在实地调查过程中发现，汪清县金沟岭林场仅在约 1hm² 的范围内就发现了胸径 4cm 以下的幼树 102 株，可见即使在皆伐迹地上，当灌草盖度较高时，依然可以萌发出大量的东北红豆杉幼苗。这标志着在我国开始实施天然林保护工程之后，东北红豆杉的生境已经逐渐恢复，东北红豆杉面临的主要威胁不再是人为造成的生境破坏，而是转为人们对于植株个体的直接掠夺，方式主要有采种、剪枝、砍树和盗挖幼苗。具有选择性和针对性的植株个体破坏很可能是导致东北红豆杉种群偏离稳定结构的主要原因。部分种群由于人为盗伐破坏了经济价值更高的成树和老树，留下大量的更新层幼苗。另外一些保护区内，人们对于东北红豆杉大树的破坏已被有效遏制，但对于盗采种子和盗挖幼苗等易于隐蔽的不法行为仍难以根治，导致东北红豆杉种群缺乏幼苗、幼树，种群衰退严重。因此，现阶段人为干扰仍然是导致东北红豆杉濒危的首要原因，但其形式已经从过去对生境的间接破坏转变为对植株个体的直接破坏。即便在人为干扰严重的情况下，东北红豆杉的适宜生境范围依旧较大，原因是直接破坏并不会对生境条件产生较大影响。

我国的野生东北红豆杉资源正遭受严重的人为干扰，干扰形式主要有两种：对植株个体的直接破坏和人为活动导致的生境条件改变。人为直接破坏程度与地区人口密度和距道路距离有关，我国有记录的分布区内东北红豆杉数量平均3成以上受到直接破坏。人为干扰对东北红豆杉生境的破坏主要指有林地类型改变，人为造成的生境破坏导致东北红豆杉13.5%的潜在分布区缺失。目前，野生东北红豆杉的自然生境条件已逐步改善，人为对东北红豆杉个体的直接破坏是导致东北红豆杉数量资源减少的主要原因。

四、东北红豆杉种群及生境保护建议

综合东北红豆杉的生境研究结果，并根据种群现状、行政区划和已有的物种保护动态绘制东北红豆杉保护措施规划图，见图13-13。

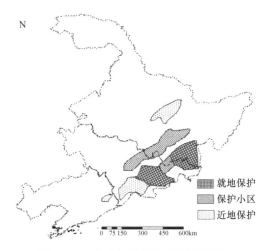

图13-13 东北红豆杉保护措施规划图

（一）加强公众保护意识

人为干扰是导致东北红豆杉野生资源濒临枯竭的主要原因，因此首先应加强公众对于保护的目标物种的意识。公众对于东北红豆杉应该有客观和正确的认识，如植株体内所含的紫杉醇含量极低且具有一定毒性，另外其自身具有耐阴、慢生的特性，即使在成树砍伐后立即进行补种，在保证种苗一定存活的条件下仍至少需要40年才能成熟结实（柏广新和吴榜华，2002）；还应该强调，东北红豆杉不仅仅是国家Ⅰ级珍稀濒危保护植物，更是保护优先级更高的极小种群物种。长期以来，对于极小种群拯救保护的舆论宣传还较为薄弱，广大群众尚未认识到极小种群物种存在的重要性和拯救保护的紧迫性（郑进烜等，2013）。对于保护区相关工作人员、林业工作人员等在野外与极小种群植物有直接接触机会的从业人员，应注重提高专业素养。对于公众，可以依托各类物种保护区、自然风景区和植物园的现有设施，建设极小种群物种宣教培训基地和宣教中心，通过制作宣传片、专题片，普及极小种群物种拯救保护知识；还可以通过手机、电视、互联网等平台扩大受众面，让全社会充分认识到对极小种群物种开展拯救、保护的重要价值和意义，提升全民共同参与极小种群物种保护的自觉性和积极性。

（二）东北红豆杉的就地保护与种群复壮

采用就地保护措施重点保护位于生境质量高、范围大且集中分布的吉林省东部长白山北麓和甑峰岭、东北部老爷岭和黑龙江省东南部太平岭地区的野生东北红豆杉资源。上述地区分别建立了长白山国家级自然保护区、甑峰岭国家级自然保护区、吉林汪清国家级自然保护区、穆棱东北红豆杉国家级自然保护区，且后三个保护区均以东北红豆杉作为目标保护物种，保护区内野生红豆杉个体保存良好（刁云飞等，2016）。针对极小种群植物的自然保护区需要加强专业人员素质培训，形成一套完整的从发现到落实保护的工作流程，后续还需编制并实施具体的极小种群物种拯救、保护计划等。保护区内可凭借良好的生境条件，以增加东北红豆杉种群遗传多样性、恢复种群年龄结构或平衡性别比等为目的，结合回归材料的准备情况实施增强回归，按需要在现存种群内引入某一特定组群，改善种群结构，确保种群稳定发展。

高、低适生区交错且斑块离散的吉林省东北部哈尔巴岭、黑龙江省南部张广才岭地区，由于难以集中管理而不适于建立大规模自然保护区，这时应通过建立严格的自然保护小区来进行保护和管理。自然保护小区是指由各级人民政府或林业行政主管部门批准建立的、用于保护珍稀濒危野生植物物种或珍贵植物群落类型的、面积较小的自然区域（《珍稀濒危野生植物保护小区技术规程》LY/T 1819—2009）。在东北红豆杉原生境不佳的区域，可根据需要保护的目标物种生态学特性及生境特点，采取适当的人工措施改良生境，通过建立和恢复物种所在林分中的优势种和关键种，改善具体林分环境条件，构建适于极小种群植物生存、生长的典型群落结构。例如，有研究指出，东北红豆杉与紫椴间有着密切的伴生关系（刁云飞，2015），可以通人为种植紫椴为东北红豆杉提供一个良好的隐蔽环境，改善物种生境质量。

（三）东北红豆杉迁地与回归保护

吉林省东南部和长白山西麓、辽宁省东南部和黑龙江省中部小兴安岭等地区，均为东北红豆杉低适生区。受气候和地形条件制约，东北红豆杉散生于林间且数量稀少。这类地区可采用在立地条件与植物原生条件接近的自然或半自然生境中创建人工种群的保护形式。回归保护的目的是在一定程度上保持自然环境条件对人工建立的新种群的支撑和压力，不纯粹是为追求种群个体数量的增加，同时着重强调保护基地与物种原分布区内各类环境条件的相似性。回归保护通常直接使用具有目标物种丰富遗传多样性的种子、种苗、扦插苗或组培苗等建立新的种群。人工建立回归保护植物种群时,应考虑选取多组龄级、适当的性别比例和不同遗传背景的植株,尽量避免因近交、杂交和生境条件变化等造成的遗传多样性缺失。实际上我们在调查过程中发现,因东北红豆杉价值较高,研究区内有一些公司和个人在厂区或房前屋后建有规模不一的苗圃,就其形式而言近似于近地保护和种苗繁育的结合,且均达到了良好的效果。

执笔人：陈　杰　李景文

（北京林业大学）

参 考 文 献

柏广新, 吴榜华. 2002. 中国东北红豆杉研究. 北京: 中国林业出版社.

陈新美, 雷渊才, 张雄清, 等. 2012. 样本量对 MaxEnt 模型预测物种分布精度和稳定性的影响. 林业科学, 48(1): 53-59.

刁云飞. 2015. 东北红豆杉-红松林群落结构与空间关联性研究. 哈尔滨: 东北林业大学硕士学位论文.

刁云飞, 金光泽, 田松岩, 等. 2016. 黑龙江省穆棱东北红豆杉林物种组成与群落结构. 林业科学, 52(5): 26-36.

方精云, 王襄平, 沈泽昊, 等. 2009. 植物群落清查的主要内容、方法和技术规范. 生物多样性, 17(6): 533-548.

李登科. 2007. 陕西吴起植被动态及其与气候变化的关系. 生态学杂志, (11): 1811-1816.

刘世荣, 马姜明, 缪宁. 2015. 中国天然林保护、生态恢复与可持续经营的理论与技术. 生态学报, 35(1): 212-218.

刘彤. 2007. 天然东北红豆杉种群生态学研究. 哈尔滨: 东北林业大学博士学位论文.

马松梅, 张明理, 陈曦. 2012. 沙冬青属植物在亚洲中部荒漠区的潜在地理分布及驱动因子分析. 中国沙漠, 32(5): 1301-1307.

漆良华, 张旭东, 孙启祥, 等. 2007. 土壤-植被系统及其对土壤健康的影响. 世界林业研究, (3): 1-8.

齐增湘, 徐卫华, 熊兴耀, 等. 2011. 基于MAXENT模型的秦岭山系黑熊潜在生境评价. 生物多样性, 19(3): 343-352, 398.

沈泽昊, 方精云. 2001. 基于种群分布地形格局的两种水青冈生态位比较研究. 植物生态学报, 25(4): 392-398.

苏金源, 燕语, 李冲, 等. 2020. 通过遗传多样性探讨极小种群野生植物的致濒机理及保护策略: 以裸子植物为例. 生物多样性, 28(3): 376-384.

万基中, 王春晶, 韩士杰, 等. 2014. 气候变化压力下建立东北红豆杉优先保护区的模拟规划. 沈阳农业大学学报, (1): 28-32.

王茹琳, 李庆, 王明田. 2018. 中华猕猴桃在中国种植适宜性区划. 浙江农业学报, (9): 1504-1512.
魏志锦. 2015. 新巴尔虎草原黄羊生境适宜度评价及景观特征研究. 北京: 北京林业大学硕士学位论文.
吴榜华, 戚继忠. 1995. 东北红豆杉植物地理学研究. 应用与环境生物学报, (3): 219-225.
吴榜华, 臧润国, 张启昌, 等. 1993. 东北红豆杉种群结构与空间分布型的分析. 吉林林学院学报, (2): 1-6.
吴炳强, 王永明, 徐录, 等. 2015. 长白山区建立规模化规范化东北红豆杉药用林示范园区研究. 安徽农业科学, 43(27): 141-143.
吴建国, 吕佳佳, 艾丽. 2009. 气候变化对生物多样性的影响: 脆弱性和适应. 生态环境学报, 18(2): 693-703.
武晓宇, 董世魁, 刘世梁, 等. 2018. 基于 MaxEnt 模型的三江源区草地濒危保护植物热点区识别. 生物多样性, 26(2): 138-148.
徐博超, 周志强, 李威, 等. 2012. 东北红豆杉幼苗对不同水分条件的光合和生理响应. 北京林业大学学报, 34(4): 73-78.
许仲林, 彭焕华, 彭守璋. 2015. 物种分布模型的发展及评价方法. 生态学报, 35(2): 557-567.
杨占, 张强, 卢元, 王明岩. 2017. 辽宁省东北红豆杉天然种群特征研究. 防护林科技, (3): 16-17, 61.
郑进烜, 华朝朗, 陶晶, 等. 2013. 云南省极小种群野生植物拯救保护现状与对策研究. 林业调查规划, 38(4): 61-66.
周志强, 刘彤, 袁继连. 2004. 黑龙江穆棱天然东北红豆杉种群资源特征研究. 植物生态学报, 28(4): 476-482.
朱耿平, 刘强, 高玉葆. 2014. 提高生态位模型转移能力来模拟入侵物种的潜在分布. 生物多样性, 22(2): 223-230.
Phillips S J, Anderson R P, Schapire R E. 2006. Maximum entropy modeling of species geographic distributions. Ecological Modelling, 190(3-4): 231-259.
Yang X Q, Kushwaha S P S, Saran S, et al. 2013. Maxent modeling for predicting the potential distribution of medicinal plant, *Justicia adhatoda* L. in Lesser Himalayan foothills. Ecological Engineering, 51(1): 83-87.
Zhu G P, Liu Q, Gao Y B. 2014. Improving ecological niche model transferability to predict the potential distribution of invasive exotic species. Biodiversity Science, 22(2): 223-230.

第十四章　东北红豆杉回归保护技术

东北红豆杉由于人为干扰、生境破碎化，在其分布区域内种群数量锐减，更新不良。回归保护是该物种保护的有效方式，但目前野外回归研究及相关技术缺乏。本研究在吉林省汪清县杜荒子林场，选择杨桦林、红松云冷杉林和红松紫椴林三种林型，选取4~5年生东北红豆杉实生幼苗和1~2年生东北红豆杉实生幼苗为回归材料，建立东北红豆杉回归种群。通过定期监测东北红豆杉幼苗存活率和生长指标变化，调查样地环境因子、土壤理化性质等，探索适宜东北红豆杉幼苗回归的林型、郁闭度和苗龄，以及在回归过程中主要影响幼苗生长和存活的环境因子，为东北红豆杉的回归保护提供依据。

第一节　东北红豆杉回归保护的设计

一、回归示范地的选择

根据杨蓝（2018）在我国天然东北红豆杉种群调查中布设的21个临时样方数据发现，样方出现次数最多的林型为红松紫椴林，其次为红松云冷杉林。这说明东北红豆杉的原生生境主要为红松紫椴林和红松云冷杉林，因此选择红松紫椴林和红松云冷杉林这两种林型作为回归林型。由于人为砍伐红松、云冷杉或紫椴后，该地区演替形成的次生林主要为杨桦林，因此选择在杨桦林这种次生生境中建立回归样地，并与红松云冷杉林、红松紫椴林这两种原生生境形成对照。

关于东北红豆杉适宜郁闭度和同属的南方红豆杉适宜郁闭度的研究已有报道，但是该郁闭度是否适宜东北红豆杉野外回归还不清楚。吴榜华等（1993）研究发现东北红豆杉幼树和成树分布的林分冠层郁闭度要求在0.5~0.6，并且随郁闭度加大，其生长状态变差。连大鹏（2011）对杉木人工林下的南方红豆杉的研究发现，杉木林分郁闭度为0.55~0.60时，南方红豆杉苗木生长状况最佳。苏晋伙（2010）的研究也表明，相对于郁闭度0.5、0.8的条件下，郁闭度为0.6、0.7的杉木林下种植的南方红豆杉生长更好。以往研究的郁闭度范围在0.5~0.8，因此本研究中将林分郁闭度划分为0.5~0.6及0.7~0.8两个梯度。

二、回归幼苗苗龄选择

在吉林省汪清县杜荒子林场对东北红豆杉进行的种群数量动态研究中，发现该地区存在一定量的东北红豆杉幼苗（苗高<50cm），但是幼树却特别稀少，得出该地区东北红豆杉在幼苗到幼树这个阶段幼苗大量死亡、存活个体锐减的结论（龙婷，2018）。为了探究该地区东北红豆杉幼树稀少的原因，以及导致东北红豆杉幼苗至幼树阶段高死亡率的因素，本试验选用不同苗龄的东北红豆杉幼苗（苗高<50cm），观测幼苗大量死亡的时期，最终选择1～2年生幼苗和4～5年生幼苗（平均苗高约30cm）作为试验材料。实际示范中使用相同种源的1～2年生东北红豆杉实生幼苗200株和4～5年生东北红豆杉实生幼苗200株，各规格幼苗苗高、地径一致，长势良好。

三、回归样地布设

在吉林省汪清县杜荒子林场头道沟内选择较为典型的杨桦林、红松云冷杉林和红松紫椴林，样地选择的标准为：海拔800～900m的范围内，林分郁闭度在0.50～0.60，样地坡度在15°～20°范围内，样地的坡向选择阴坡或者半阴坡。

样地设置为30m×30m，每个样地划分为30m×20m和30m×10m两个样方，其中30m×20m的样方用于移栽4～5年生幼苗，采用5行×10列的方式进行移栽，共计移栽50株4～5年生幼苗，幼苗前后左右之间的间距均保持3m；30m×10m的样方用于移栽1～2年生幼苗，在样方中部采用5行×10列的方式进行移栽，共计移栽50株1～2年生幼苗，幼苗前后左右之间的间距均保持30cm。移栽前将幼苗随机分配至各个样地。

四、回归幼苗监测指标

（一）回归幼苗的生长影响因子的监测

土壤因子调查：土壤化学取样点采用对角线布设的方法，即在每块试验地对角线上平均布设3个取样点。在每个取样点采集0～20cm土层的混合土样，每个土样质量约1kg。测定指标包括全氮、全磷、有机质及pH。

地形因子调查：样方的地形因子选取了海拔、坡度、坡向。使用GPS仪器在样地正中心测量相应的海拔，使用罗盘仪在样地中央进行坡度和坡向测量。

（二）幼苗生长过程监测

幼苗栽植后，对样地内所有幼苗进行挂牌，按顺序从1～50编号。使用钢圈尺测量幼苗的苗高和冠幅，精确到0.1cm，使用游标卡尺测量幼苗的地径，精确到0.01mm，统计各样地死亡幼苗的株数并记录幼苗编号，观测时间为每月20～25日，观测时期为2018年5月至2019年9月，其中2018年5～9月逐月测量，

2019年4月、5月、7月和9月进行调查。冠幅面积=南北冠幅×东西冠幅÷2。

2019年9月对移栽的幼苗进行破坏性取样，每个样地取存活的4~5年生幼苗10株、1~2年生幼苗10株。幼苗测量的生物量指标有幼苗的地上部分生物量、地下部分生物量及全株生物量，并计算幼苗根冠比、根生物量比。幼苗根系指标有总根长、根系直径、总根系表面积、总根体积。对4~5年生幼苗，测量地上部分的C、N、P含量以及地下部分的C、N、P含量。

（三）红外相机监测幼苗的生长

由于2018年10月24日调查发现存在4~5年生幼苗被啃食的现象，本研究在4~5年生幼苗样地内，分两个阶段共布设红外相机8台。第一阶段从2018年10月开始至2019年4月结束，第二阶段从2019年4月开始至2019年9月结束，布设地点位于汪清县杜荒子林场东北红豆杉种群回归试验地内。

在固定红外相机时，相机朝向视野良好且存在未被啃食幼苗处，保证幼苗位于相机视野中央。将红外相机固定于乔木树干上，尽量避开阳光直射，并对幼苗附近的杂草进行清理。

（四）幼苗地上与地下生长指标的分析

生物量测量方法：取样后，洗去幼苗根部残留的土壤，从基径处将幼苗的地上、地下部分分开，并用天平称地上部分鲜重和地下部分鲜重。待根系扫描完成后，将幼苗地上、地下部分分别放入信封中，105℃下杀青30min，然后80℃烘干至恒重，用天平称量地上部分干重和地下部分干重。

根系指标测量方法：用WinRHIZO对幼苗的根系进行扫描分析，获得总根长、根系直径、总根系表面积、总根体积等指标。全氮含量测定使用凯氏定氮法，全磷含量测定使用钼锑抗比色法，有机质含量测定使用重铬酸钾氧化外加热法，pH测定使用pH酸度计法。

五、监测数据分析

使用Excel 2016整理数据及灰色关联分析，使用SPSS 19.0软件中单因素方差分析法对幼苗地径、苗高、冠幅面积、地上部分鲜重、地上部分干重、地下部分鲜重、地下部分干重、全株鲜重、全株干重、根冠比、根生物量比、总根长、总根表面积、根平均直径、总根体积，以及幼苗地上和地下部分C、N、P含量及其化学计量比进行差异显著性检验和多重分析。地径、苗高、冠幅面积等指标增长量均以2019年9月存活幼苗进行计算；幼苗存活曲线以每次调查时各林型幼苗存活率进行绘制。作图用SigmaPlot 14软件完成。

灰色关联分析：以每个试验地内幼苗各项生长指标平均生长量、存活率、生物量、根系指标等为比较数列，通过均值法对其进行无纲化处理后，计算参考数列和比较数列的灰色关联系数，得出关联度并排序。计算公式如下：

$$\varepsilon_i(k) = \frac{\min\limits_{i}\min\limits_{k}\left|C_k^* - C_k^i\right| + \rho \max\limits_{i}\max\limits_{k}\left|C_k^* - C_k^i\right|}{\left|C_k^* - C_k^i\right| + \rho \max\limits_{i}\max\limits_{k}\left|C_k^* - C_k^i\right|} \tag{14-1}$$

式中，C_k^* 为参考数列；C_k^i 为比较数列，$\rho \in (0, 1)$，本试验中取 $\rho=0.5$。

$$r_i = \frac{1}{n}\sum_{k=1}^{n}\varepsilon_i(k) \tag{14-2}$$

式（14-2）中，各指标权重相等。

第二节　不同苗龄的东北红豆杉幼苗生长情况

苗龄主要影响幼苗光合生理特性，刘福新和李彦刚（2017）的研究发现 5 年生东北红豆杉幼苗的光合参数强于 3 年生和 4 年生幼苗，主要原因是不同苗龄的东北红豆杉幼苗叶绿素含量存在着一定的差别。野生动物在冬季食物短缺，东北红豆杉可能会成为食草动物的食物，而不同苗龄规格则会影响幼苗受动物啃食的概率。因此，在回归引种中选用合适苗龄的东北红豆杉幼苗，对东北红豆杉种群回归的成效具有一定的指导作用。

一、不同苗龄东北红豆杉幼苗生长指标变化

（一）不同苗龄东北红豆杉幼苗地径生长量变化

由图 14-1 可知，在 2018 年 5 月至 2018 年 9 月期间，各林型 4～5 年生幼苗的地径生长量要显著高于 1～2 年生幼苗（$P<0.05$），这说明苗龄对东北红豆杉幼苗的地径生长有显著性影响（$P<0.05$）。由图 14-2 可知，对 2019 年 9 月各试验样地的地径生长量进行方差分析，结果表明苗龄对郁闭度 0.80 的红松云冷杉林的幼苗地径生长量有显著性影响（$P<0.05$），对杨桦林、郁闭度 0.55 的红松云冷杉林和红松紫椴林的幼苗地径生长影响不显著。

（二）不同苗龄东北红豆杉幼苗苗高生长量变化

由图 14-3 可知，在 2018 年 5 月至 2018 年 9 月期间，杨桦林和郁闭度 0.55 的红松云冷杉林 4～5 年生幼苗的苗高生长量要显著高于 1～2 年生幼苗（$P<0.05$），这说明苗龄对东北红豆杉幼苗的苗高生长有显著性影响（$P<0.05$）；由图 14-4 可知，各试验地的 4～5 年生幼苗苗高生长量均为负数。

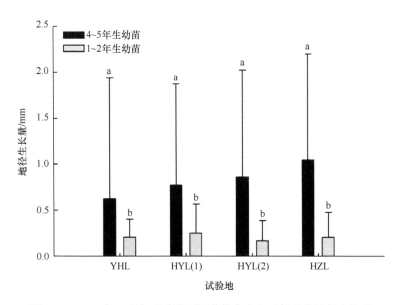

图 14-1 2018 年 9 月各试验地不同苗龄东北红豆杉幼苗地径生长量

YHL 代表杨桦林，HYL（1）代表郁闭度 0.55 的红松云冷杉林，
HYL（2）代表郁闭度 0.80 的红松云冷杉林，HZL 代表红松紫椴林。下同

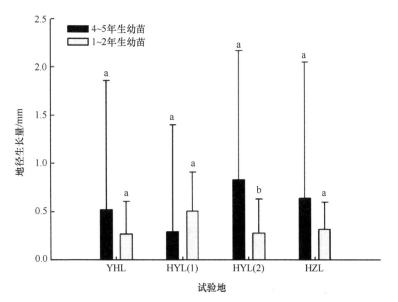

图 14-2 2019 年 9 月各试验地不同苗龄东北红豆杉幼苗地径生长量

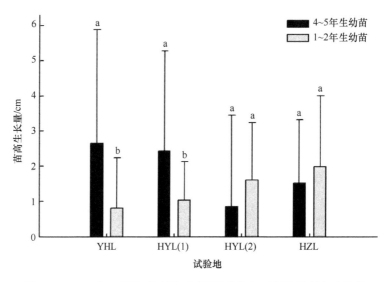

图 14-3 2018 年 9 月各试验地不同苗龄东北红豆杉幼苗苗高生长量

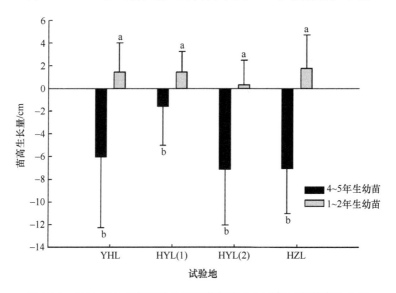

图 14-4 2019 年 9 月各试验地不同苗龄东北红豆杉幼苗苗高生长量

（三）不同苗龄东北红豆杉幼苗冠幅面积生长量变化

由图 14-5 可知，在 2018 年 5 月至 2018 年 9 月期间，通过方差分析得知各试验地 4～5 年生幼苗的冠幅面积生长量要极显著高于 1～2 年生幼苗（$P<0.01$），这说明苗龄对东北红豆杉幼苗的冠幅面积生长有显著性影响（$P<0.01$）；由图 14-6 可知，各试验地的 4～5 年生东北红豆杉幼苗苗高生长量均为负数。

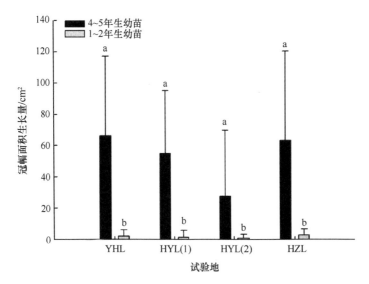

图 14-5 2018 年 9 月各试验地不同苗龄东北红豆杉幼苗冠幅面积生长量

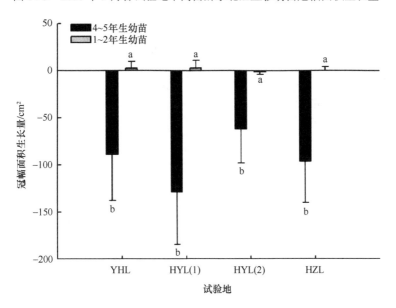

图 14-6 2019 年 9 月各试验地不同苗龄东北红豆杉幼苗冠幅面积生长量

二、红外相机监测幼苗生长

第一阶段红外相机监测共收集到 7 张狍子（*Capreolus capreolus*）在样地中出现的照片，狍子和鼠类啃食东北红豆杉幼苗视频 10 段（图 14-7）；第二阶段未拍摄到狍子的踪迹。在 2018 年 10 月的幼苗调查发现，4~5 年生幼苗存在被动物啃食的现象，杨桦林、红松云冷杉林1号、红松云冷杉林2号和红松紫椴林的啃食率分别达到了64%、74.4%、80.8%；在2019年4月的幼苗调查中发现，各样地的4～5年生幼苗啃食率达到100%。由于在2018年9月的幼苗调查时并无动物啃食4～5年生幼苗的情况，断定动物啃食4～5年生幼苗的时间从10月开始。

图 14-7　动物啃食东北红豆杉幼苗情况

通过红外相机拍摄到的照片和幼苗被啃食的伤口部位可知，啃食4～5年生幼苗的主要动物为狍子，啃食部位为幼苗的主干和侧枝；鼠类也会啃食4～5年生幼苗，啃食部位为幼苗底端侧枝。在对幼苗进行破坏性取样时发现，4～5年生幼苗的根系并未受到动物啃食的影响。在1～2年生幼苗调查期间，未发现狍子或鼠类啃食幼苗的情况。

三、回归幼苗生长特征

幼苗在不同的苗龄阶段叶绿素总量不同，其光合作用的能力也存在着不同。在第一个生长期内，相同林型的4～5年生幼苗的地径、苗高、冠幅面积生长量均显著高于1~2年生幼苗,这说明4~5年生幼苗叶绿素总量更高,光合能力更强,1~2年生幼苗由于叶绿素总量少,光合能力弱。

在第一个生长期和第二个生长期之间的幼苗越冬时期内,动物对4~5年生东北红豆杉幼苗的啃食则正是破坏了幼苗的光合作用。狍子的取食部位主要是幼苗的分枝,啃食过后幼苗几乎不存在叶片,这便导致4~5年生幼苗的苗高和冠幅出现负增长。

1~2年生东北红豆杉幼苗未受到动物啃食的原因有以下几点:1~2年生幼苗规格小,苗高在10cm以下,在调查期间发现1~2年生幼苗常被四周的枯枝落叶掩盖,被动物发现的概率低;冬季汪清地区降雪较多,雪层较厚,1~2年生幼苗被雪覆盖,更不易被动物发现。此外,狍子冬季啃食1~2年生幼苗需要刨开雪层,需要消耗更多体力,而且1~2年生幼苗生物量少,能量少,从能量收支角度,狍子啃食1~2年生幼苗并不经济;相对来说,在冬季4~5年生幼苗枝叶裸露,不会被积雪覆盖,且生物量较大,狍子在食物紧缺的情况下啃食4~5年生幼苗的可能性相对较高。

第三节　不同林型东北红豆杉种群回归效果分析

东北红豆杉对生境的要求较为严格,幼苗喜阴、忌晒,选择合适的生境对回归是否成功具有十分重要的意义。本文选择了杨桦林、红松云冷杉林和红松紫椴林三种林型开展回归试验,通过动态监测幼苗生长存活变化来分析最适宜东北红豆杉幼苗回归的林型。

一、林型选择情况

本试验选取杨桦林、红松云冷杉林和红松紫椴林作为东北红豆杉种群回归林型,林型选择依据见本章第一节。杨桦林优势树种为白桦（*Betula platyphylla*）、青杨（*Populus cathayana*）,伴生树种主要为花楷槭（*Acer ukurunduense*）、青楷槭（*Acer tegmentosum*）,草本优势种为唐松草（*Thalictrum aquilegifolium*）、小叶芹（*Aegopodium alpestre*）、舞鹤草（*Maianthemum bifolium*）;红松云冷杉林优势树种为红松（*Pinus koraiensis*）、臭冷杉（*Abies nephrolepis*）、鱼鳞云杉（*Picea jezoensis*）,伴生树种主要为花楷槭、青楷槭,草本优势种为舞鹤草、小叶芹、酢浆草（*Oxalis corniculata*）;红松紫椴林优势树种为红松、紫椴（*Tilia amurensis*）、臭冷杉,伴生树种主要为花楷槭、青楷槭,草本优势种为薹草（*Carex* spp.）、小叶芹、舞鹤草。其他环境因子见表14-1。

表 14-1　不同林型环境因子

林型	海拔/m	郁闭度	坡度/°	坡向	pH	有机质/(g/kg)	全氮/(g/kg)	全磷/(g/kg)
杨桦林	838	0.56	19	北偏西53°	4.98±0.34a	198.53±18.3a	7.55±0.31a	0.65±0.08a
红松云冷杉林	846	0.55	16	北偏西3°	4.97±0.26a	148.27±17.78b	5.41±0.92b	0.70±0.03a
红松紫椴林	863	0.58	18	北偏东12°	4.94±0.28a	143.70±29.74b	6.24±0.82ab	0.43±0.11b

二、不同林型东北红豆杉幼苗存活状况

由各林型4～5年生幼苗存活曲线（图14-8）可知，4～5年生东北红豆杉幼苗，除红松云冷杉林幼苗在2018年6～7月期间有较多死亡外，其他两个试验样地幼苗存活率在2018年6月至2018年9月期间变化幅度不大，红松云冷杉林在2018年9月至2019年4月、2019年5月至7月期间存活率急剧下降，杨桦林和红松紫椴林幼苗存活率急剧下降的时期为2019年4月至2019年5月。根据2019年9月4～5年生幼苗存活率的方差分析，结果得出红松紫椴林幼苗存活率显著高于杨桦林和红松云冷杉林，杨桦林幼苗存活率与红松云冷杉林幼苗差异不显著（$P<0.05$）。

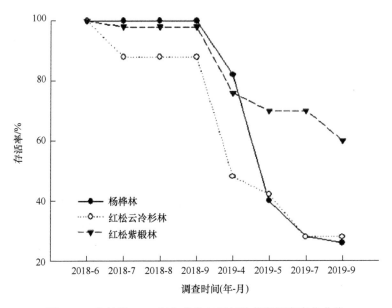

图14-8　各林型4～5年生东北红豆杉幼苗存活率变化曲线

由各林型1～2年生东北红豆杉幼苗存活曲线（图14-9）可知，各林型1～2年东北红豆杉苗木中，红松紫椴林的幼苗存活率变化最大，其幼苗大量死亡

的时间为 2018 年 8 月至 2019 年 4 月，杨桦林、幼苗在 2018 年 9 月至 2019 年 4 月、2019 年 5 月至 7 月期间死亡较多，红松云冷杉林幼苗死亡较少，其幼苗死亡最多的时期为 2018 年 9 月至 2019 年 4 月。根据 2019 年 9 月 1~2 年生东北红豆杉幼苗存活率的方差分析，结果得出红松云冷杉林幼苗存活率显著高于杨桦林和红松紫椴林，杨桦林幼苗存活率与红松紫椴林幼苗差异不显著（$P<0.05$）。

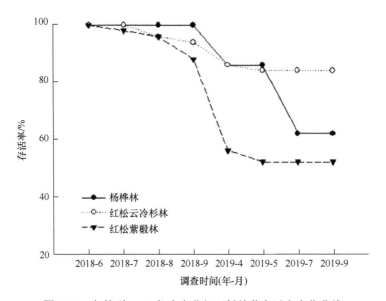

图 14-9　各林型 1~2 年生东北红豆杉幼苗存活率变化曲线

三、幼苗生长指标变化

（一）东北红豆杉幼苗地径变化

由各林型 4~5 年生东北红豆杉幼苗地径变化（图 14-10）可知，在 2018 年 5 月至 2018 年 9 月期间，各林型的 4~5 年生幼苗地径均为增长的趋势，说明 4~5 年生幼苗在该时期内始终保持生长状态。2019 年 4 月至 2019 年 9 月期间幼苗的地径均有所减少，可能受到外界环境因素的影响。差异性分析显示，林型对 4~5 年生幼苗地径生长的影响不显著。

由图 14-11 可知，1~2 年生幼苗地径生长缓慢，各时期差异不显著，甚至出现降低现象。监测中发现这主要是野生动物如狍子、啮齿类动取食干扰，使一些生长较快的个体枯死造成的。对每个调查时间的 1~2 年生幼苗地径进行方差分析，发现 2018 年 5 月、6 月和 7 月杨桦林的幼苗地径显著高于红松云冷杉林。

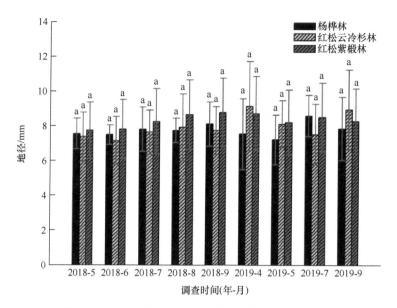

图 14-10　各林型 4~5 年生东北红豆杉幼苗地径变化

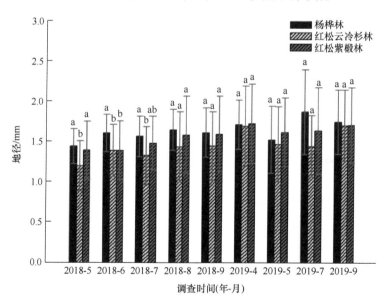

图 14-11　各林型 1~2 年生东北红豆杉幼苗地径变化

（二）东北红豆杉幼苗苗高变化

由各林型 4~5 年生东北红豆杉幼苗苗高变化（图 14-12）可知，在 2018 年 5 月至 2018 年 9 月期间，各林型的 4~5 年生幼苗苗高均为增长的趋势，说明 4~5 年生幼苗在该时期内始终保持生长状态。2019 年 4 月至 2019 年 9 月期间 4~5 年生幼苗的苗高均大幅度减少,是受到动物啃食的影响,而不是林型不同造成的。2019年4月至9月期间幼苗苗高差异性显著的原因应该为动物啃食幼苗程度的不同,而非林型这个因素引起的。

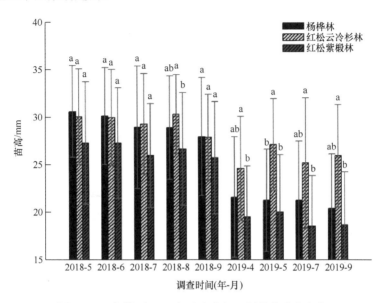

图 14-12　各林型 4～5 年生东北红豆杉幼苗苗高变化

由图 14-13 可知,各林型的 1～2 年生东北红豆杉幼苗苗高生长呈现先增长后

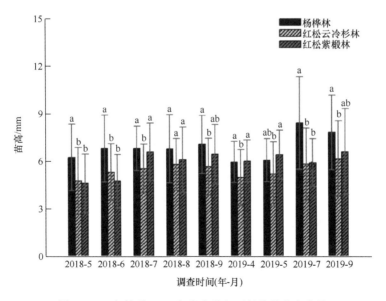

图 14-13　各林型 1～2 年生东北红豆杉幼苗苗高变化

减少再增长的趋势,幼苗苗高减少的时期为 2019 年 4 月至 5 月。对每个调查时间的 1～2 年生幼苗苗高进行方差分析,发现 2018 年 5 月、6 月、7 月、9 月,2019 年 4 月、5 月、7 月、9 月,杨桦林的幼苗苗高与红松云冷杉林和红松紫椴林幼苗苗高存在显著性差异(P<0.05),说明林型对 1～2 年生幼苗苗高生长有显著性影响。

(三)东北红豆杉幼苗冠幅大小变化

由各林型 4～5 年生幼苗冠幅面积变化(图 14-14)可知,在 2018 年 5 月至 2018 年 9 月期间,各林型的 4～5 年生幼苗冠幅大小均为增长的趋势,说明 4～5 年生幼苗在该时期内始终保持生长状态。与幼苗苗高相类似,2019 年 4 月至 2019 年 9 月期间幼苗的冠幅大幅度减少,且幼苗冠幅大小差异性显著,其原因应该为动物啃食幼苗程度的不同,而非林型这个因素引起的。

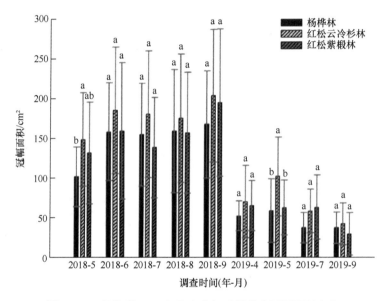

图 14-14 各林型 4～5 年生东北红豆杉幼苗冠幅面积变化

由图 14-15 可知,各林型的 1～2 年生幼苗冠幅生长呈现先增长后减少再增长的趋势,幼苗冠幅大小减少的时期为 2019 年 4 月至 5 月。对每个调查时间的 1～2 年生幼苗冠幅大小进行方差分析,发现 2018 年 5 月、6 月,2019 年 5 月、7 月、9 月的时期,杨桦林的幼苗苗高与红松云冷杉林和红松紫椴林幼苗冠幅大小存在显著性差异($P<0.05$),说明林型对 1～2 年生幼苗冠幅生长有显著性影响。

(四)东北红豆杉幼苗生物量

由不同林型 4～5 年生东北红豆杉幼苗生物量(表 14-2)可知,三个林型的 4～

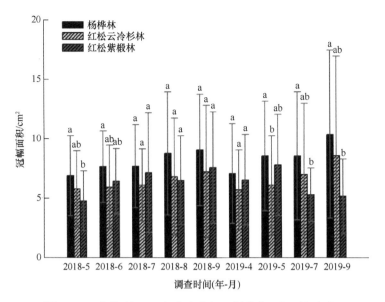

图 14-15　各林型 1～2 年生东北红豆杉幼苗冠幅面积变化

表 14-2　不同林型 4～5 年生东北红豆杉幼苗生物量

指标	杨桦林	红松云冷杉林	红松紫椴林
地上部分鲜重	7.12±2.21b	10.73±5.65ab	13.33±6.42a
地上部分干重	3.9±1.39b	5.65±3.25ab	7.11±3.6a
地下部分鲜重	9.16±3.01a	11.81±8.75a	12.72±7.38a
地下部分干重	3.6±1.05a	4.73±3.21a	5.41±2.85a
全株鲜重	16.28±4.29a	22.55±14.21a	26.05±13.69a
全株干重	7.5±2.24a	10.38±6.3a	12.52±6.41a
根冠比	0.99±0.37a	0.80±0.22a	0.76±0.11a
根生物量比	0.48±0.08a	0.44±0.07a	0.43±0.03a

注：同行不同小写字母表示该试验地间同一指标在 0.05 水平上差异显著。下同。

5 年生幼苗地上部分生物量、地下部分生物量和全株生物量排序均为红松紫椴林>红松云冷杉林>杨桦林，红松紫椴林 4～5 年生幼苗地上部分鲜重、干重均显著高于杨桦林，且与红松云冷杉林差异不显著（$P<0.05$）。三个林型的幼苗根冠比都在 0.75 以上，根生物量比也在 0.40 以上。

由不同林型 1～2 年生东北红豆杉幼苗生物量（表 14-3）可知，杨桦林和红松云冷杉林的 1～2 年生幼苗地上部分鲜重显著高于红松紫椴林的幼苗（$P<0.05$），杨桦林幼苗地下部分干重显著高于红松云冷杉林（$P<0.05$），且与红松紫椴林差异不显著（$P<0.05$），杨桦林幼苗的全株鲜重显著高于杨桦紫椴林（$P<0.05$），且与红松云冷杉林差异不显著（$P<0.05$），红松紫椴林幼苗根生物量比显著高于红松云冷杉林（$P<0.05$），且与杨桦林幼苗根生物量比差异不显著（$P<0.05$）。

表 14-3　不同林型 1~2 年生东北红豆杉幼苗生物量

指标	杨桦林	红松云冷杉林	红松紫椴林
地上部分鲜重	2.38±0.91a	2.14±0.66a	1.44±0.39b
地上部分干重	0.71±0.35a	0.67±0.18a	0.46±0.18a
地下部分鲜重	0.75±0.28a	0.56±0.32a	0.65±0.28a
地下部分干重	0.28±0.09a	0.20±0.07b	0.24±0.06ab
全株鲜重	3.13±1.12a	2.7±0.94ab	2.09±0.6b
全株干重	0.99±0.42a	0.87±0.21a	0.71±0.21a
根冠比	0.57±0.57a	0.31±0.13a	0.57±0.19a
根生物量比	0.32±0.14ab	0.23±0.07b	0.36±0.08a

（五）东北红豆杉幼苗根系指标

由不同林型 4~5 年生东北红豆杉幼苗根系指标（表 14-4）可知，各林型 4~5 年生幼苗幼苗总根长、总根表面积、根平均直径、总根体积这四项指标排序均为红松云冷杉林>红松紫椴林>杨桦林，且三个林型幼苗各项指标之间差异不显著（$P<0.05$）。

表 14-4　不同林型 4~5 年生东北红豆杉幼苗根系指标

指标	杨桦林	红松云冷杉林	红松紫椴林
总根长/cm	1306.78±730.08a	1998.88±1781a	1739±935.89a
总根表面积/cm^2	273.57±145.12a	381.45±282.89a	346.04±192.59a
根平均直径/mm	2.12±0.89a	3.57±2.25a	2.93±1.53a
总根体积/cm^3	4.82±2.43a	6.52±4.54a	5.9±3.56a

由不同林型 1~2 年生东北红豆杉幼苗根系指标（表 14-5）可知，1~2 年生幼苗总根长和总根表面积排序为红松紫椴林>红松云冷杉林>杨桦林，幼苗根平均直径最大的为红松云冷杉林，幼苗总根体积的排序为红松紫椴林>红松云冷杉林>杨桦林。由差异显著性检验可知：红松紫椴林幼苗总根长、总根表面积、总根体积显著大于杨桦林（$P<0.05$），且与红松云冷杉林差异不显著（$P<0.05$），各林型幼苗根平均直径无显著性差异（$P<0.05$）。

表 14-5　不同林型 1~2 年生东北红豆杉幼苗根系指标

指标	杨桦林	红松云冷杉林	红松紫椴林
总根长/cm	108.46±28.69b	132.96±79.07ab	227.18±109.58a
总根表面积/cm^2	19.27±4.14b	25.45±10.8ab	38.88±16.87a
根平均直径/mm	0.58±0.15a	0.66±0.23a	0.58±0.14a
总根体积/cm^3	0.29±0.12b	0.4±0.14ab	0.56±0.28a

(六)东北红豆杉幼苗化学计量指标

由不同林型 4~5 年生东北红豆杉幼苗地上部分化学元素含量(表 14-6)可知,4~5 年生幼苗地上部分有机质含量为红松云冷杉林>红松紫椴林>杨桦林,全氮含量为杨桦林>红松云冷杉林>红松紫椴林,全磷含量为红松紫椴林>杨桦林>红松云冷杉林,C/N 为红松云冷杉林>红松紫椴林>杨桦林,N/P 为杨桦林>红松云冷杉林>红松紫椴林,C/P 为红松云冷杉林>红松紫椴林>杨桦林。各林型 4~5 年生幼苗地上部分的 C、N、P 含量,以及 C/N、N/P、C/P 之间均无显著性差异($P<0.05$)。

表 14-6 不同林型 4~5 年生东北红豆杉幼苗地上部分化学元素含量

指标	杨桦林	红松云冷杉林	红松紫椴林
有机质/(g/kg)	586.06±151.57a	617.46±106.41a	587.19±85.83a
全氮/(g/kg)	12.49±1.52a	11.59±3.35a	11.49±1.99a
全磷/(g/kg)	1.52±0.22a	1.49±0.49a	1.55±0.36a
C/N	47.98±13.81a	59.35±23.81a	53.14±16.27a
N/P	8.25±0.61a	7.90±0.93a	7.54±0.9a
C/P	396.98±124.11a	461.62±161.61a	401.19±123.14a

由不同林型 4~5 年生东北红豆杉幼苗地下部分化学元素含量(表 14-7)可知,4~5 年生幼苗地上部分有机质含量为杨桦林>红松紫椴林>红松云冷杉林,全氮含量为红松云冷杉林>红松紫椴林>杨桦林,全磷含量为杨桦林>红松云冷杉林>红松紫椴林,C/N 为杨桦林>红松紫椴林>红松云冷杉林,N/P 为红松紫椴林>红松云冷杉林>杨桦林,C/P 为红松紫椴林>杨桦林>红松云冷杉林。各林型 4~5 年生幼苗地下部分的 C、N、P 含量,以及 C/N、N/P、C/P 之间均无显著性差异($P<0.05$)。

表 14-7 不同林型 4~5 年生东北红豆杉幼苗地下部分化学元素含量

指标	杨桦林	红松云冷杉林	红松紫椴林
有机质/(g/kg)	342.22±27.19a	297.63±121.6a	337.05±30.86a
全氮/(g/kg)	9.80±1.61a	9.89±1.7a	9.84±1.32a
全磷/(g/kg)	1.49±0.39a	1.48±0.3a	1.40±0.17a
C/N	37.26±7.65a	30.83±12.73a	34.3±6.83a
N/P	6.59±1.08a	6.70±0.92a	7.40±1.12a
C/P	244.5±54.11a	209.28±102.99a	251.75±46.74a

四、林型与幼苗指标灰色关联排序

由表 14-8 可知,根据 4~5 年生东北红豆杉幼苗生长指标、存活率、生物量、根系指标以及幼苗化学含量等 21 个指标与林型的灰色关联排序,在 2019 年 9 月最后一次幼苗观测时,各林型 4~5 年生幼苗的关联度由高到低依次是杨桦林>红松云冷杉林>红松紫椴林,说明在 2018 年 5 月至 2019 年 9 月幼苗回归期间,4~5 年生东北红豆杉幼苗的各项指标与杨桦林的关联度最高,综合表现最好,杨桦林更适宜开展 4~5 年生东北红豆杉幼苗野外回归。

表 14-8 4~5 年生东北红豆杉幼苗指标与各林型的关联度及排序

指标	杨桦林	红松云冷杉林	红松紫椴林
苗高增长量	0.6000	0.8055	0.5295
地径增长量	0.5549	1.0000	0.5013
冠幅面积增长量	0.6820	0.5541	0.6554
最长侧枝长增长量	0.5700	0.6810	0.6354
存活率	0.7594	0.7333	0.4725
地上部分鲜重	0.7590	0.6143	0.5401
地上部分干重	0.7502	0.6194	0.5407
地下部分鲜重	0.6973	0.6079	0.5823
地下部分干重	0.7104	0.6142	0.5679
全株鲜重	0.7257	0.6109	0.5613
全株干重	0.7317	0.6170	0.5527
总根长	0.7144	0.5658	0.6137
总根表面积	0.6954	0.5791	0.6128
根平均直径	0.7328	0.5508	0.6186
总根体积	0.6874	0.5817	0.6162
地上部分有机质	0.6318	0.6136	0.6312
地上部分全氮含量	0.6072	0.6335	0.6364
地上部分全磷含量	0.6249	0.6321	0.6195
地下部分有机质	0.6081	0.6570	0.6134
地下部分全氮含量	0.6269	0.6238	0.6256
地下部分全磷含量	0.6169	0.6198	0.6401
关联度均值	0.6708	0.6436	0.5889
排序	1	2	3

由表 14-9 可知，根据 1~2 年生东北红豆杉幼苗生长指标、存活率、生物量、根系指标等 14 个指标与林型的灰色关联排序，在 2019 年 9 月最后一次幼苗观测时，各林型 1~2 年生幼苗的关联度由高到低依次是红松紫椴林>杨桦林>红松云冷杉林，说明在观测期间，1~2 年生东北红豆杉幼苗在红松紫椴林的综合表现最好，适应性更强，相比于杨桦林和红松云冷杉林，更适宜开展 1~2 年生东北红豆杉野外回归。

表 14-9　1~2 年生东北红豆杉幼苗指标与各林型的关联度及排序

指标	杨桦林	红松云冷杉林	红松紫椴林
苗高增长量	0.6394	0.4479	0.5871
地径增长量	0.5666	0.5709	0.5042
冠幅面积增长量	0.4844	0.4106	1.0000
存活率	0.5583	0.4676	0.6369
地上部分鲜重	0.6439	0.5231	0.4913
地上部分干重	0.6324	0.5185	0.5025
地下部分鲜重	0.5467	0.5924	0.5043
地下部分干重	0.5411	0.6056	0.4998
全株鲜重	0.6169	0.5386	0.4945
全株干重	0.6039	0.5403	0.5017
总根长	0.4353	0.5948	0.6574
总根表面积	0.4470	0.5731	0.6587
根平均直径	0.5617	0.5198	0.5569
总根体积	0.4583	0.5557	0.6585
关联度均值	0.5526	0.5328	0.5896
排序	2	3	1

五、不同林型回归成效

（一）4~5 年生东北红豆杉幼苗回归状况

通过对不同林型的 4~5 年生东北红豆杉幼苗进行观测，发现在 2018 年 9 月，三个林型的幼苗均能正常生长和发育，红松云冷杉林幼苗存活率出现明显的下降，杨桦林和红松紫椴林幼苗存活率无明显变化，各林型幼苗地径、苗高、冠幅等指标无显著性差异；2019 年 5 月，各林型幼苗存活率均出现不同程度的降低，杨桦林和红松云冷杉林幼苗死亡较多，苗高、冠幅面积相比第一个生长期均有所减少，地径相对第一个生长季末期也有少量的降低，其原因为所有 4~5 年生幼苗在越冬期间由于受到狍子的啃食，幼苗的枝、叶受到严重的破坏；2019 年 5 月至 9 月期间，各林型幼苗存活率仍持续降低，2019年9月杨桦林和红松紫椴林幼苗地径相对2019年5月有所增长，但仍低于2018年9月；2019年9月各林型幼苗苗高、冠幅面积低于2019年5月，说明期间幼苗生长仍然受到抑制，其原因为幼苗叶片损耗严重，无法正常进行光合作用，幼苗根系和枝干未受到破坏，仍进行正常的呼吸作用，幼苗的能量被呼吸作用所消耗，正常生长受到抑制。

各林型4～5年生幼苗地上地下及全株干重无显著性差异，幼苗根冠比及根生物量比偏大主要是由于幼苗被狍子啃食，苗高、冠幅和最长侧枝长出现负增长，从而导致地上部分生物量减少，继而影响根冠比和根生物量比，该结果并不能说明4～5年生幼苗分配更多的生物量于根系部分。各林型幼苗根系在狍子啃食后正常发挥功效，根系指标之间无显著性差异，说明林型的不同对幼苗的根系影响不大。各林型4～5年生幼苗地上地下部分C、N、P含量及C/N、N/P、C/P之间均无显著性差异。

4～5年生幼苗适宜在杨桦林中进行回归，但是由于动物的啃食，幼苗枝、叶破坏严重，虽然幼苗根系完好，但在观测期间发现，4～5年生幼苗无新芽或者新萌发的枝条，根系的呼吸作用加剧了幼苗生物量的消耗，4～5年生幼苗的回归效果不良。这也从一定程度上解释了该地区自然条件下东北红豆杉幼树稀少的原因，幼苗到幼树这一阶段的瓶颈主要是由动物啃食造成的，幼苗发育阶段是东北红豆杉种群增加的瓶颈。

（二）1～2年生东北红豆杉幼苗回归状况

通过对不同林型的1～2年生东北红豆杉幼苗进行观测，发现在2018年5月至9月，各林型幼苗均能正常生长和发育，幼苗存活率都在90%以上；2018年9月，地径、苗高、冠幅面积无显著差异；2019年5月，红松紫椴林幼苗存活率急剧下降，杨桦林和红松云冷杉林幼苗存活率变化幅度较小，各林型幼苗苗高、冠幅面积相对2018年9月也有所减小，说明在越冬期间幼苗生长发育受到一定的影响；2019年9月，红松云冷杉林幼苗存活率最高，红松紫椴林幼苗死亡株数较多，杨桦林和红松云冷杉林幼苗苗高和冠幅也有所增长，说明移栽后第二年幼苗还能正常生长发育。

各林型1～2年生幼苗地下部分干重、根生物量比之间存在显著性差异。总根长、总根表面积、总根体积上也存在显著性差异，说明林型对1～2年生幼苗的根系部分有较大的影响，红松紫椴林幼苗根系发育得相对较好。

2019年9月最后一次调查时，各林型1～2年生幼苗存活率在48%以上，且地径、苗高等都有生长，生物量分配较为合理，根系的发育情况良好，取得了较好的回归成效。最适宜1～2年生幼苗回归的林型为红松紫椴林，这说明根系的良好发育对1～2年生幼苗的正常生长是比较关键的。

第四节　不同郁闭度东北红豆杉种群回归效果

郁闭度影响林内光照条件，而光照会影响到森林群落树种的生存和生长，是林下多变、异质环境形成的重要条件。不同植物对光的需求有差异，即使是同一种植物，在不同生长阶段对光的需求也不同。本节探究了在不同郁闭度条件下不同苗龄的东北红豆杉幼苗生长和存活状况，分析了各苗龄幼苗适宜的郁闭度。

一、郁闭度的选择与样地布设

（一）郁闭度选择

选择红松云冷杉林作为回归林型，林分郁闭度为 0.5~0.6 和 0.7~0.8 两个梯度。郁闭度梯度选择依据见第二章。

（二）样地布设

在上述样地的基础上增设一个郁闭度范围为 0.7~0.8 的样地，并将 4~5 年生幼苗和 1~2 年生幼苗同时移栽至该样地中，样地布设方法与前面相同。

（三）数据采集

选择指标有幼苗地径、苗高、冠幅大小、存活率、生物量、根系指标、幼苗化学计量指标。

二、幼苗存活状况

由不同郁闭度 4~5 年生东北红豆杉幼苗存活率变化曲线（图 14-16）可知，4~5 年生东北红豆杉幼苗在红松云冷杉林（郁闭度小）于 2018 年 6 月至 7 月和 2018 年 9 月至 2019 年 4 月期间存活率显著下降，2019 年 5 月至 7 月也有较多幼苗死亡；红松云冷杉林（郁闭度大）幼苗存活率下降明显的时期为 2018 年 9 月至 2019 年 5 月。根据 2019 年 9 月 4~5 年生幼苗存活率的方差分析可知，红松云冷杉林（郁闭度小）幼苗存活率与红松云冷杉林（郁闭度大）无显著性差异（$P<0.05$）。

由不同郁闭度 1~2 年生东北红豆杉幼苗存活率变化曲线（图 14-17）可知，1~2 年生东北红豆杉幼苗在红松云冷杉林（郁闭度小）幼苗于 2018 年 9 月至 2019 年 4 月期间有较多死亡，红松云冷杉林（郁闭度大）幼苗从 2018 年 9 月开始，每次观测期间都有大量的幼苗死亡，直至 2019 年 7 月。根据 2019 年 9 月 1~2 年生幼苗存活率的方差分析，红松云冷杉林（郁闭度小）幼苗存活率显著高于红松云冷杉林（郁闭度大）（$P<0.05$）。

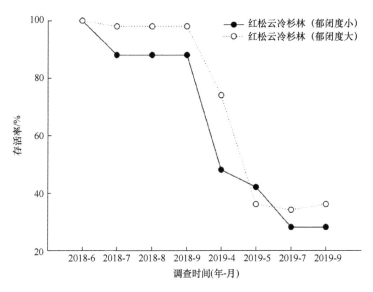

图 14-16　不同郁闭度 4～5 年生东北红豆杉幼苗存活率变化曲线

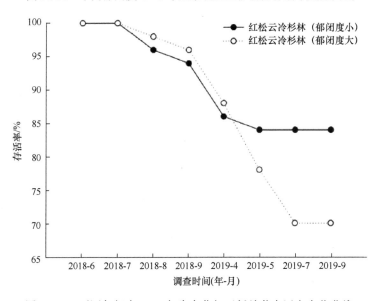

图 14-17　不同郁闭度 1～2 年生东北红豆杉幼苗存活率变化曲线

三、幼苗生长指标变化

（一）东北红豆杉幼苗地径变化

由不同郁闭度 4～5 年生东北红豆杉幼苗地径变化（图 14-18）的生长动态可知，2018 年 5 月至 2018 年 9 月 4～5 年生幼苗的地径在郁闭度 0.55 和 0.80 下都在不断增长，说明4～5年生幼苗在第一个生长期始终保持生长状态。2018年9月至2019年9月，郁闭度0.55下的4～5年生幼苗地径呈现出先增后减再增的曲线状波动，郁闭度0.80下的4～5年生幼苗地径呈现先减后增的波动，说明在2019年5月至7月期间存在抑制4～5年生幼苗地径生长的环境因素。对每次调查的4～5年生幼苗地径进行方差分析，结果表明，郁闭度对4～5年生幼苗的地径影响不显著（$P<0.05$）。

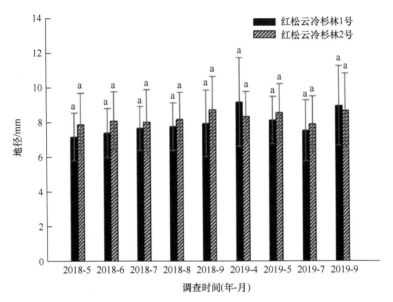

图14-18　不同郁闭度4～5年生东北红豆杉幼苗地径变化

红松云冷杉林1号代表郁闭度0.55的红松云冷杉林，红松云冷杉林2号代表郁闭度0.80的红松云冷杉林。下同

由图14-19可知，两个试验地的1～2年生幼苗地径生长趋势为先增长后减少，减少的时期均在2019年4月至7月。差异性结果表明郁闭度对1～2年生幼苗地径生长影响不显著（$P<0.05$）。

(二) 东北红豆杉幼苗苗高变化

由不同郁闭度4～5年生东北红豆杉苗高变化（图14-20）可知，从2018年5月到2019年9月，4～5年生幼苗的苗高在郁闭度0.55和0.80下呈现先增后减的趋势，说明4～5年生幼苗在第一个生长期始终保持生长状态，越冬后两者的苗高均大幅度减少，其原因是4～5年生幼苗受到了动物的啃食。对2018年5月至9月期间每次调查的4～5年生幼苗苗高进行方差分析，结果表明，郁闭度对4～5年生幼苗的苗高影响不显著（$P<0.05$）；2019年4月至9月期间郁闭度0.55的红松云冷杉林幼苗苗高显著高于郁闭度0.80的红松云冷杉林幼苗，主要是由于幼苗受到动物啃食的严重程度不同，而不是受到郁闭度的影响。

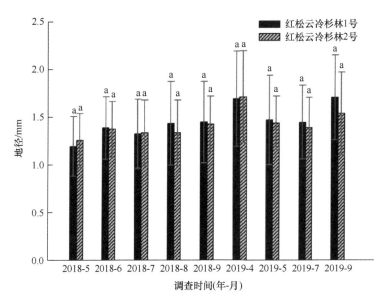

图 14-19　不同郁闭度 1～2 年生东北红豆杉幼苗地径变化

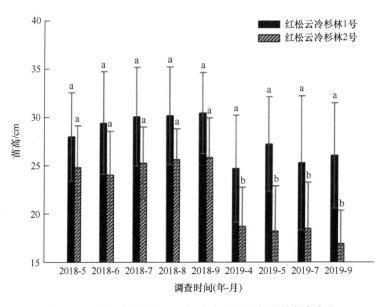

图 14-20　不同郁闭度 4～5 年生东北红豆杉幼苗苗高变化

由图 14-21 可知，从 2018 年 5 月到 2019 年 9 月，郁闭度 0.55 的红松云冷杉林 1～2 年生东北红豆杉幼苗的苗高呈现先增后减再增的趋势，郁闭度 0.80 的红松云冷杉林 1～2 年生幼苗苗高呈现先增后减的趋势。对每次调查的 1～2 年生幼苗苗高进行方差分析发现，在 2018 年 9 月和 2019 年 4 月这两个时期，郁闭度 0.80

的红松云冷杉幼苗苗高显著高于郁闭度 0.55 的红松云冷杉林（$P<0.05$），说明郁闭度对 1～2 年生幼苗的苗高生长有显著性的影响，高郁闭度下的 1～2 年生幼苗苗高生长得更快。

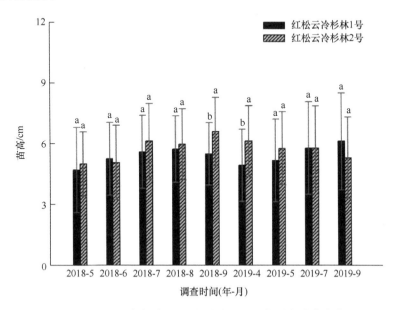

图 14-21　不同郁闭度 1～2 年生东北红豆杉幼苗苗高变化

（三）东北红豆杉幼苗冠幅面积变化

由不同郁闭度 4～5 年生东北红豆杉幼苗冠幅面积变化（图 14-22）可知，4～5 年生幼苗的冠幅生长和苗高生长相似，在郁闭度 0.55 和 0.80 下呈现先增后减的趋势，导致这种趋势的原因还是 4～5 年生幼苗受到了动物啃食的影响。

由图 14-23 可知，从 2018 年 5 月到 2019 年 9 月，郁闭度 0.55 和 0.80 的红松云冷杉林 1～2 年生幼苗的冠幅面积呈增长趋势，但是 2018 年 9 月至 2019 年 4 月期间出现冠幅面积减少的现象，可能的原因是 1～2 年生幼苗在越冬期间受到了低温胁迫的影响。对每次调查的 1～2 年生幼苗苗高进行方差分析发现，在 2019 年 9 月这个时期，郁闭度 0.55 的红松云冷杉幼苗冠幅面积显著高于郁闭度 0.80 的红松云冷杉林（$P<0.05$），说明郁闭度对 1～2 年生幼苗的冠幅生长有显著性的影响，相对低郁闭度有利于 1～2 年生幼苗冠幅的生长。

（四）东北红豆杉幼苗生物量

由不同郁闭度 4～5 年生东北红豆杉幼苗生物量（表 14-10）可知，红松云冷杉林 1 号的 4～5 年生幼苗地上部分鲜重、地上部分干重、地下部分鲜重、地下部分

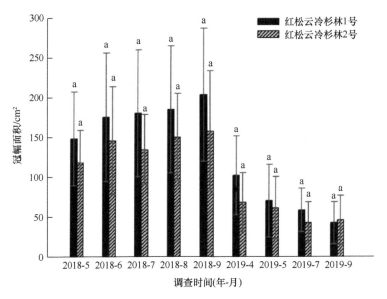

图 14-22　不同郁闭度 4~5 年生东北红豆杉幼苗冠幅面积变化

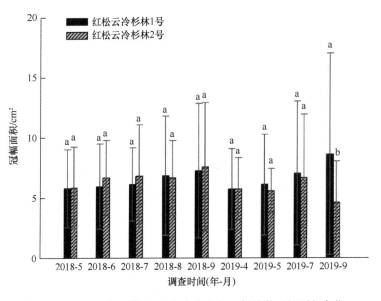

图 14-23　不同郁闭度 1~2 年生东北红豆杉幼苗冠幅面积变化

干重、全株鲜重、全株干重均大于红松云冷杉林 2 号,两个试验样地的根冠比都在 0.80 左右,根生物量比都在 0.40~0.45 的范围之内。不同郁闭度的两个红松云冷杉林 4~5 年生幼苗地上部分生物量、地下部分生物量、全株生物量、根冠比和根生物量比均没有显著性差异（$P<0.05$）。

表 14-10　不同郁闭度 4～5 年生东北红豆杉幼苗生物量

指标	红松云冷杉林 1 号	红松云冷杉林 2 号
地上部分鲜重	10.73±5.65a	8.03±3.76a
地上部分干重	5.65±3.25a	4.31±2.26a
地下部分鲜重	11.81±8.75a	8.84±6.09a
地下部分干重	4.73±3.21a	3.30±2.37a
全株鲜重	22.55±14.21a	16.87±9.46a
全株干重	10.38±6.3a	7.62±4.45a
根冠比	0.80±0.22a	0.79±0.31a
根生物量比	0.44±0.07a	0.42±0.11a

注：同行不同小写字母表示该试验地间同一指标在 0.05 水平上差异显著。红松云冷杉林 1 号代表郁闭度 0.55 的红松云冷杉林，红松云冷杉林 2 号代表郁闭度 0.80 的红松云冷杉林。下同。

由不同郁闭度 1～2 年幼苗生物量（表 14-11）可知，红松云冷杉林 1 号的幼苗地上部分鲜重和干重、全株鲜重和干重都要大于红松云冷杉林 2 号幼苗，红松云冷杉林 2 号幼苗的地下部分鲜重和干重、根冠比和根生物量比要大于红松云冷杉林 1 号幼苗。该结果表明郁闭度 0.55 的红松云冷杉林幼苗光照更多，地上部分的生物量积累的更多，而光照较弱的红松云冷杉林幼苗根系部分的生物量分配得更多，根冠比和根生物量比也更大。不同郁闭度的两个红松云冷杉林 1～2 年生幼苗地上部分鲜重和干重、地下部分鲜重和干重、全株鲜重和干重以及根冠比均无显著性差异（$P<0.05$），红松云冷杉 2 号幼苗根生物量比显著高于红松云冷杉林 1 号（$P<0.05$）。

表 14-11　不同郁闭度 1～2 年生东北红豆杉幼苗生物量

指标	红松云冷杉林 1 号	红松云冷杉林 2 号
地上部分鲜重	2.14±0.66a	1.89±0.68a
地上部分干重	0.67±0.18a	0.59±0.31a
地下部分鲜重	0.56±0.32a	0.76±0.20a
地下部分干重	0.20±0.07a	0.23±0.04a
全株鲜重	2.7±0.94a	2.65±0.82a
全株干重	0.87±0.21a	0.83±0.34a
根冠比	0.31±0.13a	0.49±0.24a
根生物量比	0.23±0.07b	0.31±0.10a

（五）东北红豆杉幼苗根系指标

由不同郁闭度 4～5 年生东北红豆杉幼苗根系指标（表 14-12）可知，各林型 4～5 年生幼苗幼苗总根长、总根表面积、根平均直径、总根体积这四项指标排序均为红松云冷杉林 1 号>红松云冷杉林 2 号。不同郁闭度的两个红松云冷杉林 4～5 年生幼苗总根长、总根表面积、根平均直径以及总根体积均无显著性差异（$P<0.05$）。

表 14-12　不同郁闭度 4～5 年生东北红豆杉幼苗根系指标

指标	红松云冷杉林 1 号	红松云冷杉林 2 号
总根长/cm	1998.88±1781a	983.45±706.47a
总根表面积/cm^2	381.45±282.89a	226.29±153.64a
根平均直径/mm	3.57±2.25a	1.99±1.29a
总根体积/cm^3	6.52±4.54a	4.65±3.09a

由不同郁闭度 1～2 年生幼苗根系指标（表 14-13）可知，各林型 1～2 年生幼苗幼苗总根长、总根表面积、根平均直径、总根体积这四项指标排序均为红松云冷杉林 1 号>红松云冷杉林 2 号。不同郁闭度的两个红松云冷杉林 1～2 年生幼苗总根长、总根表面积、根平均直径以及总根体积均无显著性差异（$P<0.05$）。

表 14-13　不同郁闭度 1～2 年生东北红豆杉幼苗根系指标

指标	红松云冷杉林 1 号	红松云冷杉林 2 号
总根长/cm	132.96±79.07a	88.13±45.60a
总根表面积/cm^2	25.45±10.8a	15.82±5.19a
根平均直径/mm	0.66±0.23a	0.66±0.13a
总根体积/cm^3	0.40±0.14a	0.24±0.07a

（六）东北红豆杉幼苗化学计量指标

由不同郁闭度 4～5 年生幼苗地上部分化学元素含量（表 14-14）可知，4～5 年生幼苗地上部分有机质含量较大的为红松云冷杉林 1 号，全氮含量较大的为红松云冷杉林 2 号，全磷含量较大的为红松云冷杉林 2 号，C/N 较大的为红松云冷杉林 1 号，N/P 较大的为红松云冷杉林 2 号，C/P 较大的为红松云冷杉林 1 号。两个不同郁闭度的红松云冷杉林 4～5 年生幼苗地上部分的有机质含量、全氮含量、全磷含量、C/N、N/P、C/P 之间均无显著性差异（$P<0.05$）。

表 14-14　不同郁闭度 4～5 年生幼苗地上部分化学元素含量及比值

指标	红松云冷杉林 1 号	红松云冷杉林 2 号
有机质/（g/kg）	617.46±106.41a	590.34±93.03a
全氮/（g/kg）	11.59±3.35a	12.84±3.04a
全磷/（g/kg）	1.49±0.49a	1.57±0.38aa
C/N	59.34±23.81a	49.46±19.74a
N/P	7.90±0.93a	8.19±0.68a
C/P	461.62±161.61a	405.23±165.67a

由不同郁闭度4～5年生幼苗地下部分化学元素含量表（表14-15）可知，4～5年生幼苗地上部分有机质含量较大的为红松云冷杉林2号，全氮含量较大的为红松云冷杉林1号，全磷含量较大的为红松云冷杉林1号，C/N比较大的为红松云冷杉林2号，N/P比较大的为红松云冷杉林1号，C/P比较大的为红松云冷杉林2号。两个不同郁闭度的红松云冷杉林4～5年生幼苗地上部分的有机质含量、全氮含量、全磷含量、C/N、N/P、C/P之间均无显著性差异（$P<0.05$）。

表14-15　不同郁闭度4～5年生东北红豆杉幼苗地下部分C、N、P含量

指标	红松云冷杉林1号	红松云冷杉林2号
有机质/（g/kg）	297.63±121.60a	326.57±22.31a
全氮/（g/kg）	9.89±1.70a	9.29±0.73a
全磷/（g/kg）	1.48±0.30a	1.42±0.16a
C/N	30.83±12.73a	35.32±3.86a
N/P	6.69±0.92a	6.65±1.10a
C/P	209.28±102.99a	233.85±390.26a

四、郁闭度与幼苗指标灰色关联排序

由表14-16可知，根据4～5年生东北红豆杉幼苗生长指标、存活率、生物量、根系指标以及幼苗化学含量等21个指标与郁闭度的灰色关联排序，在2019年9月最后一次幼苗观测时，幼苗各指标与郁闭度小的红松云冷杉林关联度更高，说明郁闭度对4～5年生幼苗生长存在一定的影响，相对于0.55的林分郁闭度，郁闭度0.80左右的红松云冷杉林更适宜开展4～5年生东北红豆杉幼苗野外回归。

表14-16　4～5年生东北红豆杉幼苗指标与各郁闭度的关联度及排序

指标	红松云冷杉林1号	红松云冷杉林2号
苗高增长量	0.8893	0.8893
地径增长量	0.5160	0.5160
冠幅面积增长量	1.0000	1.0000
最长侧枝长增长量	0.4848	0.4848
存活率	0.5476	0.5476
地上部分鲜重	0.8088	0.8088
地上部分干重	0.6279	0.6279
地下部分鲜重	0.6803	0.6803
地下部分干重	0.7013	0.7013
全株鲜重	0.6109	0.6109
全株干重	0.6050	0.6050

续表

指标	红松云冷杉林 1 号	红松云冷杉林 2 号
总根长	0.7093	0.7093
总根表面积	0.6081	0.6081
根平均直径	0.7052	0.7052
总根体积	0.6051	0.6051
地上部分有机质	0.7091	0.7091
地上部分全氮含量	0.5948	0.5948
地上部分全磷含量	0.7239	0.7239
地下部分有机质	0.6050	0.6050
地下部分全氮含量	0.7093	0.7093
地下部分全磷含量	0.6021	0.6021
关联度均值	0.7134	0.7134
排序	2	1

由表 14-17 可知,根据 1～2 年生东北红豆杉幼苗生长指标、存活率、生物量、根系指标等 14 个指标与郁闭度的灰色关联排序,在 2019 年 9 月最后一次幼苗观测时,幼苗各指标与郁闭度小的红松云冷杉林关联度更高,说明郁闭度对 1～2 年生幼苗生长也存在一定的影响,相对于 0.55 的林分郁闭度,郁闭度在 0.80 左右的红松云冷杉林更适宜开展 4～5 年生东北红豆杉幼苗野外回归。

表 14-17　1～2 年生东北红豆杉幼苗指标与各郁闭度的关联度及排序

指标	红松云冷杉林 1 号	红松云冷杉林 2 号
苗高增长量	0.6910	0.8582
地径增长量	0.6202	1.0000
冠幅面积增长量	0.4056	0.6681
存活率	0.7406	0.7923
地上部分鲜重	0.7479	0.7840
地上部分干重	0.7485	0.7834
地下部分鲜重	0.8110	0.7249
地下部分干重	0.7915	0.7413
全株鲜重	0.7626	0.7686
全株干重	0.7590	0.7723
总根长	0.7120	0.8278
总根表面积	0.7046	0.8381
根平均直径	0.7655	0.7656
总根体积	0.7022	0.8415
关联度均值	0.7116	0.7976
排序	2	1

五、不同郁闭度回归幼苗生长特征

在 4~5 年生东北红豆杉幼苗受到动物啃食之前，郁闭度对 4~5 年生幼苗的地径、苗高、冠幅面积、生物量、根系指标及 C、N、P 含量等的影响均不显著，这说明在郁闭度 0.5~0.6 和郁闭度 0.7~0.8 的条件下，光照条件能满足 4~5 年生幼苗正常生长的需要。通过对 4~5 年生幼苗的各项指标与郁闭度进行关联性排序发现，郁闭度 0.80 的红松云冷杉林和郁闭度 0.55 的红松云冷杉林的关联度均值相差很小，说明这两个郁闭度条件基本都能满足 4~5 年生幼苗的正常生长，相对来说，郁闭度 0.80 的条件更适宜 4~5 年生幼苗。

郁闭度对 1~2 年生幼苗的苗高和冠幅的影响有显著性差异，郁闭度 0.80 的红松云冷杉幼苗苗高在越冬期前后显著高于郁闭度 0.55 的红松云冷杉林幼苗，这说明过强的光照条件可能会抑制 1~2 年生幼苗的生长，这是因为 1~2 年生幼苗叶绿素含量少，又在越冬期间受到低温胁迫的影响，在光照过剩的情况下使得幼苗光合效率降低，发生光抑制。在气温回暖后，1~2 年生幼苗光合作用趋于稳定，两个郁闭度条件下 1~2 年生幼苗的苗高无显著差异。通过对 1~2 年生幼苗的各项指标与郁闭度进行关联性排序，得出郁闭度 0.80 更适宜 1~2 年生幼苗生长和存活的结论。

六、东北红豆杉回归保护的建议

（一）回归林型与郁闭度

1~2 年生东北红豆杉幼苗适宜在红松紫椴林内回归，在红松云冷杉林回归适宜的郁闭度为 0.80 左右。

（二）回归过程中主要影响因子

动物因子对东北红豆杉回归的影响很大，是导致 4~5 年生幼苗回归失败的主要原因，也是 1~2 年生幼苗在之后的生长发育过程中最重要的威胁因素，这说明在回归过程中不仅要考虑环境因子对幼苗回归的影响，也要考虑生物因子对幼苗回归是否存在影响。

（三）回归幼苗的保护方法

预先调查回归试验点是否存在啃食回归幼苗的动物具有非常重要的意义；在回归试验点无法避开野生动物的情况下，针对回归幼苗的生长状况以及回归地动物的生境选择，采用新型造林地幼苗保护装置等类似的幼苗保护装置，对今后回归的幼苗将会有很好的保护效果。

执笔人：徐　超　李景文

（北京林业大学）

参 考 文 献

连大鹏. 2011. 杉木人工林不同郁闭度对其林下套种的南方红豆杉生长的影响. 林业勘察设计, 1: 149-151.
刘福新, 李彦刚. 2017. 东北红豆杉幼苗林龄间光合特性的差异分析. 林业勘查设计, (3): 90-92.
龙婷. 2018. 东北红豆杉种群数量动态及其繁殖特性研究. 北京: 北京林业大学硕士学位论文.
苏晋伙. 2010. 杉木林下南方红豆杉初期生长分析. 亚热带农业研究, 6(2): 86-89.
吴榜华, 臧润国, 张启昌, 等. 1993. 东北红豆杉种群结构与空间分布型的分析. 吉林林学院学报, (2): 1-6.
杨蓝. 2018. 东北红豆杉所在群落特征及其影响因子分析. 北京: 北京林业大学硕士学位论文.